普通高等院校数据科学与大数据技术专业"十三五"规划教材

U0642511

数据科学 与 大数据技术导论

SHUJU KEXUE

DASHUJU JISHU DAOLUN

张祖平 ◉ 编著

中南大学出版社
www.csupress.com.cn
长沙

普通高等院校数据科学与大数据技术专业"十三五"规划教材

编委会

总 序

Preface

　　随着移动互联网的兴起，全球数据呈爆炸性增长，目前90%以上的数据是近年产生的，数据规模大约每两年翻一番；而随着人工智能下物联网生态圈的形成，数据的采集、存储及分析处理、融合共享等技术需求都能得到响应，各行各业都在体验大数据带来的革命，"大数据时代"真正来临。这是一个产生大数据的时代，更是需要大数据力量的时代。

　　大数据具有体量巨大、速度极快、类型众多、价值巨大的特点，对数据从产生、分析到利用提出了前所未有的新要求。高等教育只有转变观念，更新方法与手段，寻求变革与突破，才能在大数据与人工智能的信息大潮面前立于不败之地。据预测，中国近年来大数据相关人才缺口达200万人，全世界相关人才缺口更超过1000万人之多。我国教育部门为了响应社会发展需要，率先于2016年开始正式开设"数据科学与大数据技术"本科专业及"大数据技术与应用"专科专业，近几年，全国形成了申报与建设大数据相关专业的热潮。随着专业建设的深入，大家发现一个共同的难题：没有成系列的大数据相关教材。

　　中南大学作为首批申报大数据专业的学校，2015年在我校计算机科学与技术专业设立大数据方向时，信息科学与工程学院院领导便意识到系列教材缺失的严重问题，因此院领导规划由课程团队在教学的同时积累素材，形成面向大数据专业知识体系与能力体系、老师自己愿意用、同学觉得买得值、关联性强的系列教材。经过两年的准备，针对2017年《教育部办公厅关于推荐新工科研究与实践项目的通知》的精神，中南大学出版社组织对系列教材文稿进行相应的打磨，最终于2018年底出版"普通高等院校数据科学与大数据技术专业'十三五'规划教材"。

　　该套系列教材具有如下特点：

　　1. 本套教材主要参照"数据科学与大数据技术"本科专业的培养方案，综合考虑专业的来源，如从计算机类专业、数学统计类专业以及经济类专业发展而来；同时适当兼顾了专科类偏向实际应用的特点。

　　2. 注重理论联系实际，注重能力培养。该系列教材中既有理论教材也有配套的实践教程。力图通过理论或原理教学、案例教学、课堂讨论、课程实验与实训实习等多个环节，训练学生掌握知识、运用知识分析并解决实际问题的能力，以满足学生今后就业或科研的需求；同时兼顾"全国工程教育专业认证"对学生基本能力的培养要求与复杂问题求解能力的要求。

3. 在规范教材编写体例的同时，注重写作风格的灵活性。本套系列教材中每本书的内容都由教学目的、本章小结、思考题或练习题、实验要求等组成。每本教材都配有PPT电子教案及相关的电子资源，如实验要求及DEMO、配套的实验资源管理与服务平台等。本套系列教材的文本层次分明、逻辑性强、概念清晰、图文并茂、表达准确、可读性强，同时相关配套电子资源与教材的相关性强，形成了新媒体式的立体型系列教材。

4. 响应了教育部"新工科"研究与实践项目的要求。本套教材从专业导论课开始设立相关的实验环节，作为知识主线与技术主线把相关课程串接起来，力争让学生尽早具有培养自己动手能力的意识、综合利用各种技术与平台的能力。同时为了避免新技术发展太快、教材纸质文字内容容易过时的问题，在相关技术及平台的叙述与实践中，融合了网络电子资源容易更新的特点，使新技术保持时效性。

5. 本套丛书配有丰富的多媒体教学资源，将扩展知识、习题解析思路等内容做成二维码放在书中，丰富了教材内容，增强了教学互动，增加了学生的学习积极性与主动性。

本套丛书吸纳了数据科学与大数据技术教育工作者多年的教学与科研成果，凝聚了作者们的辛勤劳动，同时也得到了中南大学等院校领导和专家的大力支持。我相信本套教材的出版，对我国数据科学与大数据技术专业本科、专科教学质量的提高将有很好的促进作用。

桂卫华

2018 年 11 月

前 言
Foreword

数据科学与大数据技术导论是一门面向本专业的导论性课程，旨在让学生在大学入学最初阶段对本专业的发展历史、知识结构、培养目标与要求及数据科学与大数据技术相关的基础知识、典型技术、具体应用等有一个直观的认识，区别于新生课的普识性介绍，相关内容偏专业，目标是让学生对本专业的知识及培养要求有一个相对全面而直观的了解，同时也会概述性地介绍有关计算机学科相关内容及典型人物，以激发学生的学习兴趣，促进学生进一步了解设置新专业的历史背景与总体要求。

数据科学与大数据技术导论课程的基本要求包括：

知识：较好掌握数据科学与大数据技术的发展历史及相关典型概念，如与数据相关的基本概念，与数据特征相关的测度及与大数据相关的 5V 特性等；了解典型的大数据分析环境所包括的技术体系，如 Hadoop；了解计算机典型的基础概念如数据、算法；了解专业所需要掌握的知识体系及课程要求；对大数据技术的典型应用有相对直接的了解并能联想到生活中的大数据技术应用场景。

能力：主要培养学生对本专业课程体系的区别与选择能力，对典型的大数据分析环境的技术体系有一定的判别与选择的能力，对应用系统是否要用到大数据平台有一定的判别能力，对整个专业的知识体系有一定提前的预判与认知。

素质：对数据科学与大数据技术专业的相关基础知识有相对全面的了解，逐渐形成采用数据分析的思维解决实际系统需求的意识。能够通过网络搜索平台找到大数据分析平台所需要的典型开源性工具软件，尝试通过网上教学视频进行安装与调试，逐步形成直观认识与一定的学习、操练兴趣。通过课外导学的模式，从网上大量相关的实例中得到启发，从而提升自主学习和终身学习的意识，形成不断学习和适应发展的素质。

为了适应这一要求，笔者组织编写了这本教材。

本教材既包括数据科学与大数据技术专业的发展历程及专业知识要求与技能基本要求等的分析，同时也包括了有关数据科学的基本概念、数据挖掘基本方法及大数据分析主要技术等，将大数据分析的各流程环节中采用的关键技术及核心技术进行了梳理，对主要的大数据技术生态体系进行了介绍，最后基于实际项目，介绍医疗大数据与智能城市交通大数据，旨在为学生既提供基本的内容，又介绍实际应用的技术与高层次平台或项目申报所需要表达的大数据相关内容，寄希望于同学们能从教材中感受到"抬头看天，放眼未来；低头看地，把握当今"的意境，通过此教材的引导，通过大学四年的专业学习，能形成"格局宏大，布局精细"的个人特质。

本书区别于传统的导论课教材，书中包含 20 个实验，综合考虑了数据科学与大数据专业需要较好动手能力的特点，同时也顺应了教育部有关"新工科"的要求，培养数据科学与大数据专业学生的动手能力。经过导论课的学习，希望学生能对本专业的知识体系有感性认识，走入社会时，能找到与自己专业相关强的社会岗位，并能尽快适应、快速成长。

本书在编写过程中得到了广泛的支持与帮助。中南大学为数据科学与大数据技术专业设立了教材出版专项；中南大学出版社与中南大学信息科学与工程学院的相关领导也高度重视，成立了系列教材编写委员会，多次组织专题讨论会，并带领编委会成员多次外出学习、访问；邀请了厦门大学林子雨老师参加编委会教材专题讨论。在此，对支持、帮助及关注本书的各位同仁表示感谢。

本书在正式出版之前，作者将书稿交由数据科学与大数据技术专业的同学先行试用，部分同学在课程学习的同时认真阅读了书稿，并提出了一些意见或建议，为本书的进一步完善作出了贡献，在此表示感谢。

由于编者水平有限，书中难免有不足之处，恳请读者批评指正。

编　者

2018 年 8 月

目 录

Contents

第1章 专业概论 ……………………………………………………… (1)

1.1 专业发展历史 ……………………………………………………… (1)

1.1.1 专业产生背景 ………………………………………………… (1)

1.1.2 专业创办与申报 ……………………………………………… (3)

1.2 专业特点要求 ……………………………………………………… (4)

1.2.1 专业培养定位 ………………………………………………… (4)

1.2.2 交叉型与复合型 ……………………………………………… (4)

1.3 专业课程模块 ……………………………………………………… (4)

1.3.1 通识教育课 …………………………………………………… (5)

1.3.2 公共基础课 …………………………………………………… (5)

1.3.3 学科基础课 …………………………………………………… (5)

1.3.4 专业核心课 …………………………………………………… (6)

1.3.5 专业课 ………………………………………………………… (6)

1.3.6 集中实践环节 ………………………………………………… (6)

1.3.7 专业完整课程体系供参考选择 ……………………………… (6)

1.4 专业技能体系 …………………………………………………… (11)

1.4.1 大数据环境 ………………………………………………… (11)

1.4.2 数据获取 …………………………………………………… (11)

1.4.3 数据处理与编程 …………………………………………… (11)

1.4.4 数据挖掘与统计 …………………………………………… (15)

1.4.5 数据预测 …………………………………………………… (18)

1.4.6 数据可视化 ………………………………………………… (19)

1.5 紧密相关的专业 ………………………………………………… (22)

1.5.1 计算机科学与技术 ………………………………………… (23)

1.5.2 统计学 ……………………………………………………… (23)

1.6　就业前景 …………………………………………………………………（23）

1.7　本章小结 …………………………………………………………………（24）

思考题 …………………………………………………………………………（24）

本章相关的实验 ………………………………………………………………（25）

第2章　数据科学与大数据基本概念 ……………………………………………（26）

2.1　数据相关的概念 …………………………………………………………（26）

2.1.1　基本概念 ……………………………………………………………（26）

2.1.2　数据的分类 …………………………………………………………（27）

2.1.3　数据的属性 …………………………………………………………（28）

2.1.4　数据集 ………………………………………………………………（29）

2.1.5　数据特征的统计描述 ………………………………………………（29）

2.1.6　数据的相似性和相异性度量 ………………………………………（35）

2.2　数据科学 …………………………………………………………………（36）

2.2.1　数据科学定义 ………………………………………………………（37）

2.2.2　发展历史 ……………………………………………………………（39）

2.2.3　研究内容 ……………………………………………………………（39）

2.2.4　知识体系 ……………………………………………………………（39）

2.2.5　与其他学科的关系 …………………………………………………（54）

2.2.6　体系框架 ……………………………………………………………（54）

2.3　基于数据科学的数据分析与挖掘 ………………………………………（55）

2.3.1　数据分析应用面临的挑战与发展 …………………………………（55）

2.3.2　用好数据科学 ………………………………………………………（56）

2.3.3　数据科学平台工具 …………………………………………………（58）

2.4　数据库 ……………………………………………………………………（58）

2.4.1　数据库概述 …………………………………………………………（58）

2.4.2　基本概念 ……………………………………………………………（59）

2.4.3　数据库的分类 ………………………………………………………（64）

2.4.4　关系数据库系统操作语言 …………………………………………（65）

2.5　大数据 ……………………………………………………………………（70）

2.5.1　大数据定义及特征 …………………………………………………（70）

2.5.2　大数据范式 …………………………………………………………（70）

2.6　本章小结 …………………………………………………………………（72）

思考题 …………………………………………………………………………（72）

本章相关的实验 ………………………………………………………………（73）

第 3 章　大数据核心技术 …………………………………………………… (74)

　3.1　数据采集 ……………………………………………………………… (74)

　　3.1.1　软件接口方式 …………………………………………………… (74)

　　3.1.2　开放数据库方式 ………………………………………………… (75)

　　3.1.3　基于底层数据交换的数据直接采集方式 ……………………… (76)

　　3.1.4　数据爬取 ………………………………………………………… (76)

　3.2　数据存储与管理 ……………………………………………………… (80)

　　3.2.1　大数据存储与管理的主要模式 ………………………………… (80)

　　3.2.2　大数据存储典型的三种技术路线 ……………………………… (81)

　3.3　数据预处理 …………………………………………………………… (83)

　　3.3.1　数据预处理的主要步骤 ………………………………………… (83)

　　3.3.2　数据核查的主要方法 …………………………………………… (83)

　　3.3.3　数据提质 ………………………………………………………… (84)

　　3.3.4　数据集成 ………………………………………………………… (86)

　　3.3.5　数据归约 ………………………………………………………… (86)

　　3.3.6　数据变换 ………………………………………………………… (87)

　　3.3.7　数据离散化 ……………………………………………………… (87)

　3.4　数据清洗 ……………………………………………………………… (88)

　　3.4.1　基本概念 ………………………………………………………… (88)

　　3.4.2　数据清洗原理 …………………………………………………… (89)

　　3.4.3　需要清洗的主要数据类型 ……………………………………… (89)

　　3.4.4　数据清洗方法 …………………………………………………… (90)

　3.5　数据挖掘 ……………………………………………………………… (91)

　　3.5.1　起源 ……………………………………………………………… (91)

　　3.5.2　发展阶段 ………………………………………………………… (91)

　　3.5.3　主要方法 ………………………………………………………… (92)

　　3.5.4　行业应用 ………………………………………………………… (93)

　　3.5.5　数据挖掘经典算法 ……………………………………………… (95)

　　3.5.6　关联规则挖掘 …………………………………………………… (95)

　　3.5.7　数据挖掘相关技术 ……………………………………………… (100)

　3.6　数据可视化 …………………………………………………………… (100)

　　3.6.1　概述 ……………………………………………………………… (100)

　　3.6.2　概念 ……………………………………………………………… (100)

　　3.6.3　主要应用 ………………………………………………………… (101)

3.6.4 基本思想 ·· (101)

3.6.5 基本手段 ·· (101)

3.6.6 适用范围 ·· (101)

3.6.7 发展阶段 ·· (102)

3.6.8 大数据可视化 ····································· (103)

3.7 本章小结 ··· (105)

思考题 ·· (105)

本章相关的实验 ·· (106)

第4章 大数据环境与技术 ······································ (107)

4.1 典型大数据环境及工具 ··································· (107)

4.1.1 Hadoop 综述 ····································· (107)

4.1.2 Hadoop 特点 ····································· (108)

4.1.3 Hadoop 核心架构 ································· (109)

4.1.4 Hadoop 的发展及社区服务 ······················ (111)

4.1.5 Hadoop 应用实例 ································· (112)

4.1.6 Hadoop 安装 ····································· (113)

4.1.7 Hadoop 配置及启动服务 ························· (114)

4.1.8 Hadoop 文件操作 ································· (117)

4.2 典型大数据实用技术 ····································· (119)

4.2.1 存储 HDFS 及相关技术 ·························· (119)

4.2.2 Yarn 及相关技术 ································· (124)

4.2.3 Spark 及相关技术 ································· (132)

4.3 本章小结 ··· (139)

思考题 ·· (139)

本章相关的实验 ·· (140)

第5章 大数据应用系统 ·· (141)

5.1 医疗大数据 ··· (141)

5.1.1 医疗大数据背景 ··································· (141)

5.1.2 医疗大数据应用技术研究中心 ···················· (143)

5.1.3 医疗大数据应用关键技术 ························· (145)

5.1.4 引领未来的关键共性技术 ························· (166)

5.1.5 医疗大数据软硬件环境 ··························· (168)

5.2 交通大数据 ··· (171)

5.2.1　交通大数据背景 ································ (171)

5.2.2　交通大数据应用中面临的问题 ················ (172)

5.2.3　交通大数据数据特点及数据来源 ·············· (173)

5.2.4　交通大数据融合技术 ························· (174)

5.2.5　交通大数据的全流程分层次特点与技术 ········ (181)

5.2.6　交通大数据安全技术 ························· (182)

5.2.7　交通大数据的数据发现 ······················ (184)

5.2.8　交通管理数据库设计技术 ···················· (186)

5.2.9　交通大数据应用 ····························· (188)

5.2.10　交通大数据软硬件环境 ····················· (192)

5.2.11　交通大数据分析与展示技术 ················· (195)

5.3　本章小结 ····································· (198)

思考题 ·· (198)

本章相关的实验 ·································· (199)

附录：数据科学与大数据技术培养方案 ················ (200)

参考文献 ··· (216)

第1章 专业概论

本章主要介绍数据科学与大数据技术专业的产生背景与发展历史、专业的特点与综合要求、专业相关的完整知识体系与技能体系；介绍了与本专业密切相关的专业如计算机科学与技术、统计学等的关联关系。同时，本章还对本专业的就业前景进行了简述。

1.1 专业发展历史

1.1.1 专业产生背景

随着移动互联网的崛起，全球数据正呈爆炸性增长。据统计，目前全球 90% 以上的数据是最近几年产生的，数据规模大约每两年翻一倍。现有数据不仅指人们在互联网上发布的海量信息，还包括各种设备、建筑、系统、人员、业务、场景等产生的各种结构化、半结构化与非结构化数据，这些数据随时测量和传递着有关对象的各种状态及变化。这是一个产生大数据的时代，更是需要大数据力量的时代。

数据统计、分析和应用这一专业历史悠久，但是传统的相关专业已经难以适应大数据时代的新要求。大数据具有体量巨大、速度极快、类型众多、价值巨大等特点，对数据采集、存储、处理、传输和应用提出了前所未有的新要求。高等教育只有转变观念，更新方法和手段，寻求变革与突破，才能在信息大潮面前立于不败之地。

开设数据科学与大数据技术专业正是实现上述变革与突破的重要举措。

1. 行业发展与人才需求

大数据(big data)或称巨量信息，指的是所涉及的信息量规模巨大，以至无法通过目前主流软件工具在合理时间内实现采集、管理、处理，成为帮助企业经营决策以达到更积极目的的数据。大数据这个术语最早期的引用可追溯到 Apache 基金会的开源项目 Nutch。当时大数据用来描述为更新网络搜索索引需要同时进行批量处理或分析的大量数据集。随着谷歌MapReduce、Google File System(GFS)以及 Hadoop 的发布，大数据不再仅用来描述大量的数据，还涵盖了处理数据的速度、数据的阶段和准确性及数据的复杂性等。从某种程度上说，大数据是数据分析的前沿技术，从各种各样类型的数据中快速获得有价值信息的能力就是大数据技术。全球知名咨询公司麦肯锡指出："数据已经渗透到当今每一个行业和业务职能领域，成为重要的生产因素。人们对于海量数据的挖掘和运用预示着新一轮生产率增长和消费者盈余浪潮的到来"。

大数据不是一个片断，也不是简单的一项技能，而是综合性的科学与技术，从理念层面延伸到技术、科学和管理等层面。只有在真实的应用场景中才能让企业对大数据的价值有一个直观的认识，而应用场景的建立需要从企业战略本身出发。目前来看，大数据主要有五个方面的应用场景，分别是：

(1)利用大数据实现庞大知识库：客户服务、保险、汽车、维修、医药等行业需要巨大储备规模的知识库。

(2)利用大数据实现客户交互改进：电信、零售、旅游、金融和汽车等行业将"快速抓取客户信息从而了解客户需求"列为首要任务。

(3)利用大数据实现运营分析优化：制造、能源、公共事业、电信、旅游和运输等行业需要时刻关注突发事件，通过监控提升运营效率并预测潜在风险。

(4)利用大数据实现 IT 效率和规模效益：企业需要增强现有数据仓库基础架构，实现大数据传输、低时延和查询等需求，确保有效利用预测分析和商业智能实现性能的扩展。

(5)利用大数据实现智能安全防范：政府、保险等行业亟需利用大数据技术补充和加强传统的安全解决方案。

尽管大数据行业刚刚开始进入发展期，但市场竞争已相当激烈。企业要想在竞争中保持领先优势，仅仅收集大量的数据显然是不够的。那些已经成功实施了大数据策略的企业，如百度、腾讯、阿里巴巴等，在大数据战略上都具有以下特点：①收集一切数据，并进行集中式存储，之后再决定是否需要这些数据；②使用数据驱动的产品，确保可以收集到可用的数据；③保持不断追求技术创新的动力；④对所有收集的重要数据信息进行正确的分析，建立信息中心文化；⑤聘请专家，注重培养大数据专业人才。

毫无疑问，大数据的市场前景广阔，对各行各业的贡献也将是巨大的。目前来看，未来大数据技术能否达到预期的效果，关键在于能否找到适合信息社会需求的应用模式以及是否能够建立起配套的教育培训体系，为大数据行业的发展输送合适的人才，使大数据产业保持创新能力，并具有长期的可持续发展性。

从传统架构到大数据时代应用程序架构的转变往往会遇到一些问题和挑战。在对计算框架门槛的调查中，认为"非专业人士难于入手"的比例达到了 46.5%，这对企业人才的培养提出了迫切的要求。专业开发者期望从技术培训中获取的知识是什么？据调查，第一是计算框架，如 MapReduce、Google File System(GFS)以及 Hadoop 等，占 63%；第二是面向大数据处理的数据库系统，如 NoSQL 等，占 37%；第三是云计算解决方案，占 35%；第四是编程语言，占 25%。

综上所述，大数据技术在企业中有广泛的需求，未来大数据技术的需求者不仅是大企业，还包含大量的中小企业，其中的人才缺口是可观和长期的。而目前对大数据技术已经掌握并运用的企业数量不足三成，后发企业迫切需要对现有 IT 人员进行大数据技术培训，并招揽具有大数据技术背景的应届毕业生。

2. 专业人才缺口与求知需求

首先，从理论上看，由于社会生活与生产已经被大数据与云计算所覆盖，随之而来的数据仓库、数据安全、数据分析、数据挖掘、数据可视化等技术，正在为大数据与云计算行业带来大量的商业价值，逐渐成为行业人士争相追捧的利润焦点。因此，与之相关的职业需求也必然呈爆发式增长，很多互联网公司(如阿里巴巴、腾讯等)、银行、大型制造企业及商务型单位等都设有专门的数据科学家、数据分析员、大数据中心管理员、大数据系统架构师等与大数据密切相关的岗位，而现实情况是大数据职业的相关人才严重匮乏，人才缺口非常大。

其次，从教育界的动向看，国内外一些高校已经开设大数据相关的专业，这也反映了教育界对大数据专业人才需求的共识。国际上，美国北卡罗来纳州立大学、耶鲁大学、哈佛大学等开设了应用统计专业的成熟院校，早就开始关注大数据课程的设置。2013 年起，美国纽约大学、英国邓迪大学等知名高校也设立了数据科学硕士学位。国内，香港中文大学、西安交通大学、浙江大学、厦门大学、中南大学、中山大学等高校设立了数据科学与大数据相关研究中心或研究院，开始培养具备大数据思维和创新能力的复合型人才。中国人民大学、北京航空航天大学、厦门大学等举办了专业教学班，推出了包括 Hadoop、HBase 技术等在内的系列课程。尤为引人注目的是，北京大学和清华大学于 2014 年秋季开始培养第一批大数据硕士研究生。清华大学招收的第一批大数据硕士研究生分为 5 个方向，分别是数据科学与工程、商务分析、大数据与国家治理、社会数据、互联网金融。而北京大学等五院校的第一期大数据分析硕士实验班也于 2014 年秋季开班，约有 100 多位教师参与到对这 50 名研究生的培养中。这一大数据分析硕士培养协同创新平台由中国人民大学、北京大学、中国科学院大学、中央财经大学和首都经济贸易大学五所院校，联合新华社、人民日报、中央电视台、中国移动、中国联通、中国电信等业界大数据应用单位共同成立。目前，该协同创新平台开发出 6 门必修课程，必修课将采用联合授课的方式在同一地点授课，计入各校学分体系。

再次，从一些企业高级人才管理人员、高校专业负责人等发表的言论中，能够明显感受到他们对大数据人才的期待。例如，戴尔全球副总裁、中国区大型企业及公共事业部总经理容永康曾表示，国内现在懂得在 Hadoop 上进行开发的专业技术人员非常少，而一些金融行业的用户虽然很想现在就部署大数据解决方案，但是苦于找不到既懂数据分析技术，又懂金融业务的专业人才。北京航空航天大学互联网营销专业带头人姜旭平教授认为，随着互联网一代的成长，企业的营销主战场越来越转移到互联网上，也可以说谁掌握了互联网，谁就掌握了未来，因此，对互联网营销人才的需求将十分迫切。

最后，也是最能反映大数据人才需求趋势的事实，就是目前大学生求职招聘市场上的信息。在 2014 年，全国高校毕业生数量继续增加，727 万名大学毕业生拥入就业市场，再创历史新高，再加上往年没有找到工作的毕业生，就业人数突破 800 万，被称为"史上最难就业季"。但是，就是在这样的严峻形势下，IT 产业作为知识密集、技术密集的产业，就业形势却十分可观。"前程无忧"网站最新发布的无忧指数显示，全国 IT 招聘市场人才需求继续向上攀升，全国 IT 类(计算机、互联网、通信、电子)职能的 4 月份网上发布职位数将近 50 万个，环比涨幅达到 11%，同比涨幅高达 39%，成为招聘需求最热门行业，位居榜首。特别值得注意的是，互联网、电子商务、网络游戏和数据分析专业，涨幅高达 60%。很多公司指名招聘 Hadoop、HBase、MapReduce 开发工程师。此外，计算机软件网上发布职位数同比涨幅均超过 20%，计算机硬件行业的网上发布职位数同比涨幅也达到了 15%。

1.1.2　专业创办与申报

数据科学与大数据技术专业的创办最早可以追溯到 2013 年以培养大数据专业人才为目标，为计算机、数学等本科高年级专业学生或相关学科的研究生开设并设立相关学位的数据科学或大数据技术课程，如美国的纽约大学、英国的邓迪大学等知名高校设立了数据科学硕士学位。国内著名大学如北京大学、清华大学、浙江大学、中南大学、厦门大学、中山大学、西安交通大学及香港中文大学等相继在2014年前后成立数据科学研究中心或信息安全与大数据研究院，并且成立大数据相关的国家工程实验室、协同创新中心等平台，将培养具备大数据思维和创新能力的复合型人才作为主要任务之一，同时国家开始考虑设立大数据相关的新专业。在新专业正式招生之前，部分院校在计算机专业设立大数据方向，如中南大学在计算机科学与技术专业2015级设立的大数据方向即计算机科学与技术专业（大数据方向）正式掀开了大数据专业建设序幕。

2015年7月申报、2016年2月获批，北京大学、中南大学、对外经济贸易大学三所院校首次成功申请"数据科学与大数据技术"（专业代码：080910T）本科新专业。2017年3月，第二批32所高校获批此专业。2018年3月，教育部最新公布的高校新增专业名单中，有248所学校获批，至2018年底共有283所高校获批建设"数据科学与大数据技术"本科专业。

1.2　专业特点要求

1.2.1　专业培养定位

数据科学与大数据技术专业，瞄准社会各领域对大数据专业人才的需求，面向数据科学基本理论、计算机科学基础知识与核心技术以及大数据技术体系与大数据分析应用等多个层面，培养具有扎实的数学、信息科学、数据科学、计算机科学等知识，熟练掌握大数据采集、预处理、存储、分析及应用等核心技术，具有大数据思维，能够承担企事业单位、政府机关、社会团体等单位与数据密切相关的有关系统分析、设计及开发应用工作，具有大数据系统相关技能的专业技术人才。该专业培养出来的合格学生，能掌握大数据应用中的各种典型问题的解决办法，能将知识领域与计算机技术和大数据技术进行融合、创新的能力，具有解决实际问题的能力，同时还能够从事大数据相关的研究。

1.2.2　交叉型与复合型

本专业强调培养具有多学科交叉能力的大数据人才。该专业重点培养具有以下三方面素质的人才：①理论性，主要是对数据科学中模型的理解和运用；②实践性，主要是处理实际数据的能力；③应用性，主要是利用大数据的方法解决具体行业应用问题的能力。

1.3　专业课程模块

"数据科学与大数据技术"专业，旨在培养德、智、体、美全面发展，掌握数据科学的基础知识、理论及技术，包括面向大数据应用的数学、统计、计算机等学科基础知识，数据建模、高效分析与处理、统计推断的基本理论及基本方法和基本技能。对自然科学和社会科学等应用领域中大数据的了解，具有较强的专业能力和良好的外语运用能力，能胜任数据分析与挖掘算法研究和大数据系统开发的研究型和技术型人才。

"数据科学与大数据技术"专业的培养方案中包括通识教育课、公共基础课、学科基础课、专业核心课、专业课、集中实践环节、创新创业课与课外研学等课程。

1.3.1　通识教育课

通识教育课主要包括思政类、军体类、外语类、信息技术类及文化素质类等，此类课程占了整体学分的 1/6～1/5，其中由于专业本身属于信息类的特点，信息技术类课程一般免修，文化素质类课程一般是选修课，学生需要修读其他学科门类的课程，如文学类、艺术类等。

1.3.2　公共基础课

公共基础课主要包括高等数学(学时会较多，可分为高等数学Ⅰ、Ⅱ等)、线性代数、概率论与数理统计等。由于专业的特点，对数学要求较高。因此一些学校可根据实际情况在此类学科基础课或专业课中增设部分数学课程，强化数学基础的培养，如中南大学开设了"科学计算与数学建模"课程，主要强化面向问题的数学建模方案与具体计算解决方案。另外，根据工程教育专业认证对自然科学课程类的要求，有些学校也会开设"大学物理"等课程。

1.3.3　学科基础课

学科基础课主要包括计算机程序设计基础(**实验 1：实现自然数阶乘累加，C、C++、Java 或 Python 中任选一种语言**)、数字电子技术、模拟电子技术(学分限制，一般只开设数字电子技术)、离散数学、数据结构、数据科学与大数据技术导论、计算机组成原理与汇编、计算机网络、数据库原理、操作系统原理、算法分析与设计、软件工程等课程，且一般都是必修课。

这里需要首先强调的是计算机程序设计基础，虽然不同学校会选用不同编程语言作为编程思维与编程能力的训练，但基本目标是一致的，即要求学生学会用计算机语言编程。有些学生在高中时期有一定的 C 语言编程基础，入门这门课相对会容易些，但大部分同学会觉得困难。主要原因不是编程语言有多难，而是语言的编译系统要求非常严格，不允许出任何差错。虽然编译器有错误提示，但初学者难以明白其提示的核心，不知错在哪里，因此感觉很难学。如很简单的程序甚至跟书本上一模一样的程序代码都很难调试，究其原因，一是编程体验不够、编程经验不足，二是不够细致、耐心。编程思维与编程能力的提高没有捷径可走，唯一的方法就是多训练、多体验。

另外需强调的是该专业涉及的课程设计中有些学校偏计算机的多，有些学校偏数学的多，还有些学校偏经济的多。主要原因，一是专业建设的渊源，若数学科学与大数据专业是从计算机科学与技术专业发展而来的，自然就是计算机类的课偏多。二是专业发展的走向，因为本专业暂时还没有形成独立的学科，即没有直接对应的硕士、博士招收学科，本科学生考研究生所对应的学科虽然可选的多，但其考研的专业课与基础相关，如要考计算机科学与技术专业的研究生，数据结构、算法分析与设计、离散数学、计算机组成原理与汇编、操作系统原理等课程是一定会考的，只不过是初试中考还是面试的笔试中考的问题。如一般数据结构、算法分析与设计会放在初试的统考中，离散数学、组成原理、操作系统一般放在面试的笔试中，计算机网络、数据库原理、软件工程等课程会放在面试的专业测试中考。另外，很多学校在面试时有机试环节，占比还不小，其中语言可任选，因此具有良好的编程思维与能力以及对数据结构、算法分析与设计等课程有深刻理解的学生便占据了优势。

1.3.4　专业核心课

专业核心课主要包括分布式系统与云计算、机器学习、数据仓库与数据挖掘、大数据编程等课程，一般为必修课。此部分强调专业核心知识与能力的训练，同时也体现了每个学校培养出来的学生在基础知识、基本技能以及对专业知识与能力的认知程度上的特色。虽然课程名称都相差不大，但涵盖的内容会有较大不同，如大数据编程，Hadoop 是一个大的技术生态圈(包括 HDFS、Yarn、MapReduce 三大核心技术)，其中包括很多软件工具与系统，究竟选择哪几个作为突破点并结合具体实际应用需求、训练学生的编程能力与对技术环境的认知，这与老师、学生及实验环境都有关联。社会对相关职位的知识与能力要求是千差万别的，学校的培养与学生自己的学习如果能与某些职位的需求相契合，毕业时将会大受用人单位的欢迎。

1.3.5　专业课

专业课主要包括大数据采集与融合技术、信息组织理论与技术、Python 数据处理编程、R 语言数据分析编程、计算机仿真与建模、深度学习、可视化技术及领域大数据(如医学大数据、交通大数据、银行大数据)等涉及大数据从采集到预处理、存储组织、分析处理、结果可视等环节所用到的相关知识与技术的培养与训练。同时还包括与计算机直接相关的专业类课程，如大型数据库技术、面向对象程序设计C++、Java 技术、Web 技术、智能搜索引擎技术、移动应用开发技术、多媒体技术、并行计算、人机交互、电子商务、Linux 系统及应用及生物信息学等。

专业课同样是体现学校专业特点与学生知识与技能特色的部分。其中，专业课有很多课程都是选修课，主要是让老师引导学生根据自身基础与兴趣爱好及将来的发展定位进行方向性的选择，一般建议尽可能选修涉及大数据各流程环节的主要课程，并根据自身需求强化计算机类的面向不同对象的相关开发技术，如面向对象(相对基础性课程，一般最好选修)、大型数据库(相对基础性课程，一般最好选修)、Web、移动互联网、多媒体、电子商务等。

1.3.6　集中实践环节

本专业对动手能力的要求相对较高，因此集中实践环节的内容相对丰富，除公共基础课中安排了计算机程序设计实践(一般 2 周)、电工电子实验(2~3 周)、大学物理实验(一般 2 周)外，主要还包括应用基础实践(一般综合网络与编程语言如 Java 等，2 周)、数据处理方法课程设计(一般 2 周)、大数据综合应用实践(一般 3 周，面向具体行业或领域的大数据实践如面向医疗卫生的医疗或医学大数据、面向智慧城市的交通大数据、面向金融的金融大数据等，实际上算实训环节)，此外还包括认识实习(一般 2 周)、生产实习(一般 4 周)、毕业实习(一般 2 周)、毕业设计(一般 16 周或一学期)等。此部分的实习一般在学校建立的实习实训基地或企事业单位进行，更加贴合行业特点，学生通过 2~4 周的亲身感受，能感知真实意义上的大数据相关技术并形成一定的大数据处理与分析能力。同时对技术选型有一定的了解，为毕业后的就业选择打下良好的基础。

1.3.7　专业完整课程体系供参考选择

以上为一般高等院校根据自身条件、专业发展基础与学生培养目标与突出特色等制订的培养方案所包含的主要课程，每个学校的培养方案开设会有较大的区别。近年来，随着大数据专业的兴起，截至 2018 年，已有 283 所学校开设数据科学与大数据技术专业。由于专业较新，可供借鉴的历史资料不多，各个院校的理解不同，在课程体系方面形成了所谓百花齐放的局面，究竟哪个是最好的、最完整的，暂时没有评估。据笔者在国内参加多次全国大数据专业教学研讨会所积累的经验，形成了如图 1-1 所示的专业课程体系结构，供大家参考，也供本专业同学选择课程时参考。有些课程一些院校可能已开设了或者名称不完全一致，这个当然很好；有些课程一些院校没有开设或者根本没有涉及，那就需要同学们自觉学习或参加相关的培训班。当然大家的时间与精力是有限的，4 年时间不可能全部学完、学好这些课程，但可以根据自身的基础、兴趣及职业规划进行相应选择。

根据专业课程体系，有以下观点供大家参考：

（1）大数据入门要求高，需要有应用数学、统计学、数量经济学专业本科或者工学硕士层次水平的数学知识背景。

（2）至少熟练掌握 SPSS、Statistic、Eviews、SAS、R 语言等数据分析软件中的一门。

（3）至少能够用 Acess 等进行数据库开发。

（4）至少掌握数学软件，如 Matalab，Mathmatics 等进行新模型的构建。

（5）至少掌握一门编程语言。

（6）还需要掌握其他应用领域方面的知识，比如市场营销、经济统计学等，因为这是数据分析的主要应用领域。

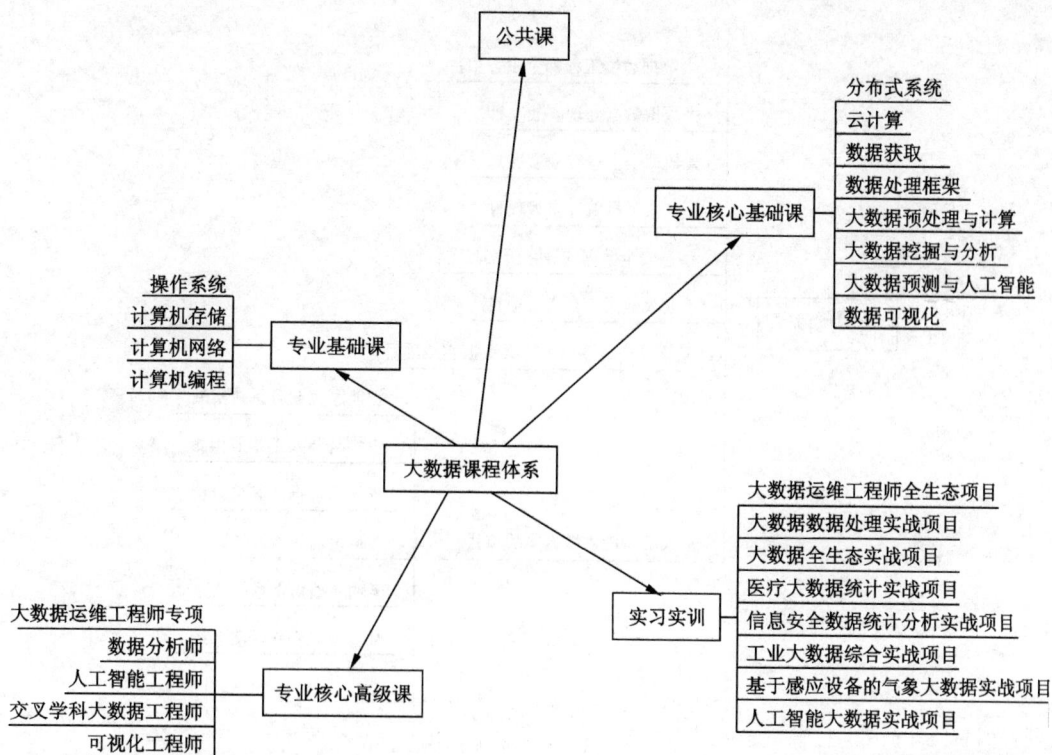

（a）总体架构

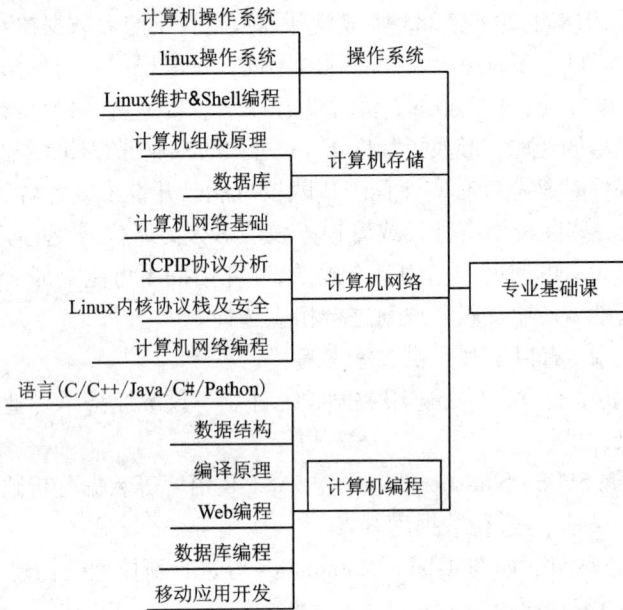

(b) 专业基础课

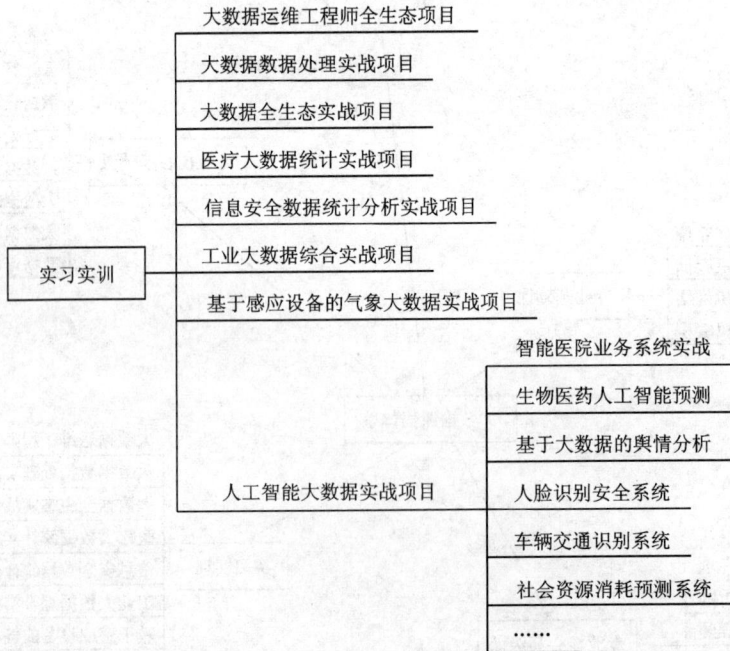

(c) 实习实训

专业核心基础课
- 分布式系统
- 云计算
- 数据获取
  - 数据爬取技术
  - 海量数据存储
  - 搜索引擎
- 数据处理框架
  - 大数据导论
  - Hadoop基础
    - HDFS存储
    - MapReduce计算
    - Hadoop伪分布构建
    - Hadoop分布式构建
  - Hadoop生态
    - HBase列式存储
    - Hive数据仓库
    - Pig处理框架
    - ZooKeeper分布式协调服务
    - Sqoop数据转移
- 大数据预处理&计算
  - Scala语言
  - Spark计算框架
  - Python数据处理
  - MapReduce高级编程
- 大数据挖掘与分析
  - SPSS统计分析
  - R语言统计
  - SAS基础
  - Matlab
- 大数据预测与人工智能
  - 人工智能算法基础
  - Spark机器学习
  - TensorFlow深度学习基础
  - TensorFlow深度学习高级课程
  - Python机器学习
- 数据可视化 Echart

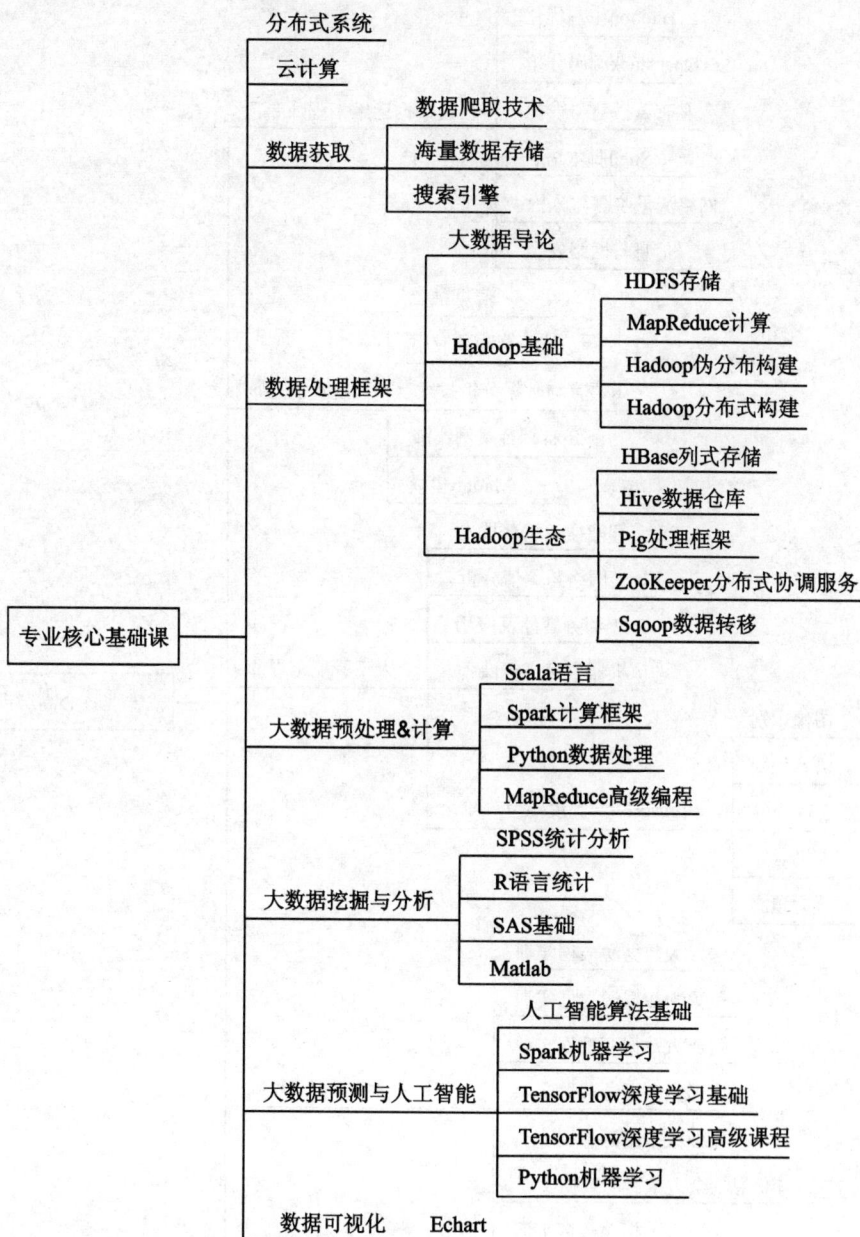

(d)专业核心基础课

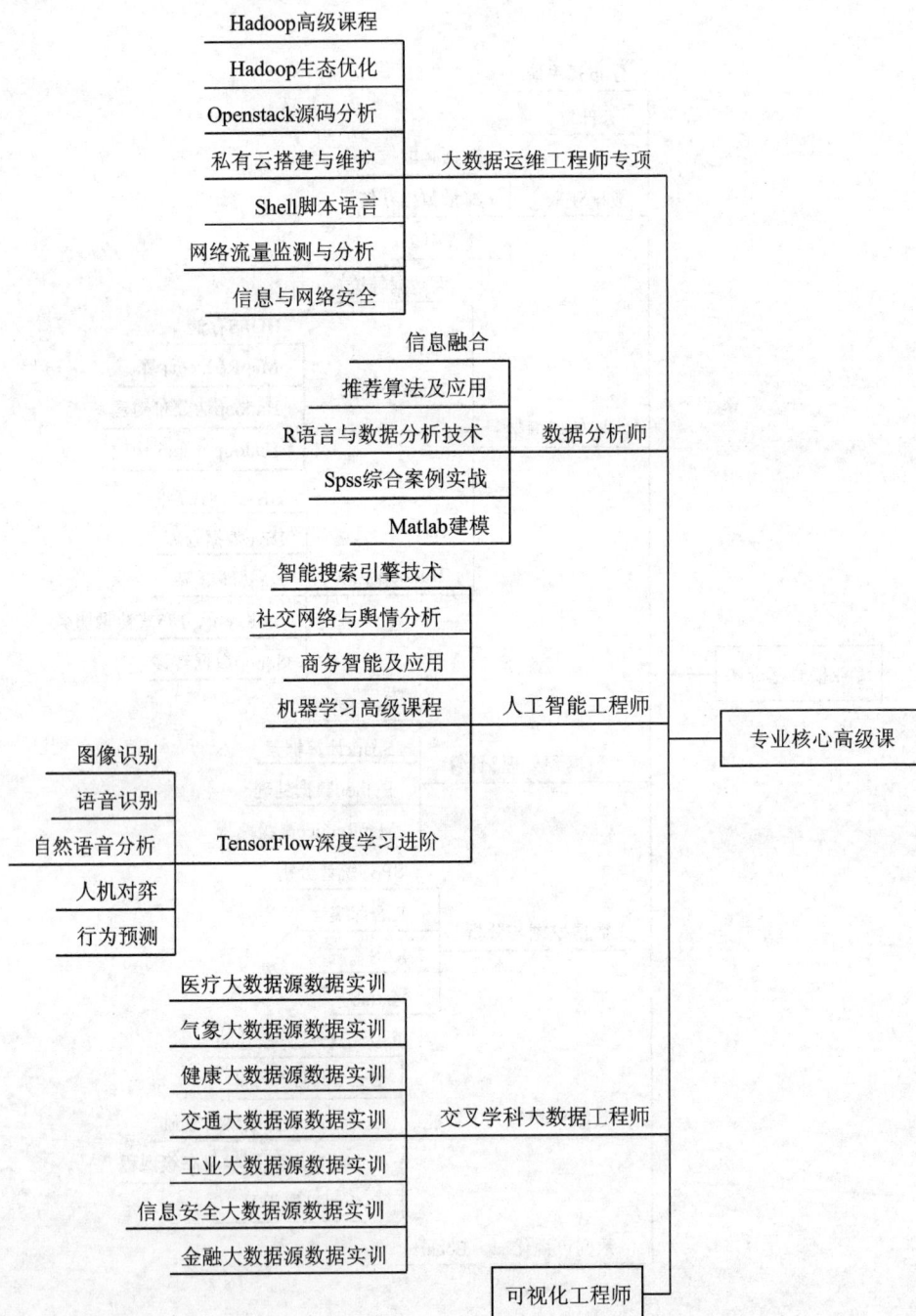

Hadoop高级课程
Hadoop生态优化
Openstack源码分析
私有云搭建与维护 ── 大数据运维工程师专项
Shell脚本语言
网络流量监测与分析
信息与网络安全

信息融合
推荐算法及应用
R语言与数据分析技术 ── 数据分析师
Spss综合案例实战
Matlab建模

智能搜索引擎技术
社交网络与舆情分析
商务智能及应用
机器学习高级课程 ── 人工智能工程师

图像识别
语音识别
自然语音分析 ── TensorFlow深度学习进阶
人机对弈
行为预测

专业核心高级课

医疗大数据源数据实训
气象大数据源数据实训
健康大数据源数据实训
交通大数据源数据实训 ── 交叉学科大数据工程师
工业大数据源数据实训
信息安全大数据源数据实训
金融大数据源数据实训

可视化工程师

(e) 专业核心高级课

图 1-1　专业课程体系

1.4 专业技能体系

数据科学与大数据技术专业主要的技术体系即需要从数据获取开始到数据分析应用整个流程环节的各种技术与技能。虽然到目前为止，对本专业的学生或从事本专业技术工作的人员在专业技术方面还没有明确的规定，但经过几年的专业建设与讨论并参照社会对专业人才的实际需求，形成了如图 1－2 所示的专业技能体系。

1.4.1 大数据环境

首先要对大数据环境的相关技术体系有一个了解，要学会相关软件的选择、安装、调试及具体操作与应用，包括分布式系统(分布式网络、分布式计算、分布式存储)、云计算(OpenStack、Aocker、Aneka)、Hadoop(Hadoop 基础、HDFS 存储、MapReduce 计算、Hadoop 伪分布构建、Hadoop 分布式构建)、HBase 列式存储、Hive 数据仓库、Pig 处理框架、ZooKeeper 分布式协调服务、Sqoop 数据转移等。

1.4.2 数据获取

数据爬取技术：Python 编程语言、Web 编程、搜索引擎。
物联网获取：计算机网络、Java 语言、云计算。
海量数据读取：分布式存储技术、云计算。

1.4.3 数据处理与编程

1.4.3.1 MapReduce 编程

MapReduce 是一种处理海量数据的并行编程模式，用于大规模数据集(如大于 1 TB)的并行运算。概念"Map(映射)"和"Reduce(归约)"是其主要思想。它极大地方便了编程人员在不会分布式并行编程的情况下，将自己的程序运行在分布式系统上。当前的软件实现是指定一个 Map(映射)函数，用来把一组键值对映射成一组新的键值对，指定并发的 Reduce(归约)函数，用来保证所有映射的键值都有共享相同的键组。

其特点如下：

(1)MapReduce 将复杂的、运行于大规模集群上的并行计算过程高度地抽象到了两个函数 Map 和 Reduce 上。

(2)编程容易，不需要掌握分布式并行编程技术，也可以很容易地把自己的程序运行在分布式系统上，完成海量数据的计算。

(3)MapReduce 采用"分而治之"策略，一个存储在分布式文件系统中的大规模数据集会被切分成许多独立的分片(split)，这些分片可以被多个 Map 任务并行处理，再由 Reduce 聚合数据，在一分一合中完成计算。

(4)MapReduce 设计的一个理念就是"计算向数据靠拢"，而不是"数据向计算靠拢"，因为移动数据需要大量的网络传输开销。

(5)MapReduce 框架采用了 Master/Slave 架构，包括一个 Master 和若干个 Slave。Master

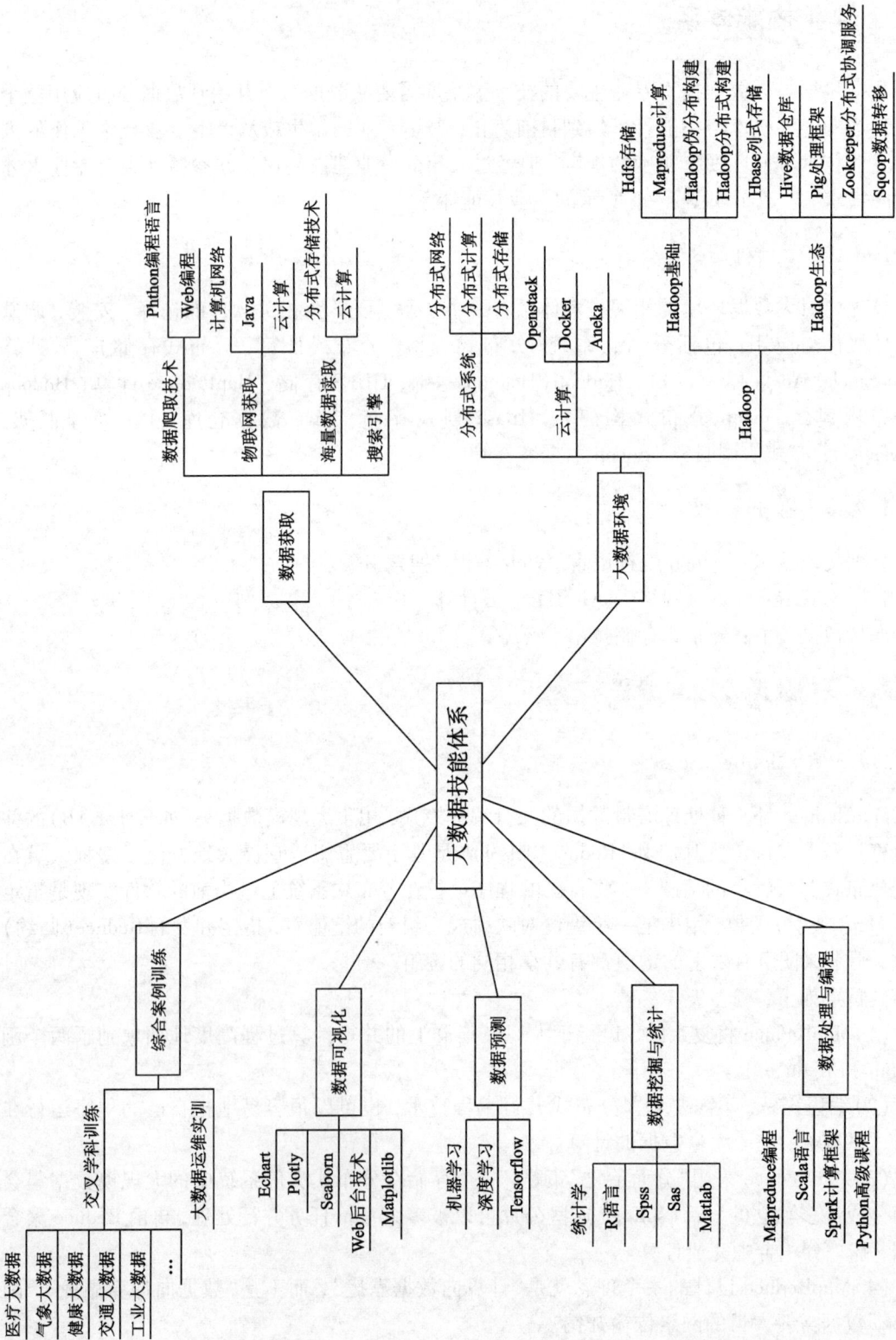

图1-2　大数据技能体系

上运行 JobTracker, Slave 上运行 Task Tracker。

（6）Hadoop 框架是用 Java 实现的，但是，MapReduce 应用程序不一定非要用 Java 来写。

1.4.3.2　Scala 语言

Scala 是一门多范式的编程语言，设计初衷是要集成面向对象编程和函数式编程的各种特性。

Scala 运行在 Java 虚拟机上，并兼容现有的 Java 程序。

Scala 源代码被编译成 Java 字节码，所以它可以运行于 JVM 之上，并可以调用现有的 Java 类库。

Scala 有几项关键特性表明了它的面向对象的本质。例如，Scala 中的每个值都是一个对象，包括基本数据类型（布尔值、数字等）在内，连函数也是对象。另外，类可以被子类化，而且 Scala 还提供了基于 Mixin 的组合。

与只支持单继承的语言相比，Scala 具有更广泛意义上的类重用。Scala 允许定义新类的时候重用"一个类中新增的成员定义（即相较于其父类的差异之处）"，Scala 称之为 Mixin 类组合。

Scala 还包含了若干函数式语言的关键概念，包括高阶函数（higher order function）、局部套用（currying）、嵌套函数（nested function）、序列解读（sequence comprehensions）等。Scala 的 Case Class 及其内置的模式匹配相当于函数式编程语言中常用的代数类型。编程人员还可以利用 Scala 的模式匹配，编写类似正则表达式的代码处理 XML 数据。

Scala 是静态类型的，这就允许它提供泛型类、内部类甚至多态方法（polymorphic method）。另外值得一提的是，Scala 被特意设计成能够与 Java 和 .NET 互操作的语言。虽然 Scala 当前版本还不能在 .NET 上运行，但按照计划将来可以在 .NET 上运行。

Scala 可以与 Java 互操作。它用 Scalac 这个编译器把源文件编译成 Java 的 Class 文件（即在 JVM 上运行的字节码）。可以从 Scala 中调用所有的 Java 类库，也同样可以从 Java 应用程序中调用 Scala 的代码。它也可以访问现存的数之不尽的 Java 类库，使 Java 迁移到 Scala 更加容易。

Scala 使用 Actor 作为其并发模型，Actor 是类似线程的实体，通过邮箱收发消息。Actor 可以复用线程，因此可以在程序中使用数百万个 Actor，而线程只能创建数千个。

1.4.3.3　Spark 计算框架

Apache Spark 是一个开源分布式运算框架，最初是由加州大学伯克利分校 AMP 实验室所开发。

由于 Hadoop MapReduce 的每一步完成都必须将数据序列化写到分布式文件系统中，从而导致效率大幅降低。而 Spark 尽可能地在内存上存储中间结果，极大地提高了计算速度。

MapReduce 是一路计算的优秀解决方案，但对于多路计算的问题则必须将所有作业都转换为 MapReduce 模式并执行串行。Spark 扩展了 MapReduce 模型，允许开发者使用有向无环图（DAG）开发复杂的多步数据管道，并支持跨有向无环图的内存数据共享，以便不同的作业可以共同处理同一个数据。

Spark 不是 Hadoop 的替代方案，而是其计算框架 Hadoop MapReduce 的替代方案。

Hadoop 更多地作为集群管理系统为 Spark 提供底层支持。

Spark 可以使用本地 Spark、Hadoop Yarn 或 Apache Mesos 作为集群管理系统。Spark 支持 HDFS、Cassandra、OpenStack Swift 作为分布式存储解决方案。

Spark 采用 Scala 语言开发运行于 JVM 上，并提供了 Scala、Python、Java 和 R 语言 API，可以使用其中的 Scala 和 Python 进行交互式操作。Spark 是用于大规模数据处理的快速和通用引擎，特点之一是运行速度快：Apache Spark 具有支持非循环数据流和内存计算的高级 DAG 执行引擎，在内存中，运行程序比 Hadoop MapReduce 快 100 倍，在磁盘上运行程序要比 Hadoop MapReduce 快 10 倍。特点之二是易用性：Spark 提供 80 + 高级操作方法，可以轻松构建并行应用程序，可以使用 Java、Scala、Python、R 语言快速编写程序。特点之三是通用性：Spark 还提供了一堆库，包括 SQL、DataFrame、MLlib、GraphX、SparkStreaming 等，可以在相同的应用程序中无缝地组合这些库。Spark 可在 Hadoop 及 Mesos 下独立运行或基于云端运行，可以访问各种数据源，包括 HDFS、Cassandra、HBase 和 S3 等。

1.4.3.4　Python 高级编程

Python 是一种解释型、面向对象、动态数据类型的高级程序设计语言。

Python 是纯粹的自由软件，源代码和解释器 CPython 遵循 GPL（general public license，GPL）协议。Python 语法简洁清晰，特色之一是强制用空白符（white space）作为语句缩进。

Python 具有丰富和强大的库，它能够把用其他语言制作的各种模块（尤其是 C/C++）很轻松地联结在一起，常被称为胶水语言。常见的一种应用情形是，使用 Python 快速生成程序的原型（有时甚至是程序的最终界面），然后对其中有特别要求的部分，用更合适的语言改写，比如 3D 游戏中的图形渲染模块对性能要求特别高，可以用 C/C++ 重写，而后封装为 Python 可以调用的扩展类库。需要注意的是，在使用扩展类库时可能需要考虑平台问题，某些扩展类库可能不支持跨平台的实现。

例如完成同一个任务，C 语言要写 1000 行代码，Java 需要写 100 行，而 Python 可能只要 20 行，所以 Python 是一种相当高级的语言。

也许有人会问，代码少不好吗？代码少的代价是运行速度慢，C 程序运行 1 s，Java 程序可能需要 2 s，而 Python 程序可能就需要 10 s。

对于初学者和完成普通任务而言，Python 语言是非常简单易用的，连 Google 都在大规模使用 Python。用 Python 可以做日常任务，如自动备份 MP3；可以做网站，如很多著名的网站包括 YouTube 就是使用 Python 写的；可以做网络游戏的后台，如很多在线游戏的后台都是 Python 开发的。

对于本专业的同学来说，仅仅能用 Python 编程是不够的，因为其他专业的同学都会，很多"外行人"都会的编程语言一般都是入门简单、编写简单但功能有限的。Python 语言具有强大的伸缩性，用其进行大数据分析既能体现其编程的简易性，又能享受其超常的能力。在处理超大容量的数据文件如大到 4 GB 的 csv 文件、多到上亿条的数据记录等都可以用 Python 实现内、外存读写与分析处理。当然其高级编程功能还远不止这些，需要大家去积极探索，充分挖掘其面向大数据的处理优势。

1.4.4 数据挖掘与统计

1.4.4.1 统计学

统计学(statistics)是收集、处理、分析、解释数据并从数据中得出结论的科学。统计学是关于认识客观现象总体数量特征和数量关系的科学。它是通过搜集、整理、分析统计资料,认识客观现象数量规律性的方法论科学。由于统计学的定量研究具有客观、准确和可检验的特点,因此统计方法就成为实证研究的最重要的方法,广泛适用于自然、社会、经济、科学技术多个领域的分析研究。传统的统计学与将信息论、控制论、系统论相互渗透和结合形成的现代统计学有较大的差别,尤其是计算技术和一系列新技术、新方法在统计领域得到开发和应用后,统计学覆盖的领域更加宽广了。对于本专业的学生而言,相关的概念与技术在数学课(如数理统计)、相关的专业课(如计算机编程语言及数据挖掘)中有统计分析的实例,因此一般不单独设立此课程。但学生如果能自行学习该课程,了解自然、社会、经济、科学技术等各个领域的分析研究方法与手段,则对将来从事相关技术工作会大有裨益。

1.4.4.2 R 语言

R 是属于 GNU 系统的一个自由、免费、源代码开放的软件,它是一个用于统计计算和统计制图的优秀工具。

R 作为一种统计分析软件,集统计分析与图形显示于一体。它可以运行于 Unix、Windows 和 Macintosh 操作系统上,而且相比于其他统计分析软件,它嵌入了一套非常实用的帮助系统。

R 是一套完整的数据处理、计算和制图软件系统。其特点包括:数据存储和处理系统;数组运算工具(其向量、矩阵运算方面功能尤其强大);完整连贯的统计分析工具;优秀的统计制图功能;简便而强大的编程语言(可操纵数据的输入和输出,可实现分支、循环,用户可自定义功能)。

与其说 R 是一种统计软件,还不如说 R 是一种数学计算的环境,因为 R 并不是仅仅提供若干统计程序,使用者只须指定数据库和若干参数便可进行统计分析。R 的思想是:它可以提供一些集成的统计工具,更重要的是它还提供各种数学计算、统计计算函数,从而使使用者能灵活机动地进行数据分析,甚至创造出符合需要的新的统计计算方法。

R 语言的语法表面上类似 C 语言,但在语义上是函数设计语言(functional programming language)的变种并且和 Lisp 以及 APL 有很强的兼容性。特别地,它允许在"语言上计算"(computing on the language),这使得它可以把表达式作为函数的输入参数,而这种做法对统计模拟和绘图非常有用。

R 是一个免费的自由软件,它有 Unix、Linux、MacOS 和 Windows 版本(**实验 2:R for Windows 下载、安装与 Demo 测试**),都是可以免费下载和使用的。大家在网上可以下载到 R 的安装程序。在 R 的安装程序中只包含了 8 个基础模块,其他外在模块可以通过 CRAN 获得。

R 语言的源代码可自由下载使用,亦有已编译的执行版本可以下载,可在多种平台下运行,包括 Unix、Windows 和 MacOS。R 主要是以命令行操作,也有几种图形用户界面。

R 内建多种统计学及数字分析功能。因为 R 语言是建于 S 语言的一个 GNU 项目，所以 R 语言比其他统计学或数学专用的编程语言有更强的物件导向（面向对象程序设计）功能。

R 的另一强项是绘图功能，制图效果具有印刷的品质，也可加入数学符号。

虽然 R 主要用于统计分析或者开发统计相关的软件，但也有人用作矩阵计算。其分析速度可媲美 GNU Octave 甚至商业软件 Matlab。

R 的功能可通过由用户撰写的套件增强。增加的功能有特殊的统计技术、绘图功能，以及编程界面和数据输出/输入功能。这些软件包是由 R 语言、LaTeX、Java 及最常用的 C 语言和 Fortran 撰写。下载的执行版本会带有一批具有核心功能的软件包。

1.4.4.3　SPSS

SPSS（statistical product and service solutions）是 IBM 公司推出的一系列用于统计学分析运算、数据挖掘、预测分析和决策支持任务的软件产品及相关服务的总称，有 Windows 和 MacOS X 等版本。软件最初全称为"社会科学统计软件包"（solutions statistical package for the social sciences），随着 SPSS 产品服务领域的扩大和服务深度的增加，SPSS 公司于 2000 年正式将英文全称更改为"统计产品与服务解决方案"，这标志着 SPSS 的战略方向正在做出重大调整。

1984 年，SPSS 总部首先推出了世界上第一个统计分析软件微机版本 SPSS/PC +，开创了 SPSS 微机系列产品的开发方向，极大地扩充了它的应用范围，并使其能很快地应用于自然科学、技术科学、社会科学的各个领域。世界上许多有影响的期刊纷纷对 SPSS 的自动统计绘图、数据的深入分析、使用方便、功能齐全等特性给予了高度的评价。

SPSS 是世界上最早采用图形菜单驱动界面的统计软件，它最突出的特点就是操作界面极为友好，输出结果美观漂亮。它几乎将所有的功能都以统一、规范的界面展现出来，使用 Windows 的窗口方式展示各种管理和分析数据方法的功能，对话框展示出各种功能选择项。用户只要掌握一定的 Windows 操作技能，精通统计分析原理，就可以使用该软件为特定的科研工作服务。SPSS 采用类似 Excel 表格的方式输入与管理数据，数据接口较为通用，能方便地从其他数据库中读入数据。其统计过程包括了常用的、较为成熟的统计过程，完全可以满足非统计专业人士的工作需要。它的输出结果十分美观，存储时则是使用专用的 SPO 格式，可以转存为 HTML 格式和文本格式。对于熟悉老版本编程运行方式的用户，SPSS 还特别设计了语法生成窗口，用户只须在菜单中选好各个选项，然后按"粘贴"按钮，就可以自动生成标准的 SPSS 程序，极大地方便了中、高级用户。

SPSS for Windows 是一个组合式软件包，它集数据录入、整理、分析功能于一身，用户可以根据实际需要和计算机的功能选择模块，以降低对系统硬盘容量的要求，有利于该软件的推广应用。SPSS 的基本功能包括数据管理、统计分析、图表分析、输出管理等。SPSS 统计分析过程包括描述性统计、均值比较、一般线性模型、相关分析、回归分析、对数线性模型、聚类分析、数据简化、生存分析、时间序列分析、多重响应等几大类，每类中又分为好几个统计过程，例如，回归分析中又分线性回归分析、曲线估计、Logistic 回归、Probit 回归、加权估计、两阶段最小二乘法、非线性回归等多个统计过程，而且每个过程中又允许用户选择不同的方法及参数。SPSS 还有专门的绘图系统，可以根据数据绘制各种图形。

SPSS for Windows 的分析结果清晰、直观、易学易用，而且可以直接读取 Excel 及 DBF 数据文件,现已推广到多种操作系统的计算机上,它与 SAS、BMDP 并称为国际上最有影响的三大统计软件。在国际学术界有条不成文的规定,即在国际学术交流中,凡是用 SPSS 软件完成的计算和统计分析,可以不必说明算法,由此可见其影响之大和信誉之高。

SPSS for Windows 由于其操作简单的特点,已经在我国的社会科学、自然科学的各个领域发挥了巨大作用,如经济学、数学、统计学、物流管理、生物学、心理学、地理学、医疗卫生、体育、农业、林业、商业等。

1.4.4.4 SAS

SAS(statistical analysis system),是由美国北卡罗来纳州立大学于 1966 年开发的统计分析软件。当前软件常用版本为 SAS9.4。

SAS 是一个模块化、集成化的大型应用软件系统。它由数十个专用模块构成,功能包括数据访问、数据储存及管理、应用开发、图形处理、数据分析、报告编制、运筹学方法、计量经济学与预测等。其中 Base SAS 模块是 SAS 系统的核心,其他各模块均在 Base SAS 提供的环境中运行,用户可选择自己需要的模块,与 Base SAS 一起构成一个个性化的 SAS 系统。

SAS 系统基本上可以分为四大部分:SAS 数据库部分;SAS 分析核心;SAS 开发呈现工具;SAS 对分布处理模式的支持及其数据仓库设计。

SAS 系统主要完成以数据为中心的四大任务:数据访问;数据管理(SAS 的数据管理功能并不出色,但数据分析能力强大,所以常用微软的产品管理数据,再导成 SAS 数据格式,要注意与其他软件的配套使用);数据呈现;数据分析。

1.4.4.5 Matlab

Matlab 是美国 MathWorks 公司出品的商业数学软件,用于算法开发、数据可视化、数据分析以及数值计算的高级技术计算语言和交互式环境,主要包括 Matlab 和 Simulink 两大部分。

Matlab 是 matrix 与 laboratory 两个词的组合,意为矩阵工厂(矩阵实验室)。是由美国 Mathworks 公司发布的主要面对科学计算、可视化以及交互式程序设计的高科技计算环境。它将数值分析、矩阵计算、科学数据可视化以及非线性动态系统的建模和仿真等诸多强大功能集成在一个易于使用的视窗环境中,为科学研究、工程设计以及必须进行有效数值计算的众多科学领域提供了一种全面的解决方案,并在很大程度上摆脱了传统非交互式程序设计语言(如 C、Fortran 等)的编辑模式,代表了当今国际科学计算软件的先进水平。

Matlab 和 Mathematica、Maple 并称为三大数学软件(**实验 3:Matlab 下载、安装、demo 测试及数值计算与 fplot 函数应用**)。它在数学类科技应用软件的数值计算方面首屈一指。Matlab 可以进行矩阵运算、绘制函数和数据、实现算法、创建用户界面、连接其他编程语言的程序等,主要应用于工程计算、控制设计、信号处理与通信、图像处理、信号检测、金融建模设计与分析等领域。

Matlab 的基本数据单位是矩阵,它的指令表达式与数学、工程中常用的形式十分相似,故用 Matlab 来解算问题要比用 C、Fortran 等语言简捷得多,Matlab 也吸收了 Maple 等软件的优点,成为了一个强大的数学软件,其在新的版本中也加入了对 C、Fortran、C++、Java 的支持。

Matlab 可以用来进行各种工作:数值分析、数值和符号计算、工程与科学绘图、控制系统的设计与仿真、数字图像处理技术、数字信号处理技术、通信系统设计与仿真、财务与金融工程、管理与调度优化计算(运筹学)等。Matlab 的应用范围非常广,包括信号和图像处理、通信、控制系统设计、测试和测量、财务建模和分析以及计算生物学等众多应用领域。附加的工具箱(单独提供的专用 Matlab 函数集)扩展了 Matlab 的使用环境,以解决这些应用领域内特定类型的问题。

特别需要说明的是,Matlab 作为具有应用广泛、功能强大、函数丰富、语言接口众多、输出方式多样等特点的统计分析软件,被理工科专业广泛选用作为统计分析工具软件,虽然本专业没有直接列入课程,但一般在相关课程中会有讲述。另外作为工具型的统计软件,对于大数据、计算机类专业学生来说,也不必要作为正式的课程,建议学生自我学习并掌握主要的功能,以备学习、研究或工作中需快速统计分析且需要规范输出时使用。

1.4.5 数据预测

1.4.5.1 机器学习

机器学习(machine learning,ML)是一门多领域交叉学科,涉及概率论、统计学、逼近论、凸分析、算法复杂度理论等多门学科。该学科主要研究计算机怎样模拟或实现人类的学习行为,以获取新的知识或技能,重新组织已有的知识结构使之不断改善自身的性能。它是人工智能的核心,是使计算机具有智能的根本途径,其应用遍及人工智能的各个领域,它主要使用归纳、综合而不是演绎。

一般将机器学习的定义为:"机器学习是一门人工智能科学,该领域的主要研究对象是人工智能,特别是如何在经验学习中改善具体算法的性能,机器学习是对能通过经验自动改进的计算机算法的研究,机器学习是用数据或以往的经验,以此优化计算机程序的性能标准"。

机器学习算法主要分为几类:监督学习、无监督学习、半监督学习和强化学习。在建模和算法选择时,根据输入的数据来选择最合适的算法可以获得事半功倍的效果。

机器学习已经在许多领域有了十分广泛的应用,例如,数据挖掘、计算机视觉、自然语言处理、生物特征识别、搜索引擎、医学诊断、检测信用卡欺诈、证券市场分析、DNA 序列测序、语音和手写识别、战略游戏和机器人运用等。

机器学习已成为新的边缘学科并在各类高校中形成一门课程,它综合了应用心理学、生物学、神经生理学、数学、自动化及计算机科学等学科。

机器学习作为本专业的专业核心课,体现了其十分重要的地位,因为基于大数据的预测分析数据量大、非精确性高、计算过程复杂,所以采用传统的方法一般难以得到好的效果,需要引入机器学习进行智能化处理,以满足应用需求。

1.4.5.2 深度学习

深度学习(deep learning)的概念源于人工神经网络的研究,如含多隐层的多层感知器就是一种深度学习结构。深度学习通过组合低层特征形成更加抽象的高层表示属性类别或特征,以发现数据的分布式特征表示。它对数学(如微积分、线性代数、概率论及数理统计等)的需求较高。

深度学习是机器学习中一种基于对数据进行表征学习的方法。观测值(如一幅图像)可以使用多种方式来表示,如每个像素强度值的向量,或者更抽象地表示成一系列边、特定形状的区域等。而使用某些特定的表示方法更容易从实例中学习任务(如人脸识别或面部表情识别)。深度学习的好处是用非监督式或半监督式的特征学习和分层特征提取高效算法来替代手工获取特征。

深度学习是机器学习研究中的一个新的领域,其动机在于建立、模拟人脑进行分析学习的神经网络,它模仿人脑的机制来解释数据,如图像、声音和文本。

同机器学习方法一样,深度学习方法也有监督学习与无监督学习之分。不同的学习框架下建立的学习模型有很大不同。例如,卷积神经网络(convolutional neural networks,CNNs)就是一种监督学习下的深度学习模型,而深度置信网(deep belief nets,DBNs)就是一种无监督学习下的深度学习模型。

深度学习在会话识别、图像识别、对象检测及基因组学等领域表现出了高度的准确性。它作为处理大数据的主要有效手段之一,被列为本专业的主要专业选修课,一般要求学生尽量选修。

1.4.5.3 TensorFlow

TensorFlow 是谷歌基于 DistBelief 进行研发的第二代人工智能学习系统,其命名来源于本身的运行原理。Tensor(张量)意味着 N 维数组,Flow(流)意味着基于数据流图的计算,TensorFlow 为张量从流图的一端流动到另一端的计算过程。TensorFlow 是将复杂的数据结构传输至人工智能神经网中进行分析和处理过程的系统。

TensorFlow 可被用于语音识别或图像识别等多项机器学习和深度学习领域。它对 2011 年开发的深度学习基础架构 DistBelief 进行了各方面的改进。它可在小到一部智能手机、大到数千台数据中心服务器的各种设备上运行。TensorFlow 是完全开源的,任何人都可以使用。

TensorFlow 表达了高层次的机器学习计算,大幅简化了第一代系统,并且具备更好的灵活性和可延展性。TensorFlow 的一大亮点是支持异构设备分布式计算,它能够在各个平台上自动运行模型,无论是手机、单个 CPU/GPU 还是成百上千 GPU 卡组成的分布式系统。

从目前的文档看,TensorFlow 支持 CNN、RNN 和 LSTM 算法,这都是目前在 Image、Speech 和 NLP 中最流行的深度神经网络模型。

作为深度学习常用的软件平台之一,TensorFlow 得到了广泛的应用。本专业虽然没有专门的课程讲述 TensorFlow,但深度学习课程甚至机器学习课程中的实验或演示部分都需要用到该软件,因此也是本专业学生需要掌握软件的标配之一。

1.4.6 数据可视化

能对数据进行可视化的工具有很多,其中除了面向大数据可视化的应用程序与工具,还可以通过编程语言直接实现数据的可视化,一般来说,用得相对较多的工具如下。

1.4.6.1 ECharts

ECharts(**实验 4:ECharts 下载、安装与典型图表可视化**)是一个纯 Javascript 的图表库,可以流畅地运行在电脑和移动设备上,兼容当前绝大部分浏览器(IE8/9/10/11、Chrome、

Firefox、Safari 等），底层依赖轻量级的 Canvas 类库 ZRender，提供直观、生动、可交互、可高度个性化定制的数据可视化图表。

1. 丰富的图表类型

ECharts 提供了常规的折线图、柱状图、散点图、饼图、k 线图，用于统计的盒形图，用于地理数据可视化的地图、热力图、线图，用于数据关系可视化的关系图、TreeMap，用于多维数据可视化的平行坐标，还有用于 BI 的漏斗图、仪表盘等，并且支持图与图之间的混搭。

2. 动态数据

ECharts 由数据驱动，数据的改变驱动图表展现改变，因此动态数据的实现也变得异常简单，只须获取数据、填入数据，ECharts 就会找到两组数据之间的差异，然后通过合适的动画来表现数据的变化。

3. 移动端的优化

移动端需要图表库的体积尽量小。ECharts 和 ZRender 代码的重构，带来了核心部分体积的缩小。ECharts 提供按需打包的功能，因为 ECharts 的组件众多，并且还将会持续增加。

4. 多维数据支持以及丰富的视觉编码手段

ECharts 3 开始加强了对多维数据的支持。除了加入平行坐标等常见的多维数据可视化工具外，对于传统的散点图，传入的数据也可以是多个维度的。配合视觉映射组件 VisualMap 提供丰富的视觉编码，能够将不同维度的数据映射到颜色、大小、透明度、明暗度等不同的视觉通道。

1.4.6.2　Plotly

Plotly 是一个用于做分析和可视化的在线平台，它功能强大，不仅可以与多个主流绘图软件实现对接，而且还可以像 Excel 那样实现交互式制图，而且其图表种类齐全，可以实现在线分享以及开源，等等。国内对它的介绍往往只是其中一部分，接下来笔者将对 Plotly 的一些隐藏功能进行介绍，并部分以 Python 的使用来简单说明。

1. Plotly 的功能

关于 Plotly 的功能，有的从图表类型上进行介绍：基本图表，20 种；统计和海运方式图，12 种；科学图表，21 种；财务图表，2 种；地图，8 种；3D 图表，19 种；拟合工具，3 种；流动图表，4 种。

有的从交互性上进行介绍：可以与 R、Python、Matlab 等软件对接，并且是开源免费的，对于 Python，Plotly 与 Python 中 Matplotlib、Numpy、Pandas 等库可以无缝地集成，可以做出很多非常丰富、互动的图表，并且文档种类非常健全，创建图形也相对简单。另外，申请了 API 密钥后，可以在线一键将统计图形同步到云端。

有的从制图的美观上进行介绍：基于现代的配色组合、图表形式，相较于 Matpltloa、R 语言制作的图表，更加现代、绚丽。

2. Plotly 的 Python 使用

在 Plotly 网站页面上选择 Python 软件类型就可以进入专门使用 Python 的主页（https://plot.ly/python/），网页左侧一列是导航，包含如何开始使用、使用说明、离线使用以及与其他库结合使用，还有实例，正文下方就是各种图形，需要用哪种图形就可以点击进去寻找代码。特别需要说明的是：Plotly 需要注册之后将注册名与密码放入代码里才能使用。

在 Python 使用 Plotly，首先要安装 Plotly 库，在 Plotly——Getting Start 里有说明。

（1）安装方法：pip installplotly 或者 sudo pip install plotly。

需要升级的话，可以输入：pip installplotly-upgrade。

（2）注册：在 Python 交互环境下运行以下初始化命令，生成认证的安全文件. plotly/. credentials。

py = plotly. plotly(“Username”，“API – Key”)

1.4.6.3　Matplotlib

Matplotlib 是一个在 Python 下的 2D 绘图库，尽管它的起源是仿 Matlab 的图形命令，但是它却与 Matlab 不相关，并且是以对象方式运行于 Python 环境下。尽管 Matplotlib 主要都是用 Python 写的，但是为了在运行时具有更高的性能，特别是在显示大量数组数据的情况下，里面也大量使用了 NumPy 和其他的扩展代码。

Matplotlib 的设计原理是：可以仅用一行命令行来创建一个简单的平面图。假如想看数据表示的柱状图，也不需要进行初始化对象、调用方法、设置属性等繁杂的步骤。

通常使用 Matlab 来进行数据分析与形象化。Matlab 擅长以非常简单的方式制作出一个精美的平面图。当处理电脑数据时，需要写一个应用来与数据交互，所以就用 Matlab 编写了一个电脑数据的应用。因为应用的复杂度不断上升，需要与数据库、HTTP 服务器交互，处理复杂的数据结构，这样一来，Matlab 作为一种编程语言其局限性就非常明显，而 Python 大大弥补了 Matlab 作为编程语言的缺陷。Matplotlib 代码从概念上来说可分为 3 个部分：Pylab 接口提供了一系列函数，使得用户只需用类似于 Matlab 图形生成代码就能创建一个平面图；Matplotlib 前端或者 Matplotlib API 是一系列类，它们用来创建管理图形、文本、线、点等，这是一个抽象接口，不管输出内容；后端是一个设备相关的绘图装置，即渲染器，转换前端要表示的内容到打印稿或者显示设备上。例如，PS 生成 Post Script 打印稿，SVG 生成 Scalable Vector Graphics(可伸缩矢量图形)打印稿，Agg 用附带了 Matplotlib 高质量的 Anti – Grain Geometry 库生成 PNG 打印稿，GTK 内嵌 Matplotlib 在它的 GTK + 应用里，GTK Agg 用 Anti – Grain 渲染器生成一个图形并内嵌在 GTK + 应用里，还有 PDF、wxWidgets、Tkinter 等。

Matplotlib 现在被大量使用在不同的环境下，一些人想自动生成 PostScript 文件发送给打印机或者出版社。一些人在 Web 应用服务器上部署 Matplotlib 来生成包含了动态生成的 Web 网页的 PNG 输出。一些人在 Windows 操作系统、在 Tkinter 的 Python Shell 中用 Matplotlib 交互。事实上，可以在 GTK + EEG Application 中内嵌 Matplotlib，运行于 Windows、Linux 和 Macintosh OS X 操作系统上。

1.4.6.4　Seaborn

Seaborn 其实是在 Matplotlib 的基础上进行了更高级的 API 封装，从而使得作图更加容易，在大多数情况下使用 Seaborn 能作出很具有吸引力的图形。

Seaborn 是比 Matplotlib 更高级的免费库，特别是以数据可视化为目标。比这更重要的是，它解决了使用 Matplotlib 过程中出现的两个最大问题。正如 Michael Waskom 所说的：“如果说 Matplotlib 试着让简单的事情更加简单，困难的事情变得可能，那么 Seaborn 就是让困难的事情更加简单。”

使用 Matplotlib 最大的困难之一是更改其默认的各种参数，而 Seaborn 则完全避免了这一问题。

Matplotlib 自动化程度非常高，但是，掌握如何设置系统以便获得一个吸引人的图表是相当困难。为了控制 Matplotlib 图表的外观，Seaborn 模块自带许多定制的主题和高级的接口。

Seaborn 默认的浅灰色背景与白色网络线的灵感来源于 Matlab，它却比 Matlab 的颜色更柔和。有人发现，网格线对于传播信息很有用，几乎在所有情况下，人们喜欢图甚于表。默认的白灰网格可以避免过于刺眼。

Seaborn 将 Matplotlib 的参数划分为两个组，由两个函数提供接口操控这些参数。控制样式用 axes_style（）和 set_style（）这两个函数。度量尺度元素则用 plotting_context（）和 set_context（）这两个函数。在这两种情况下，第一组函数返回一系列的参数，第二组函数则设置 Matplotlib 的默认属性。

1.5 紧密相关的专业

与数据科学与大数据技术专业紧密相关的专业主要有计算机科学、软件工程、统计学、人工智能、信息管理与信息系统及图书情报等。很多学校开设了计算机科学与技术（计算机学院或信息科学与工程学院）、软件工程（软件学院）、人工智能（人工智能研究院或信息科学与工程学院）、统计学（数学与统计学院）、信息管理与信息系统（商学院）、图书情报（基础医学院）等相关专业。据分析，开设数据科学与大数据技术专业对上述专业将产生深远影响，总体上将促进学校对相关专业的调整和优化。

由于历史的原因，很多学校的数据科学与大数据技术专业直接来源于计算机学院的计算机科学与技术专业，也有些来源于数学与统计学院的统计学专业，还有一些来源于商学院的信息管理与信息系统专业，由此与相关专业建立了紧密的联系。

目前国内大部分数据科学与大数据技术专业来源于计算机科学与技术专业，一般与计算机科学与技术、软件工程专业形成优势互补的关系。一方面，数据科学与大数据技术将依托计算机与软件专业的学科基础，采用与它们一致的核心课程，主要包括计算机原理、数据结构、操作系统、数据库等，这不仅符合大数据专业的内在需求，也有利于充分发挥传统专业的资源优势；另一方面，数据科学与大数据技术专业延伸、拓展了计算机与软件工程专业的业务范围，满足了大数据系统建设的新需求，并形成了新的学科优势与特色，从而吸引了一部分原来打算报考计算机或软件工程专业，但又希望从事行业应用的学生。此举有利于优化计算机、软件工程、大数据专业的学生分布，解决目前因计算机和软件工程专业的学生太多，导致他们中有相当多的学生希望寻找新出路或调换新专业的问题。

数据科学与大数据技术专业将有利于整合医学信息学、信息管理与信息系统等相关专业，通过改造、吸收、融合等方式，将医学信息学、信息管理与信息系统转移到大数据专业上来，从而扭转上述专业因业务面过窄、特色不突出而导致的被动与尴尬局面，实现新的发展。

另外，数据科学与大数据技术专业的设置不会改变统计学专业的基本状况，这是由这两个专业的侧重点决定的。统计学专业注重统计业务的数学方法及其应用，而数据科学与大数据技术专业专注于系统与平台的设计。但是，数据科学与大数据技术专业可能需要借鉴一些统计方法，我们希望达到的目标是，大数据项目工程师在统计学专业毕业生的帮助下，在大数据系统项目中有效地运用到若干统计方法。

总之，开办数据科学与大数据技术专业将使相关专业的优势得到互补，各专业学生人数的分布更加合理，为一些面临萎缩与挑战的专业找到新的出路。一方面，本专业培养的学生在学科上有更多的选择，如要读研究生，可以选择读计算机科学与技术、计算机技术、软件工程等专业，还可以选择数学、统计学、商学、管理学等专业，另一方面，从就业面来讲，除社会急需的大数据相关岗位外，还可以去传统的计算机、数理统计或商学、管理学等专业相对应的岗位。

1.5.1 计算机科学与技术

相对而言，从数据处理的角度，计算机科学与技术考虑的主要是采用计算机相关的理论、方法、技术等进行的各类数据处理，其核心是数据结构与算法，而数据科学虽然主要依托计算机实现数据处理，但其研究的对象是数据本身。随着计算机应用从以计算为中心逐渐向以数据为中心进行迁移，数据科学的内涵和外延会更加宽泛。软件工程学科中的相关技术提供了数据分析处理的工具以及具体开发时的范式。数据处理技术是数据研究领域的一种重要的研究方法，用于研究和发现数据本身的现象和规律。

在计算机学科方面，主要包括新型的专用型计算平台的搭建，这涉及互联网计算架构、新硬件的应用以及开源系统的使用等。由此倒推，需要对计算机学科的现有知识体系进行裁剪，舍弃那些与系统和平台搭建无关的知识。在应用数学方面，着重于对数学建模工具的灵活掌握。具体而言，就是对概率论、数理统计以及矩阵计算（计算方法）等工程数学能活学活用，既能利用这些数学工具来抽象具体的现实应用，又能进行有效的算法实现。在信息系统学科方面，需要培养数据全生命周期管理的基本理念，从数据的生成和收集到数据的存储和管理，再到数据的使用和共享，实现数据的价值。

1.5.2 统计学

数据科学与工程也不同于传统的商业智能和统计学，商业智能主要从商业模式、经济管理的角度对数据应用进行研究，而统计学提供具体的数据分析处理的方法论。但是面对 PB 级以上的海量数据，大数据的分析不能停留在获得概率分布结果，也不能满足于对细节问题的数据挖掘，而是需要更简单、有效的问题求解方法，争取从大数据中获得新的知识，构建新的应用范式。

1.6 就业前景

从目前就业形势来看，大数据相关的岗位与人才需求还是很旺盛的，对应的社会岗位也较多，如数据科学家、数据分析师、数据架构师、数据工程师、统计学家、数据库管理员、业务数据分析师、数据产品经理等，其中顶尖的数据人才甚至被冠以"数据科学家"的头衔。不过这些岗位对人才的要求是非常高的，不但需要丰富的相关领域知识，还需要有效的数据分析手段与团队管理经验、良好的沟通方式与分析结果呈现技巧等。目前大数据主要的相关岗位包括以下几方面。

1. 数据分析师

运用工具，提取、分析、呈现数据，实现数据的商业意义，需要业务理解和工具应用能力。

2. 数据挖掘师/算法工程师

数据建模、机器学习和算法实现，需要业务理解、熟悉算法和精通计算机编程。

3. 大数据工程师

运用编程语言实现数据平台和数据管道开发，需要计算机编程能力。

4. 数据架构师

高级算法设计与优化，数据相关系统设计与优化，有垂直行业经验最佳，需要平台级开发和架构设计能力。

从另一个角度来看，大数据主要的三大就业方向为：大数据系统研发、大数据应用开发和大数据分析。在此三大方向中，各自的基础岗位一般为大数据系统研发工程师、大数据应用开发工程师和数据分析师。

从企业方面来说，大数据人才大致可以分为产品和市场分析、安全和风险分析以及商业智能三大领域。产品和市场分析是指通过算法来测试新产品的有效性，是一个相对较新的领域。在安全和风险分析方面，数据科学家们知道需要收集哪些数据、如何进行快速分析，并最终通过分析信息来有效遏制网络入侵或抓住网络罪犯。

1.7 本章小结

本章主要讲述数据科学与大数据技术专业的发展历史、专业特点要求、主要的专业课程设置及要求，还重点讲述了整个专业所涉及的知识体系（专业课程模块）与技能体系。该专业无论是知识体系还是技能体系，都如大数据的特点——大、多，但这些课程大都是选修课，即可以根据自身要求在满足学校学分要求的前提下，选择自己感兴趣且与自己的职业规划方向相关性大的课程。当然，如何选择课题也是一个不小的难题，需要大家与授课教师及相关主管领导如专业负责人、系主任等沟通交流，同时也需要大家自己静下心来考虑。专业技能涉及面就更广泛了，无论是大一还是大四，大家都可以发现自己学校的各课程培养方案所涉及的相关平台、工具及技术生态只是教材中的小部分，其他大部分都不会讲述或只是简单地讲述。总体要求是抓住关键与核心技术，触类旁通，自己多查资料与独立练习，毕竟大学最主要的还是一种学习能力与自主学习意识的培养，正所谓"师父领进门，修行在各人"。

思考题

1. 就自己接触过的编程语言，如 C、C++、Java、Python 或 Matlab 等，简述其优缺点。
2. 试简述自己选择数据科学与大数据技术专业的主要理由，是否将来还想坚持本专业？
3. 在专业技能中，你主要感兴趣的是大数据处理的哪个环节的技术？简述主要的理由。
4. 你对本专业出路的主要期望是什么？简述自己与本专业相关的职业规划。
5. 对于本专业主要的就业前景，你怎么看？

本章相关的实验

序号	对应章节	实验名称	要求
1	1.3.3	任选语言实现自然数阶乘累加，如 1! + 2! + 3! + ⋯ + n!，其中 n 为输入变量	可以从 C 或 C++ 或 Java 或 Python 等语言中任选 1 个，尝试输入 10，11，12，⋯，看测试到哪个数值会出错，修改程序后再加大数值，看是否可以将 n 的值扩充到 30、40 甚至 50、100，记下运行时间，保存各运算结果
2	1.4.4	R for Windows 下载与安装，测试 demo(graphics)，测试数学函数	下载 R 2.13.1 或以上版本 for Windows（32 megabytes），测试数学函数 abs，sqrt：绝对值，平方根 log，log10，log2，exp：对数与指数函数 sin，cos，tan，asin，acos，atan，atan2：三角函数 sinh，cosh，tanh，asinh，acosh，atanh：双曲函数
3	1.4.4	Matlab 下载、安装，测试 demo，测试 fplot() 函数，生成曲线图	下载 Matlab 2017b 或以上版本，安装并测试 demo，测试数值计算如自然数阶乘累加，测试 fplot() 函数，生成曲线图
4	1.4.6	ECharts 下载、安装与典型图表可视化	下载 ECharts v4.1.0 rc2 或以上版本，安装，测试 demo，呈现 line、bar、pie 等图形

第 2 章　数据科学与大数据基本概念

　　本章主要介绍数据科学与大数据技术相关基本概念、相关技术特点及对应的社会岗位需求及对学生的知识、能力、素质要求。数据科学与大数据相关的主要概念：首先是基本概念如信号、数据、信息、知识等，其次是成体系的概念如数据科学、数据挖掘、大数据等。

2.1　数据相关的概念

2.1.1　基本概念

1. 数据

（1）数据是用来记录信息的可识别的符号，是信息的具体表现形式。

（2）现代计算机系统中，数据是指所有能输入到计算机并被计算机程序处理的符号的介质的总称，是用于输入电子计算机进行处理，具有一定意义的数字、字母、符号和模拟量的通称。

反映客观事物运动状态的信号通过感觉器官或观测仪器感知，形成了文本、数字、事实或图像等形式的数据。

它是最原始的记录，未被加工解释，没有回答特定的问题；它反映了客观事物的某种运动状态，除此以外没有其他意义；它与其他数据之间没有建立相互联系，是分散和孤立的。数据是客观事物被大脑感知的最初印象，是客观事物与大脑最浅层次相互作用的结果。

（3）数据经过加工后就成为信息。

2. 信息

信息是客观事物状态和运动特征的一种普遍形式，客观世界中大量地存在、产生和传递着以这些方式表示出来的各种各样的信息。

信息的目的是用来"消除不确定的因素"。

利用信息技术对数据进行加工处理，使数据之间建立相互联系，形成回答了某个特定问题的文本，以及被解释具有某些意义的数字、事实、图像等形式的信息。它包含了某种类型可能的因果关系的理解，回答"why（谁）""what（什么）""where（哪里）"或"when（何时）"等问题。

3. 知识

知识不是数据和信息的简单积累，知识是可用于指导实践的信息，知识是人们在改造世界的实践中所获得的认识和经验的总和。

知识又分为显性知识和隐性知识。显性知识是已经或可以文本化的知识，并易于传播。隐性知识是存在于个人头脑中的经验或知识，需要进行大量的分析、总结和展现，才能转化成显性知识。

数据、信息、知识三者都是对事实的描述，被统一到了对事实的认识过程中。首先，由于人们认识能力的有限性或者所采用工具的低级性，导致了数据只是对事实有初步认识，甚至存在错误；然后，借助人的思维或者信息技术对上述数据进行处理，经过处理，人们进一步揭示了事实中事物之间的关系，形成信息；最后，在实践中，经过不断的处理和反复验证，事实中事物之间的关系被正确揭示，形成知识。

另外，还有消息、信号等概念，与信息容易混淆，其中消息(message)指的是信号要传递的内容，是本质。信号(signal)是消息传递的形式，如电信号、光信号等，是载体。而信息(information)是指传达给人的消息，能消除受信者的某些不确定性。消息是信息的形式，信息是消息的内容，而信号则是消息的表现形式。

2.1.2　数据的分类

2.1.2.1　数据按性质分类

(1)定位数据，如各种坐标数据。
(2)定性数据，表示事物属性的数据。
(3)定量数据，反映事物数量的数据，如长度、面积、体积等几何量或者重量、速度等物理量。
(4)定时数据，反映事物时间特性的数据，如年月日、时分秒等。

2.1.2.2　数据按产生来源分类

(1)数字数据，如各种统计或者量测数据。
(2)模拟数据，由连续函数组成，是指在某个区间连续变化的物理量，如声音、图像、温度、压力等。

2.1.2.3　数据按表现形式分类

可以分为图形数据(如点、线、面)、符号数据、文字数据、图像数据、音频数据、视频数据、三维模型数据等。

2.1.2.4　数据按内容分类

1. 实时数据与历史数据
实时数据仓库是两种事物的组合：实时行为和数据仓库。
随着时间的推移和主题的变化，数据仓库系统中的大量细节数据成为历史数据。
2. 时态数据/事务序列数据
事务数据(transactiondata)是一种特殊类型的记录数据，每个记录是一个项的集合。如顾客一次购物所购买的商品的集合就构成一个事务。
时态数据(temporaldata)又称为时序数据(sequentialdata)，可以认为是事务数据的扩充，其中每个记录包含一个与之相关联的时间。

序列数据记录各个实体的顺序,如生物序列顺序。

3. 基于图形的数据

主要包含带有对象之间联系的数据和具有图形对象的数据,如社交网络数据和分子结构数据等。

4. 空间数据

空间数据(spatialdata)是用来描述来自现实的目标,将数据统一化,借以表明空间实体的形状大小以及位置和分布特征,具有空间、时间和专题属性三大特性。

5. 流数据

流数据是一种顺序、大量、快速、连续流进和流出的数据序列,可以被视为一个随时间延续而无限增长的动态数据集合。流数据具有四个特点:

(1)数据实时到达。

(2)数据到达次序独立,不受应用系统控制。

(3)数据规模宏大且不能预知其最大值。

(4)数据一经处理,除非特意保存,否则不能再次被取出处理,或者再次提取数据代价昂贵。

流数据在网络监控、传感器网络、航空航天、气象测控和金融服务等应用领域广泛出现。

2.1.3　数据的属性

2.1.3.1　数据属性的定义及分类

数据的属性(特征、维或字段)是指一个数据对象的某方面性质或特性。一个数据对象通过若干个属性来刻画。根据属性的不同性质,可分为以下四种。

1. 标称(nominal)

标称属性是指其属性值只提供足够的信息以区分对象,如颜色、性别、产品编号等。

2. 序数(ordinal)

序数属性是指其属性值提供足够的信息以区分对象的叙述,如成绩等级(优、良、中、及格、不及格)、年级等。

3. 区间(interval)

区间属性是指其属性值之间的差是有意义的,如日历日期、摄氏温度等。

4. 比率(ratio)

比率属性是指其属性值之间的差与比率都是有意义的,如长度、时间、速度等。

2.1.3.2　数据属性的数值形式

1. 离散数值

离散数值是指其数值只用自然数或者整数单位计算。如企业个数、职工人数、设备台数等。这种数据的数值一般用记数方法取得。

2. 连续数值

连续数值是指在一定区间内可以任意取值的数据,其数值是连续不断的,相邻两个数值可以做无限分割,即可取无限个数值。例如,人体测量的身高、体重等为连续数据,其数值只能用测量或者计量的方法取得。

2.1.4 数据集

具有相同属性的数据对象的集合,就是数据集。在数据挖掘领域,数据集具有三个重要的特性:维度、稀疏性和分辨率。

(1)维度(dimensionality):是指数据集中的对象具有的属性个数的总和。

(2)稀疏性(sparseness):是指在数据集中,有意义的数据的多少。

(3)分辨率(resolution):可以在不同的分辨率下或者粒度下得到数据,而且在不同的分辨率下对象的数据也不同。

2.1.5 数据特征的统计描述

数据特征的测度分为:集中趋势、离散程度、分布的形状三类,如图 2-1 所示。

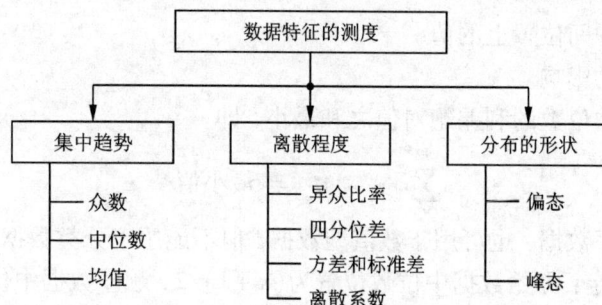

图 2-1 数据特征的测度分类

数据类型不同,适用的测度方法也不同。数据类型和所适用的集中趋势测度值如表 2-1所示。

表 2-1 数据类型和所适用的集中趋势测度值

数据类型	分类数据	顺序数据	间隔数据	比率数据
适用的测度值	众数	中位数	均值	均值
	—	四分位数	众数	调和平均数
		众数	中位数	几何平均数
	—	—	四分位数	中位数
	—	—	—	四分位数
				众数

2.1.5.1 集中趋势(centraltendency)

(1)一组数据向其中心值靠拢的倾向和程度。

（2）测度集中趋势就是寻找数据水平的代表值或中心值。

（3）不同类型的数据用不同的集中趋势测度值。

（4）低层次数据的测度值适用于高层次数据的测量数据，但高层次数据的测度值并不适用于低层次的测量数据。

（5）集中趋势的测度方法：①众数；②中位数；③均值与几何平均数；④几何平均数；⑤众数、中位数和均值的关系；⑥众数、中位数和均值的特点和应用；⑦数据类型与集中趋势测度值。（**实验5：任选编程语言，实现数组的集中趋势测度**）

1. 众数（mode）

（1）出现次数最多的变量值。

（2）不受极端值的影响。

（3）一组数据可能没有众数、只有一个众数或者有多个众数（即众数具有不唯一性）。

（4）主要用于分类数据，也可用于顺序数据和数值型数据。

2. 中位数（Median）

（1）排序后处于中间位置上的值。

（2）不受极端值的影响。

（3）各变量值与中位数的利差绝对值之和最小，即

$$\sum_{i=1}^{n} |x_i - M_e| = 最小值$$

（4）主要用于顺序数据，也可用于数值型数据，但不能用于分类数据。

中位数位置的确定：原始数据中位数位置为$(n+1)/2$，顺序数据中位数位置为$n/2$。

3. 均值与几何平均数

（1）均值（mean）。

①集中趋势的最常用测度值。

②一组数据的均衡点所在。

③体现了数据的必然性特征。

④易受极端值的影响。

⑤用于数值型数据，不能用于分类数据和顺序数据。

一般来说，均值能够体现数据的必然性。从统计思想上看，均值是一组数据的重心和均衡点所在，是数据误差相互抵消后的必然性结果。比如对同一事物进行多次测量，如果所得结果不一致，那可能是由于测量误差所致，也可能是其他因素的偶然影响。利用均值作为其代表值，则可以使误差相互抵消，反映出事物必然性的数量特征。

均值的数学性质如下：

①各变量值与均值的离差之和等于0，即

$$\sum_{i=1}^{n} (x_i - \bar{x}) = 0$$

②各变量值与均值的离差平方和最小，即

$$\sum_{i=1}^{n} (x_i - \bar{x})^2 \to 最小值$$

（2）几何平均数（geometricmean）。

①n 个变量值乘积的 n 次方根，即

$$G_m = \sqrt[n]{x_1 \times x_2 \times \cdots \times x_n} = n\sqrt{\prod_{i=1}^{n} x_i}$$

可看作是均值的一种变形，主要适用于对比率数据的平均。

$$\lg G_m = \frac{1}{n}(\lg x_1 + \lg x_2 + \cdots + \lg x_n) \quad \frac{\sum_{i=1}^{n} \lg x_i}{n}$$

②主要用于计算平均增长率。

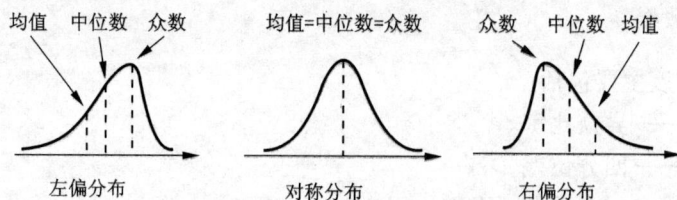

图 2-2　众数、中位数与均值示意图

4. 众数、中位数和均值的特点与应用（图 2-2）

（1）众数。

①不受极端值影响。

②具有不唯一性。

③数据分布偏斜程度较大时应用。

（2）中位数。

①不受极端值影响。

②数据分布偏斜程度较大时应用。

（3）均值。

①易受极端值影响。

②数学性质优良。

③数据对称分布或者接近对称分布时应用。

5. 四分位数（quartile）

在统计学中，把所有数值由小到大排列并分成四等份，处于 3 个分割点位置的数值就是四分位值数。

（1）第一四分位数（$Q1$），又称"较小四分位数"，等于该样本中所有数值由小到大排列后第 25% 的数字，即 $(n+1) \times 0.25$。

（2）第二四分位数（$Q2$），又称"中位数"，等于该样本中所有数值由小到大排列后第 50% 的数字，即 $(n+1) \times 0.5$。

（3）第三四分位数（$Q3$），又称"较大四分位数"，等于该样本中所有数值由小到大排列后第 75% 的数字，即 $(n+1) \times 0.75$。

（4）第三四分位数与第一四分位数的差距又称为四分位距（inter quartile range，IQR）。

6. 调和平均数(harmonicmean)

调和平均数又称倒数平均数。是总体个统计变量倒数的算数平均数的倒数。是平均数的一种,分为简单调和平均数和加权调和平均数两种。

在数学中调和平均数与算数平均数都是独立的自成体系的。计算结果调和平均数恒小于算数平均数。但统计加权调和平均数则是加权算术平均数的变形,附属于算术平均数,不能单独自成体系。且计算结果与加权算术平均数完全相等。主要是在无法掌握总体单位数(频数)的情况下,只有每组的变量值和相应的标量总值,而需要求平均数时使用的一种数据方法。

2.1.5.2 离散程度

离散程度的测度主要包括:

(1)分类数据——异众比率。

(2)顺序数据——四分位差。

(3)数值型数据——方差及标准差。

(4)相对位置的测量——标准分数。

(5)相对离散程度——离散系数。(**实验 6:任选编程语言,实现数组的离散程度测度**)

不同的数据类型适用的离散为测度方法不同,如表 2－2 所示。

表 2－2 数据类型和所适用的离散程度测度值

数据类型	分类数据	顺序数据	数值型数据
适用的测度值	异众比率	四分位差	方差或标准差
	—	异众比率	＊离散系数(比较时用)
	—	—	平均差
	—	—	极差
	—	—	四分位差
	—	—	异众比率

1. 异众比率(variationratio)

(1)是对分类数据离散程度的测度。

(2)非众数组的频数占总频数的比率,其公式如下:

$$v_r = \frac{\sum f_i - f_m}{\sum f_i} = 1 - \frac{f_m}{\sum f_i}$$

(3)用于衡量众数的代表性。

2. 四分位差(quartiledeviation)

(1)是对顺序数据离散程度的测度。

(2)称为四分间距(inter - quartilerange)。

(3)是上四分位数与下四分位数之差。

(4)反映了中间 50% 数据的离散程度。

(5)不受极端值的影响。

(6)用于衡量中位数的代表性。

3. 极差(range)

(1)一组数据的最大值与最小值之差。

(2)离散程度的最简单测度值。

(3)易受极端值的影响。

(4)未考虑数据的分布情况,如图 2-3 所示。

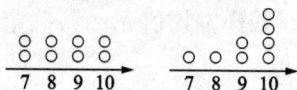

图 2-3 极差的特殊情形

4. 平均差(meandeviation)

(1)是各变量值与其均值离差绝对值的平均数。

(2)能全面反映一组数据的离散程度。

(3)数学性质较差,在实际中应用较少。

(4)对于未分组数据,其公式为

$$M_d = \frac{\sum\limits_{i=1}^{n} |x_i - \bar{x}|}{n}$$

(5)对于组距分组数据,其公式为:

$$M_d = \frac{\sum\limits_{i=1}^{k} |M_i - \bar{x}| f_i}{n}$$

5. 方差和标准差(variance and standard deviation)

(1)是反映数据离散程度的最常用测度值。

(2)反映了各变量值与均值的平均差异。

(3)根据总体数据计算的,称为总体方差或标准差;根据样本数据计算的,称为样本方差或标准差。

(4)对于未分组数据,方差的计算公式为

$$s^2 = \frac{\sum\limits_{i=1}^{n} (x_i - \bar{x})^2}{n-1}$$

标准差的计算公式为

$$s = \sqrt{\frac{\sum\limits_{i=1}^{n} (x_i - \bar{x})^2}{n-1}}$$

(5)对于组距分组数据,方差的计算公式为

$$s^2 = \frac{\sum_{i=1}^{k} (M_i - \bar{x})^2 f_i}{n-1}$$

标准差的计算公式为

$$s = \sqrt{\frac{\sum_{i=1}^{k} (M_i - \bar{x})^2 f_i}{n-1}}$$

6. 样本方差——自由度(degree of freedom)

(1)是指一组数据中可以自由取值的数据的个数。

(2)当样本数据的个数为 n 时,若样本均值 $\text{avr}(x)$ 确定后,只有 $n-1$ 个数据可以自由取值,其中必有一个数据不能自由取值。

例如,样本有 3 个数值,$x_1 = 2$,$x_2 = 4$,$x_3 = 9$,则 $\text{avr}(x) = 5$,当 $\text{avr}(x) = 5$ 确定后,x_1,x_2 和 x_3 有两个数据可以自由取值,而另一个则不能自由取值,比如取 $x_1 = 6$,$x_2 = 7$,那么 x_3 则必然取 2,而不能取其他值。

(3)样本方差用自由度去除,其原因可从多方面来解释,从实际应用角度来看,在抽样估计中,当用样本方差 S^2 去估计总体方差 σ^2 时,S^2 是 σ^2 的无偏估计量。无偏估计量是指数学期望等于被估计的量,其目的是确定一个估计量的好坏。对于待估参数而言,不同的样本值会得到不同的估计值。要确定一个估计量的好坏,就不能仅仅依据某次抽样结果来衡量,必须由大量抽样的结果来衡量。对此,一个自然而基本的衡量标准是要求估量无系统偏差。也就是说,尽管在一次抽样中得到的估计值不一定恰好等于待估参数的真值,但在大量重复抽样时,所得到的估计值平均起来应与待估参数的真值相同。换句话说,希望估计量的均值(数学期望)应等于位置参数的真值,这就是所谓的无偏性的要求。

7. 标准分数(standard score)

(1)也称标准化值。

(2)对某一个值在一组数据中相对位置的度量,公式为

$$z_i = \frac{x_i - \bar{x}}{s}$$

(3)可用于判断一组数据是否有离群点。

(4)用于对变量的标准化处理。

标准分数的性质:

(1)均值等于 0:

$$\bar{z} = \frac{\sum z_i}{n} = \frac{1}{n} \cdot \frac{\sum (x_i - \bar{x})}{s} = \frac{1}{n} \cdot \frac{0}{s} = 0$$

(2)方差等于 1:

$$s_z^2 = \frac{\sum (z_i - \bar{z})^2}{n} = \frac{\sum (z_i - 0)^2}{n}$$

$$= \frac{\sum z^2}{n} = \frac{1}{n} \cdot \frac{\sum (x_i - \bar{x})^2}{s^2}$$

$$= \frac{s^2}{s} = 1$$

z 分数只是将原始数据进行了线性变换,并没有改变一个数据在该组数据中的位置,也没有改变该组数据分布的形状,而只是将该组数据的均值变为 0,标准差变为 1。

8. 离散系数(coefficient of variation)

(1)是标准差与其相应的均值之比,公式为

$$v_s = \frac{s}{x}$$

(2)是对数据相对离散程度的测度。

(3)消除了数据水平高低和计量单位的影响。

(4)用于对不同组别数据离散程度的比较。

数据分布特征如图 2-4 所示。

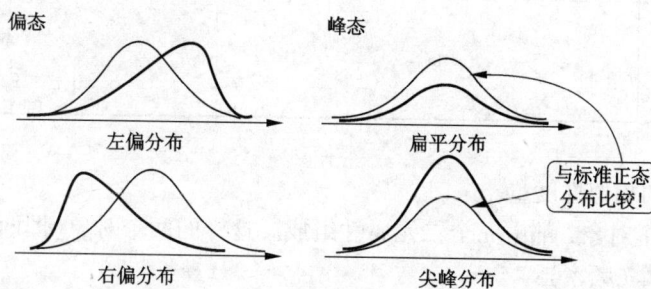

图 2-4 数据特征分布

(1)偏态(skewness)。

是对数据分布偏斜程度的测度。

①偏态系数 =0,对称分布。

②偏态系数 <0,左偏分布。

③偏态系数 >0,右偏分布。

(2)偏态系数(skewness coefficient)。

①按照原始数据计算,其公式为

$$SK = \frac{n \sum (x_i - \bar{x})^3}{(n-1)(n-2)s^3}$$

②按照分组数据计算,其公式为

$$SK = \frac{\sum_{i=1}^{k} (M_i - \bar{x})^3 f_i}{ns^3}$$

2.1.6 数据的相似性和相异性度量

(1)两个对象之间的相似度(similarity):两个对象相似程度的数值度量。两个对象越相似,它们的相似度就越高。

(2)两个对象之间的相异度(dissimilarity):两个对象相异程度的数值度量。两个对象越

相似，它们的相异度就越低。

（3）通常使用变换把相似度转换成相异度或相反，或者把邻近度变换到一个特定区间，如[0，1]

各属性类型的相异度与相似度计算方式如表2－3所示。

表2－3 数据的相异度与相似度计算方式

属性类型	相异度	相似度
标称的	$d = \begin{cases} 0 & \text{if } x = y \\ 1 & \text{if } x \neq y \end{cases}$	$d = \begin{cases} 0 & \text{if } x = y \\ 1 & \text{if } x \neq y \end{cases}$
序数的	$d = \lvert x - y \rvert / (n-1)$ （值映射到整数0到$n-1$，其中n是值的个数）	$s = 1 - d$
区间或比率的	$d = \lvert x - y \rvert$	$s = -d,\ s = \dfrac{1}{1+d},\ s = e^{-d}$ $s = 1 - \dfrac{d - \min\_d}{\max\_d - \min\_d}$

（4）二元数据的相似性度量。

设x和y是两个对象，都由n个二元属性组成。这样的两个对象（即两个二元向量）的比较可生成如下四个量（频率）：

- $f_{00} = x$取0并且y取0的属性个数。
- $f_{01} = x$取0并且y取1的属性个数。
- $f_{10} = x$取1并且y取0的属性个数。
- $f_{11} = x$取1并且y取1的属性个数。

①简单匹配系数（simple matching coefficient，SMC）。

$$SMC = \frac{\text{值匹配的属性个数}}{\text{属性个数}} = \frac{f_{11} + f_{\infty}}{f_{01} + f_{10} + f_{11} + f_{\infty}}$$

②Jaccard系数：常用来处理仅包含非对称的二元属性的对象。

$$J = \frac{\text{匹配的个数}}{\text{不涉及}0-0\text{匹配的属性个数}} = \frac{f_{11}}{f_{01} + f_{10} + f_{11}}$$

③余弦相似度：文档相似性最常用的度量之一。

$$\cos(x, y) = \frac{x \cdot y}{\lVert x \rVert\ \lVert y \rVert}$$

式中，$x \cdot y = \sum_{k=1}^{n} x_k y_k$，$\lVert x \rVert$是向量$x$的长度；$\lVert x \rVert = \sqrt{\sum_{k=1}^{n} x_k^2} = \sqrt{x \cdot x}$。

2.2 数据科学

数据学（dataology）和数据科学（data science）都是关于数据的科学，是研究探索网络空间（cyberspace）中数据界奥秘的理论、方法和技术。

数据科学主要有两方面内涵：一是研究数据本身，研究数据的各种类型、状态、属性及变化形式和变化规律；二是为自然科学和社会科学研究提供一种新方法，称为科学研究的数据方法。其目的在于揭示自然界和人类行为现象和规律。

2.2.1 数据科学定义

信息化是将现实世界中的事物和现象以数据的形式存储到网络空间中，是一个生产数据的过程。这些数据是自然和生命的一种表示形式，这些数据还记录了人类的行为，包括工作、生活和社会发展。今天，数据被快速、大量地生产并存储在网络空间中，这种现象称为数据爆炸(data explosion)。数据爆炸在网络空间中形成数据自然界。数据是网络空间中的唯一存在，需要研究和探索网络空间中数据的规律和现象。另外，探索网络空间中数据的规律和现象，就是探索宇宙的规律、探索生命的规律、寻找人类行为的规律、寻找社会发展的规律的一种重要手段，例如，可以通过研究数据来研究生命(生物信息学)、研究人类行为(行为信息学)。数据学(dataology)和数据科学(data science)(以下称数据学)是关于数据的科学或者研究数据的科学，其定义为：研究探索网络空间中数据界(data nature)奥秘的理论、方法和技术，研究的对象是数据界中的数据。与自然科学和社会科学不同，数据学和数据科学的研究对象是网络空间的数据，是新的科学。

数据学已经有一些方法和技术，例如，数据获取、数据存储与管理、数据安全、数据分析、可视化等；还需要有基础理论和新技术，例如，数据存在性、数据测度、时间、数据代数、数据相似性与簇论、数据分类与数据百科全书、数据伪装与识别、数据实验、数据感知等。数据学的理论和方法将改进现有的科学研究方法，形成新型的科学研究方法，并且针对各个研究领域开发出专门的理论、技术和方法，从而形成专门领域的数据学，例如，行为数据学、生命数据学、脑数据学、气象数据学、金融数据学、地理数据学等。

自 2010 年，Drew Conway 开始用一张维恩图(图 2-5)(即用不同的圆圈显示元素集合重叠区域的图示)表示数据科学，之后，不同的数据科学家也根据自己对数据科学的理解，对这一维恩图进行了不同程度的删改和调整。

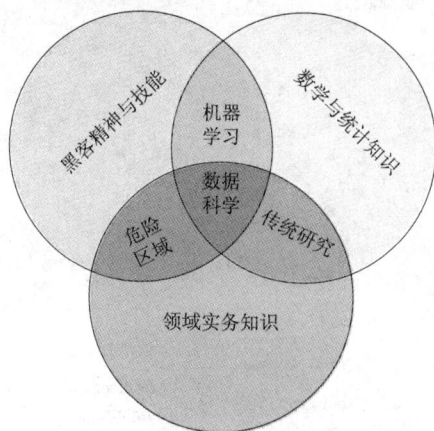

图 2-5 Drew Conway 版维恩图

　　Drew Conway 的第一张维恩图至今依然是很多数据科学家最认可的对数据科学的基本描述，这张图清楚地显示了，数据科学相关知识来自三大基础领域：数学和统计知识、计算机科学、行业应用知识。

　　数据科学是一个定义相当模糊的词语。一般的定义为："这是一项需要比大多数统计学家更多的编程技巧，和比程序员更多的统计数据技能的工作。"

　　数据科学是一个寻找定义的行业，人们进行着很多不同的尝试来定义它也不足为奇。

　　2016 年，Gartner 在他的博客上重作了数据解决方案图，并使其更美观和更加基于数据科学，如图 2-6 所示。

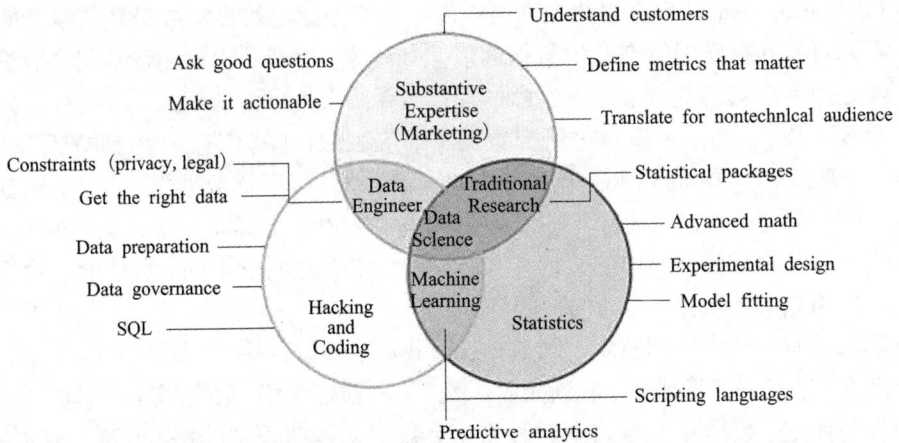

图 2-6　Gartner 数据解决方案图

　　维基百科关于数据科学的页面如图 2-7 所示。

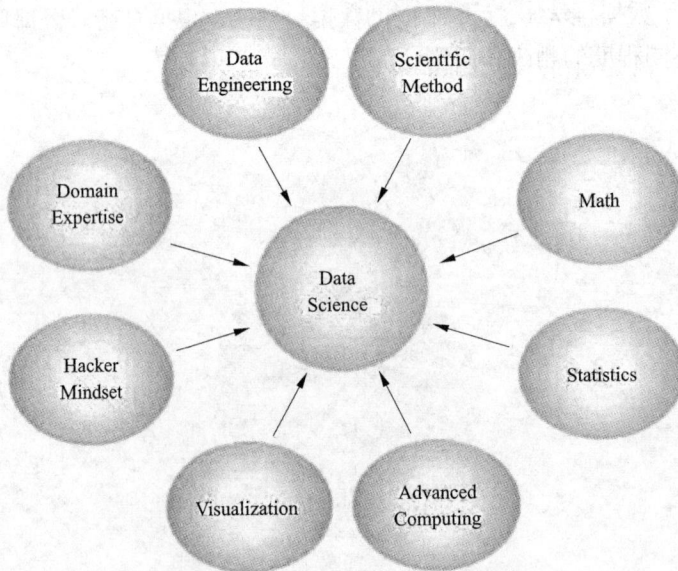

图 2-7　维基百科的类维恩图

由此看来，人们对数据科学有不同的认知方式，它不是一些具体的技能，但它确实是不同学科的协同作用。

2.2.2　发展历史

数据科学在 20 世纪 60 年代被提出，只是当时并未获得学术界的注意和认可。1974 年，彼得诺尔出版的《计算机方法的简明调查》中将数据科学定义为："处理数据的科学，一旦数据与其代表事物的关系被建立起来，将为其他领域与科学提供借鉴。"1996 年，在日本召开的"数据科学、分类和相关方法"，已经将数据科学作为会议的主题词。2001 年，美国统计学教授威廉·S.克利夫兰发表了《数据科学：拓展统计学的技术领域的行动计划》，有人认为这是克利夫兰首次将数据科学作为一个单独的学科提出，并把数据科学定义为统计学领域扩展到以数据作为现金计算对象相结合的部分，奠定了数据科学的理论基础。

2.2.3　研究内容

（1）基础理论研究。科学的基础是观察和逻辑推理，同样要研究数据自然界中的观察方法。要研究数据推理的理论和方法，包括：数据的存在性、数据测度、时间、数据代数、数据相似性与簇论、数据分类与数据百科全书等。

（2）实验和逻辑推理方法研究。需要建立数据科学的实验方法，需要建立许多科学假说和理论体系，并通过这些实验方法和理论体系开展数据自然界的探索研究，从而认识数据的各种类型、状态、属性及变化形式和变化规律，揭示自然界和人类行为现象和规律。

（3）领域数据学研究。将数据学的理论和方法应用于许多领域，从而形成专门领域的数据学，例如，脑数据学、行为数据学、生物数据学、气象数据学、金融数据学、地理数据学等。

（4）数据资源的开发利用方法和技术研究。数据资源是重要的现代战略资源，其重要程度将越来越凸显，在将来有可能超过石油、煤炭、矿产，成为最重要的人类资源之一。这是因为人类的社会、政治和经济都将依赖于数据资源，而石油、煤炭、矿产等资源的勘探、开采、运输、加工、产品销售等无一不是依赖数据资源的，离开了数据资源，这些工作都将无法开展。

2.2.4　知识体系

2.2.4.1　数据科学的知识体系

从知识体系看，数据科学主要以统计学、机器学习、数据可视化以及（某一）领域知识为理论基础，其主要研究内容包括数据科学基础理论、数据加工、数据计算、数据管理、数据分析和数据产品开发，如图 2-8 所示。

（1）基础理论：主要包括数据科学中的新理念、理论、方法、技术及工具以及数据科学的研究目的、理论基础、研究内容、基本流程、主要原则、典型应用、人才培养、项目管理等。需要特别注意的是，"基础理论"与"理论基础"是两个不同的概念。数据科学的"基础理论"在数据科学的研究边界之内，而其"理论基础"在数据科学的研究边界之外，是数据科学的理论依据和来源。

（2）数据加工（data wrangling 或 data munging）：数据科学中关注的新问题之一。为了提

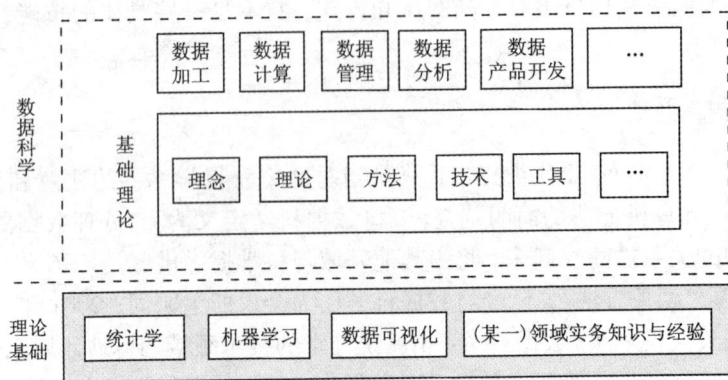

图 2-8　数据科学的知识体系

升数据质量、降低数据计算的复杂度、减少数据计算量以及提升数据处理的精准度，数据科学项目需要对原始数据进行一定的加工处理工作——数据审计、数据清洗、数据变换、数据集成、数据脱敏、数据归约和数据标注等。值得一提的是，与传统数据处理不同的是，数据科学中的数据加工更加强调的是数据处理中的增值过程，即如何将数据科学家的创造性设计、批判性思考和好奇性提问融入数据的加工活动之中。

（3）数据计算：在数据科学中，计算模式发生了根本性的变化——从集中式计算、分布式计算、网格计算等传统计算过渡至云计算。比较有代表性的是 Google 三大云计算技术（GFS、BigTable 和 MapReduce）、Hadoop MapReduce、Spark 和 Yarn。计算模式的变化意味着数据科学中所关注的数据计算的主要瓶颈、主要矛盾和思维模式发生了根本性变化。

（4）数据管理：在完成"数据加工"和"数据计算"之后，还需要对数据进行管理与维护，以便进行（或再次进行）"数据分析"以及数据的再利用和长久存储。在数据科学中，数据管理方法与技术也发生了重要变革——不仅包括传统关系型数据库，而且还出现了一些新兴数据管理技术，如 NoSQL、NewSQL 技术和关系云等。

（5）数据分析：数据科学中采用的数据分析方法具有较为明显的专业性，通常以开源工具为主，与传统数据分析有着较为显著的差异。目前，R 语言和 Python 语言已成为数据科学家较为普遍应用的数据分析工具。

（6）数据产品开发："数据产品"在数据科学中具有特殊的含义——基于数据开发的产品的统称。数据产品开发是数据科学的主要研究使命之一，也是数据科学区别于其他科学的重要区别。与传统产品开发不同的是，数据产品开发具有以数据为中心、多样性、层次性和增值性等特征。数据产品开发能力也是数据科学家的主要竞争力之源。因此，数据科学的学习目的之一是提升自己的数据产品开发能力。

2.2.4.2　专业数据科学及专业中的数据科学

数据科学是一门与领域知识和行业实践高度交融的学科。从目前的研究现状看，数据科学可以分为两类：专业数据科学与专业中的数据科学。其中，专业数据科学是以独立学科的形式存在，与其他传统学科（如计算机科学、统计学、新闻学、社会学等）并列的一门新兴科学；专业中的数据科学是指依存于某一专业领域中的大数据研究，其特点是与所属专业的耦合度较高，难以直接移植到另一个专业领域，如数据新闻（data journalism）、材料数据科学（materials data science）、大数据金融（big data finance）、大数据社会、大数据伦理（big data ethics）和大数据教育（big data education）等。

专业数据科学与专业中的数据科学之间的关系：专业数据科学聚集了不同专业中的数据科学的共性理念、理论、方法、术语与工具；相对于专业中的数据科学，专业数据科学更具有共性和可移植性，并为不同专业中的数据科学研究奠定了理论基础；专业中的数据科学代表的是不同专业中对数据科学的差异性认识和区别化应用。

2.2.4.3 数据科学的研究热点

目前，数据科学的研究特点是对本质问题的系统研究少，然而对周边问题的讨论较多，可从以下四个方面进行分类分析。

1.周边问题仍为研究热点

从文献分布看，数据科学的研究主题可以分为两类：核心问题和周边问题。前者代表的是数据科学的基础理论——数据科学特有的理念、理论、方法、技术、工具、应用及代表性实践；后者代表的是数据科学的底层理论（理论基础，如统计学、机器学习等）、上层应用（应用理论，如数据新闻、大数据金融、大数据社会、大数据生态系统等）以及相关研究（如云计算、物联网、移动计算等），其研究热点如图 2-9 所示。

图 2-9 数据科学相关的研究热点示意图

相关的文献数量和研究深度表明，现阶段的数据科学研究热点仍聚焦在周边问题的讨论之上，而对数据科学的核心问题的研究远远不够。数据科学的周边问题的研究主要集中在以下几方面：

（1）大数据挑战及数据科学的必要性。在大数据时代，挑战和机会并存，挑战不仅来自数据量（volume），而且还涉及其多个"V"特征，如种类多（variety）、速度要求高（velocity）和价值密度低（value）。因此，社会与科技的发展亟待一门新的学科——数据科学对大数据时代的新问题和新思路进行系统研究。

（2）数据科学对统计学和计算机科学的继承与创新。一方面，数据科学作为新的研究方向，进一步拓展了统计学和计算机科学与技术的研究范畴。另一方面，数据科学不仅继承了统计学和计算机科学等基础理论，而且对其进行了创新与发展，逐渐成为一门独立学科。

（3）新技术在数据科学中的重要地位。云计算、物联网、移动计算等新技术的兴起拓展了人的数据获取、存储和计算能力，促使了大数据时代的到来，成为了数据学科诞生的必要条件。同时，数据科学中需要重点引入 Spark、Hadoop、NoSQL 等新兴技术，从而更好地面对大数据挑战。新技术的应用意味着数据科学对数据及其管理的认识发生了根本性变化——不仅开始接受数据的复杂性，而且数据管理的理念从传统的完美主义者转向现实主义，"数据在先，模式在后或无模式"的数据管理范式、BASE 原则以及 CAP 理论等新理念已成为数据科学的基本共识。

（4）数据科学对特定领域的影响。大数据及其背后的数据科学在特定领域的应用是近几年的热门话题，尤其在生命科学、医疗保健、政府治理、教学教育和业务管理等领域的广泛应用，出现了量化自我、数据新闻、大数据分析学等新的研究课题。

（5）数据科学领域的人才培养。与传统科学领域不同的是，数据科学领域的人才培养目的是培养学生的"以数据为中心的思考能力"。目前，相关研究主要涉及四个主题：数据科学课程的建设、相关课程的教学改革、跨学科型人才培养以及女性数据科学家的培养。从总体上看，数据科学的人才培养目的并不是数据工程师，而是数据科学家，尤其是培养具有 3C 精神——原创性（creative）设计、批判性（critical）思考和好奇性（curious）提问的数据科学家。

2. 专业数据科学研究中相对热门话题

从研究视角看，数据科学的研究可以分为两类：专业数据科学和专业中的数据科学。前者代表的是将数据科学当作一门独立于传统科学的新兴学科来研究，强调的是其学科基础性；后者代表的是将数据科学当作传统学科的新研究方向和思维模式来研究，强调的是数据科学的学科交叉性。从目前的研究现状看，专业数据科学研究的热门话题有以下几方面：

（1）DIKW 模型。DIKW 模型刻画的是人类对数据的认识程度的转变过程。通常认为，数据科学的研究任务是将数据转换成信息（information）、知识（knowledge）或（和）智慧（wisdom）。从数据到智慧的转变过程是一种从不可预知到可预知的增值过程，即数据通过还原其真实发生的背景（context）成为信息，信息赋予其内在含义（meaning）之后成为知识，而知识通过理解转变成智慧。

（2）数据分析学（data analytics）。大数据分析研究正在成为一门相对成熟的研究方向——数据分析学。需要注意的是，数据分析（data analysis）与数据分析学是两个不同的概念：前者强调的是数据分析活动本身，而后者更加强调的是数据分析中的方法、技术和工具。目前，大数据分析研究中的热门话题有两个：一是大数据分析学，尤其是大数据分析算法和工具的开发；二是面向特定领域的大数据分析，如面向物流与供应链管理、网络安全以及医疗健康的大数据分析学。

（3）数据化（data fication）。数据化是将客观世界以及业务活动以数据的形式计量和记录，形成大数据，以便进行后续的开发利用。除了物联网和传感器等公认的研究课题，量化自我（quantified self）也在成为数据化的热门话题。数据化是大数据时代初级阶段主要关注的问题，随着大数据的积淀，人们的研究焦点将从业务的数据化转向数据的业务化，即研究重点将放在"基于数据定义和优化业务"之上。

（4）数据治理（data governance）。数据治理是指数据管理的管理。目前，相关研究主要集中在顶层设计、实现方法、参考框架以及如何保证数据管理的可持续性上。此外，数据治理作为数据能力成熟度评估模型（data maturity model）的关键过程域，重点关注的是如何通过数据治理提升组织数据管理能力的问题。DMM 中定义的关键过程域"数据治理"包括三个关键过程：治理管理（governance management）、业务术语表（business glossary）和元数据管理（metadata management）。

（5）数据质量。大数据的质量与可用性之间内在联系的讨论已成为现阶段数据科学的热点问题之一，主要研究议题集中于大数据中的质量问题会不会导致数据科学项目的根本性错误以及大数据时代背景下的数据可用性的挑战及新研究问题。但是，传统数据管理和数据科学对数据质量的关注点不同。传统数据管理主要从数据内容视角关注质量问题，强调的是数据是否为干净数据（clean data）/脏数据（dirty data）；数据科学主要从数据形态视角关注质量问题，重视的是数据是否为整齐数据（tidy data）/混乱数据（messy data）。所谓的整齐数据是指数据的形态可以直接支持算法和数据处理的要求。例如，著名的数据科学家 Hadley Wickham 提出了整齐数据和数据整齐化处理（data tidying）的概念，并主张整齐数据应遵循三个基本原则：每个观察占且仅占一行，每个变量占且仅占一列以及每一类观察单元构成一个关系表。

除了上述问题外，大数据的安全、大数据环境下的个人隐私保护、数据科学的项目管理及团队建设、公众数据科学（citizen data science）等是目前在专业数据科学研究中讨论较多的问题。

3.专业中的数据科学研究的相对热门话题

相对于专业数据科学，专业中的数据科学研究具有差异性和隐蔽性。差异性主要表现在各学科领域对数据科学的关注点和视角不同；隐蔽性是指专业中的数据科学研究往往间接地吸收和借鉴数据科学或类似于数据科学的思想，而并不明确采用或直接运用数据科学的规范术语。从目前的研究看，以下几个专业中的数据科学研究尤为活跃。

（1）数据新闻（data journalism）：新闻学领域的新研究方向之一，主要研究的是如何将大数据和数据科学的理念引入新闻领域，实现数据驱动型新闻（data-driven journalism）。

（2）工业大数据：主要研究如何将大数据应用于工业制造领域，进而实现工业制造的创新。比较有代表性的是德国工业 4.0（industrie4.0）、美国工业互联网（industrialinternet）和中国制造 2025（made in China）。

（3）消费大数据：与工业大数据不同的是，消费大数据更加关注的是产品生命周期的末端，即如何将已生产出的产品推销给更多的用户，主要包括精准营销、用户画像（user profiling）以及广告推送。

（4）健康大数据：主要关注大数据在健康与医疗领域的广泛应用，包括生命日志（life logging）、医疗诊断、药物开发及卫生保健等具体领域的应用。

（5）生物大数据：将大数据的理念、理论、方法、技术和工具应用于生物学领域，从而促进生物学从知识范式转向数据范式。

（6）社会大数据：综合运用大数据和数据科学的理论，探讨如何在大数据时代进行舆情分析、社会网络分析以及热点发现。

（7）机构大数据：主要研究如何将大数据和数据科学的思想引入企业、政府以及公益部门的日常业务、战略规划与可持续改进。

（8）智慧类应用：主要研究如何将大数据应用于智慧城市、智慧医疗、智慧养老、智慧交通、智慧教育等领域，发挥数据的驱动作用，进而实现更高的智慧。

(9)敏捷类应用：主要研究如何将大数据思维用于软件开发、项目管理以及组织管理之中，进而实现敏捷软件开发、敏捷项目管理和敏捷组织，提升其应变能力和可持续发展能力。

4. 大数据生态系统研究中相对热门话题

数据科学生态系统（big data ecosystem）是指包括基础设施、支撑技术、工具与平台、项目管理以及其他外部影响因素在内的各种组成要素构成的完整系统。例如，大数据全景图（big data landscape）较为全面地展示了大数据生态系统中的主要机构及产品。现有相关研究主要从组成要素及其相互关系两个方面进行。就目前而言，相关研究中的热门话题集中在以下几方面。

(1)基础设施：主要关注云计算、物联网、移动计算、社交媒体在内的基础设施对数据科学的影响以及数据科学中如何充分利用上述基础设施。

(2)支撑技术：建立在基础设施上的关键技术，现有研究中主要是讨论机器学习、统计学、批处理、流计算、图计算、交互计算、NoSQL、NewSQL 和关系云等支撑技术在数据科学的应用。

(3)工具与平台：支撑技术的具体实现，目前的主要研究热点集中于 R、Python、Hadoop、Spark、MongoDB、HBase、Memcached、MongoDB、CouchDB 和 Redis 等工具与平台在数据科学中的应用。

(4)项目管理：涉及数据科学项目的范围、时间、成本、质量、风险、人力资源、沟通、采购及系统管理等 9 个方面的管理。

(5)环境因素：大数据时代对法律、政策、制度、文化、道德、伦理产生的影响与新需求。其中，大数据权属立法研究主要讨论大数据权属立法的必要性、可行性以及对策建议。从对大数据重要性的认识来看，大数据不再仅仅是一种资源，更是一种资产。大数据权属的立法已经成为大数据时代信息资源开发利用的必要条件。

2.2.4.4　数据科学研究的争议与挑战

在不同的学科领域，大数据时代的科学研究所面临的问题、挑战和关注点不同。

从计算机科学视角看，新的数据处理需求已经超出了现有的存储与计算能力；从统计学视角看，大数据挑战在于样本的规模接近总体时，如何直接在总体上进行统计分析；从机器学习角度看，训练样本集接近测试样本集时，如何用简单模型及模型集成方法实现较高的智能水平；从数据分析角度看，如何从海量数据中快速洞察有价值的数据，并通过试验设计和模拟仿真实现数据到智慧的转变。

但是，从数据科学视角看，其研究中的常见争议及背后的研究挑战可以归纳为 10 个方面。

1. 思维模式——知识范式还是数据范式

在传统科学研究中，由于数据的获得、存储和计算能力所限，人们往往采取的是知识范式（数据→知识→问题），从数据，尤其是样本数据中提炼出知识之后，用知识去解决现实问题。大数据时代的到来及数据科学的出现为人们提供了另一种研究思路，即数据范式（数据→问题），强调的是在尚未将数据转换为知识的前提下，直接用数据去解决现实世界中的问题。

以机器翻译为例，传统机器翻译方法是基于自然语言的理解，准确地说是基于语言学和统计学的知识进行，属于知识范式的范畴。但是，这种传统机器翻译效果一直并不理想，且尚无突破性进展。然而，近几年兴起的机器翻译方法改变了传统机器翻译的思维模式，采取的是"数据范式"——直接从历史跨语言语料库中快速洞见所需结果。20 世纪 50 年代以来的 IBM 机器翻译的发展缓慢以及 2000 年以后的 Google 机器翻译的迅速兴起也反映了这种思维模式的变革。

与传统认识中的"知识就是力量"类似，在大数据时代，数据也成为一种重要力量。如何组织、挖掘和利用数据成为现代组织的核心竞争力。目前，思维模式变革的主要挑战在于如何完成以数据为中心的设计、数据驱动型决策和数据密集型应用。

2. 数据的认识——主动属性还是被动属性

在传统科学研究中，数据一直被当作是被动的东西，人们主要从被动属性方面去对待数据。以关系数据库为例，人们先定义关系模式，将数据按照关系模式的要求进行强制转换后放入数据库中，完成数据挖掘和分析任务。

在大数据思维模式的背后，一个根本性的变革在于人们开始意识到数据的主动属性，不再简单认为数据是一种死的、被动的东西，而是更加重视数据的积极作用，人们提出了数据在先、模式在后或无模式，让数据说话，数据驱动型应用，数据业务化，数据洞察和以数据为中心的思维模式等新术语。

因此，如何正确认识数据及如何充分发挥数据的主动属性成为数据科学的重要研究任务。目前，相关研究的主要挑战在于如何实现数据洞察、以数据为中心的设计、敏捷软件开发、数据驱动型决策以及智慧类应用研发。

3. 智能的认识——更好的算法还是更多的数据

在传统学术研究中，智能主要来自算法，尤其是复杂的算法。算法的复杂度随着智能水平的提高而得到提升。例如，KNN 算法是机器学习中常用的分类算法，其算法思想非常简单。人们根据不同应用场景提出多种改进或演化方案，虽然智能水平有所提高，但随之而来的问题是算法复杂度的提升。但是，数据范式表明，数据也可以直接用于解决问题，引发了一场关于"更多数据还是更好模型"（moredataor better modeldebate）的讨论，经过这场大讨论，人们得出了相对一致的结论："更多数据 + 简单算法 = 最好的模型（moredata + simple algorithem = the best model）"。

因此，如何设计出简单高效的算法以及算法的集成应用成为数据科学的重要挑战。目前，关于智能的实现方式的挑战在于算法设计、算法集成、维度灾难和深度学习。

4. 研发瓶颈——数据密集型还是计算密集型

传统的软件开发与算法设计的重点是解决计算密集型的问题，计算是研究难点和瓶颈。但是，随着分布式计算的规模扩大，尤其是云计算的普及，计算不再是人们需要解决的首要问题。因此，软件开发与算法设计的主要矛盾从计算转向数据，出现了数据密集型应用。在数据密集型应用中，数据是主要关注点与难点。数据密集型问题的研究将进一步推动以数据为中心的研究范式。

目前，数据密集型应用的主要挑战在于副本数据技术、物化视图、计算的本地化、数据模型的多样化和数据一致性保障。

5. 数据准备——数据预处理还是数据加工

在传统数据研究中，数据准备主要强调的是将复杂数据转换为简单数据，对脏数据进行清洗处理后得到干净数据，从而防止"垃圾进垃圾出"现象的出现，这主要涉及重复数据的过滤、错误数据的识别以及缺失数据的处理。可见，数据预处理主要关注的是数据的质量维度问题。但是，由于从小数据到大数据之间存在质量涌现现象——个别小数据的质量问题（如缺失数据、错误数据或重复数据）不影响整个大数据的可用性，大数据处理中关注的并非传统意义上的数据预处理，而其关注点转向另一个重要课题——数据加工。

在数据科学中，数据加工是指数据的创造性增值过程，包括两种表现形式：数据打磨（data wrangling）或数据改写（data munging）。与数据预处理不同的是，数据加工更加强调的是如何将数据科学家的 3C 精神融入数据处理工作之中，从而达到使数据增值的目的。因此，数据加工并不仅限于技术工作的范畴，而且还涉及艺术层面的创造，如采用数据柔术（data jujitsu）和整齐化处理（data tidying）的方法进行数据加工处理。

数据加工概念的提出意味着人们对数据复杂性的认识发生了重要的改变，即开始接受数据的复杂性特征，认为复杂性是数据本身的固有特征。与此同时，数据准备的关注点转向另一个重要问题，即如何发挥人的增值作用。目前，数据加工的研究主要挑战集中在以下几方面：

（1）数据打磨或数据改写理念的提出：如何在数据科学项目中充分发挥数据科学家的作用，进而实现数据处理活动的增值效果。

（2）数据打磨或数据改写技术的实现：基于 Python、R 语言以及大数据技术实现数据加工的理念与方法。

（3）数据柔术：如何有艺术性地将数据转换为产品。

（4）整齐化处理：将数据转换为大数据算法和大数据技术能够直接处理的形态。

6. 服务质量——精准度还是用户体验

查全率和查准率是传统数据研究中评价服务质量的两个核心指标。但是，当总体为未知、数据量迅速增长、数据种类不断变化和数据处理速度要求高时，查全率和查准率的追求成为不可能。因此，在大数据环境下，更加重视的是用户体验，而不是查全率和查准率。在用户体验的评价中，响应速度是最为重要的指标之一。Aberdeen Group 通过调查发现，"页面的显示速度每延迟 1 s，网站访问量就会降低 11%，从而导致营业额减少 7%，顾客满意度下降 16%"；Google 发现，"响应时间每延迟 0.5 s，查询数将会减少 20%"；Amazon 发现，"响应时间每延迟 0.1 s，营业额下降 1%"。

目前，用户体验研究的主要挑战在于如何确保较快的响应速度、设计人机交互、实现服务虚拟化以及提供按需服务。

7. 数据分析——解释性分析还是预测性分析

理论完美主义者认为，只有掌握了因果关系才能正确认识和有效利用客观现象。传统数据的分析往往是在理论完美主义的指导下完成，试图通过对历史数据进行深度分析之后，达到深刻理解自我或解释客观现象的目的，侧重的是因果分析，即以解释型分析为主。

在大数据环境下，数据分析的重点从因果分析转向相关分析，更加重视的是事物之间的相关关系。然而，在这种变革的背后是数据分析指导思想的根本性变化——从理论完美主义转向现实实用主义，侧重于数据分析的实用性，更加重视对未来的预测，即预测型分析。相对于解释性分析，预测性分析具有更强的时效性，可以迅速洞见事物之间的内在联系以及其商业价值。

因此，数据科学的一个重要特点是预测性分析和解释性分析的分离。预测性分析主要由数据科学家完成，一般不需要领域知识；解释性分析则发生在预测性分析之后，数据科学家将预测性分析中的洞察结果转交给领域专家，由领域专家负责完成解释性分析。可见，**数据科学家一般不做解释性分析**，或者说，解释性分析往往超出数据科学家的能力范畴，需要由具体领域的专家完成。预测性分析和解释性分析的分离也是数据科学家和领域专家之间协同工作的主要实现方式。

大数据分析的主要挑战源自数据的复杂性、噪声数据的分析、数据的依赖度。提出面向大数据分析的新方法、技术与工具，尤其是大数据分析方法的动态演化、实时计算和弹性计算成为相关研究中亟待解决的问题。

8. 算法评价——复杂度还是可扩展性

复杂度，尤其是时间复杂度和空间复杂度，是传统算法的两个重要评价指标，分别代表的是算法的运行所需的时间成本和内存成本。但是，在大数据环境下，算法设计的一个重要特点是上层需求和底层数据处于动态变化之中，因此，算法应支持按需服务和数据驱动型应用。例如，谷歌于 2008 年推出预测流感疫情工具——谷歌流感趋势（Google flu trends，GFT），及时准确地预测了当时 H1N1 在全美范围的传播。但是，其 2013 年 1 月预测的结果比实际数据高两倍，主要原因是缺乏算法动态性（algorithm dynamics）和用户使用行为习惯的变化。

在大数据时代，算法的可扩展性主要代表的是算法的可伸缩能力。目前，相关研究的主要挑战在于低维度算法在高维数据中的应用、维度灾难、数据规约以及数据密集型应用。

9. 研究范式——第三范式还是第四范式

图灵奖获得者 Jim Gray 曾提出，人类科学研究活动已经历过三种不同范式的演变过程（以实验验证特征的"实验科学范式"、以模型和归纳为特征的"理论科学范式"和以模拟仿真为特征的"计算科学范式"），目前正在从"计算科学范式"（第三范式）转向"数据密集型科学发现范式（Data-intensive scientific discovery）"。第四范式，即"数据密集型科学发现范式"，其主要特点是科学研究人员只需要从大数据中查找和挖掘所需要的信息和知识，无须直接面对所研究的物理对象。例如，在大数据时代，天文学家的研究方式发生了新的变化——其主要研究任务变为从海量数据库中发现所需的物体或现象的照片，而不再需要亲自进行太空拍照。

第四范式的提出反映了人们对世界的固有认识发生了根本性的变化——从二元认识（精神世界/物理世界）转向三元认识（精神世界/数据世界/物理世界），即在原有的"精神世界"和"物理世界"之间出现了一个新的世界——数据世界。因此，科学研究者往往直接面对的是数据世界，通过对数据世界的研究达到认识和改造物理世界的目的。对于科学研究者而言，数据世界中已积累的"历史数据"往往足以完成一项科研任务，数据科学家不需要亲自到物理世界采用问卷和访谈的方法收集数据——"调研数据"。同时，与"调研数据"相比，"历史数据"更具有客观性和可信度。目前，相关研究主要挑战在于第三范式与第四范式的区别、第四范式的内涵、理论深入研究以及领域应用。

10. 人才培养——数据工程师还是数据科学家

传统科学领域中，数据相关的人才培养的目标定位于数据工程师——从事数据的组织、管理、备份、恢复工作的人才。但是，在大数据时代，数据工程师无法胜任数据科学的研究任务,需要的是一类全新的人才——数据科学家。二者的主要区别在于:数据工程师负责的是数据的管理,而数据科学家擅长的是基于数据的管理的后期应用,如基于数据的决策、产品开发、业务定义等。

目前,关于数据科学家的研究及人才培养的挑战在于正确分析岗位职责与用人需求、数据科学家的素质与能力要求、数据科学项目管理以及数据科学家的职业规划。

2.2.4.5　数据科学研究的发展趋势

在梳理研究热点、争议及挑战的基础上,需要进一步分析数据科学研究的发展趋势。从整体上讲,数据科学研究的主要发展趋势可以总结为以下几方面。

(1)"思维模式的多样化和研究范式的变迁"是根本趋势。其中,思维模式的多样化主要体现为数据范式的兴起以及与传统的知识范式并存;研究范式的变迁是指科学研究范式从"计算科学范式"转向"数据密集型科学发现范式",进而改变人们对世界的二元认识,相关研究重点将转变为通过数据世界的研究认识和改造物理世界。思维模式的多样化和研究范式的变迁对数据科学研究产生深远影响,将改变人们对数据的认识视角、开发动因和利用方式。

(2)"专业中的数据科学"是研究热点。大数据时代,各专业领域面临的主要挑战在于如何解决新兴数据与传统知识之间的矛盾,即数据已经变了,但知识没有更新,各学科中的传统知识无法解决大数据带来的新问题。因此,大数据时代的机遇与挑战即将成为各学科领域研究的新方向,也就是说,专业中的数据科学将成为相关研究的热点问题。

(3)"专业数据科学"是研究难点。"专业中的数据科学"从不同专业视角解读数据科学,存在研究兴趣点和研究发现(如理论、方法、技术、工具和典型实践等)的差异性,甚至可能出现相互重叠与冲突的现象。在这种背景下,如何将分散于不同学科领域中的共性问题及通用结论提炼成一门新的学科——"专业数据科学",进而为各个学科领域的研究提供新的理论基础是未来研究的难点所在。

(4)"数据生态系统的建设"是终极问题。数据学科是一门实践性极强的学科,其研究和应用均不能脱离具体领域。数据科学的研究和应用将会超出技术范畴,还会涉及发展战略、基础设施、人力资源、政策、法律与文化环境等诸多因素。因此,数据科学需要解决的终极问题是将大数据放在一个完整的生态系统之中去认识与利用,从生态系统层次统筹和规划,避免片面认识数据问题,进而推动数据、能源和物质之间的相互转化。

1.预测模型及相关分析的重视

数据科学的研究责任在于预测模型而不在于解释模型。以预测模型为中心的数据科学更偏向于实用主义,更加关注的是"对未来的预测能力",而不是"对过去的解释水平"。因此,数据科学的研究更加重视的是"现在能为未来做什么",而不是"过去对现在的影响是什么"。

数据科学中重视预测模型而不是解释模型的另一个现实基础在于"人们往往先发现规律,后发现原因"。从方法论层次看,以发现预测模型为目的的研究往往提倡的是假设演绎(hypothetico-deductive)研究范式,先提出研究假设,然后采用试验设计和演绎分析方法论证研究假设成立与否。然而,一个好的研究假设的提出需要研究者尤其是数据科学家的特有素质——创造力、批判性思考和好奇心。

与解释模型不同的是,预测模型更加重视的是模型的简单性,而不是复杂性,主要原因有两个:一是预测模型对计算时间的要求较高,甚至需要进行实时分析,然而简单模型的计算效率往往高于复杂模型；二是经验证明，正如奥卡姆剃刀定律所言，在其他条件相同的情况下，就预测而言，简单模型比复杂模型更可靠。

预测模型往往建立在相关关系，而不是因果关系。通常，相关关系可以帮助人们预测未来，而因果关系有助于进一步理解和控制未来。从表面上看，预测模型依赖的是相关关系的分析，但在本质上属于一种数据驱动型的"数据范式"，与基于知识范式的解释模型有着本质性的区别。

2. 模型集成及元分析的兴起

传统数据分析的通用做法是用一个数据模型解决一项数据处理任务。在这种以单一模型为基础的数据分析中，为了提升数据处理的信度和效度，需要对模型进行优化和调整，使数据模型复杂度增长。也就是说，传统数据分析中的数据模型有两个基本特征单一性和复杂性。

但是，在大数据背景下，人们很难找到一个能够处理动态且为异构数据的单一模型，因此，人们开始寻求多个模型的集成应用。与传统数据分析不同的是，大数据分析中所涉及的模型往往极其简单，即大数据分析中的数据模型也有两个基本特征：多样性和简单性。

可见，模型集成成为了数据科学研究的一个新问题。通常，大数据分析采用多个较为简单的数据模型，将数据分析任务分解为分散在多个层次、多个活动的小任务，并通过简单模型及其集成方法达到最终数据处理目的。例如，在深度学习之中，由多处理层组成的计算模型可通过多层抽象来学习数据表征。

模型集成的背后是元分析的兴起。传统统计学重视基于零次或一次数据的基本分析，包括描述性统计、参数估计和假设检验。在大数据环境下，二次数据和三次数据的分析显得更为重要，数据分析工作往往在众多小模型的分析结果的基础上进行二次分析，即元分析。

3. 数据在先、模式在后或无模式的出现

传统数据管理，尤其是关系型数据库中采用的是"模式在先、数据在后（schema first, data later）"的建设模式，即先定义模式，然后严格按照模式要求存储和管理数据；当需要调整模式时，不仅需要重定义数据结构，而且还需要修改上层应用程序。然而，在大数据环境下，无法沿用"模式在先、数据在后"（schema first, data later）建设模式的主要原因有两个：一是数据模式可能在不断变化或根本不存在；二是按照预定模式进行数据的存储和处理时容易导致信息丢失。

因此，"数据在先、模式在后或无模式"（data first, schema lateror never）成为数据产品设计的主要趋势。以 NoSQL 为例，采用非常简单的键值数据模型，通过模式在后（schema later）或无模式（schema less）的方式确保数据管理系统的敏捷性。当然，模式在后或无模式也会带来新问题，如限制数据管理系统的处理能力及加大应用系统的开发难度。

在"数据在先、模式在后或无模式"兴起的背后是信息系统建设模式的历史性变革——从先行支付（pay before you go）转向现收现付（pay as you go）的建设模式。信息系统建设中的先行支付模式的特点是根据特定时间点的需求定义信息系统，信息系统一旦开发完毕，在一定时间内相对稳定。先行支付模式的缺点在于无法适应底层数据的复杂性和上层应用的动态变化。

4. 数据一致性及现实主义的回归

在传统数据管理中，对数据一致性的要求是接近于完美主义——强一致性，即任何时候从任何地方读出的任何数据均为正确数据。为了保证数据的一致性，在关系数据库中引入了事务、两端封锁协议和两端提交协议等方法或机制。强一致性的优点在于不仅可以保证数据质量，而且可以降低后续计算的成本。但是，强一致性不符合大数据时代的数据管理要求——高扩展性、高性能、高容错性、高伸缩性和高经济性。

因此，NoSQL等新兴数据管理技术从根本上改变了人们对数据一致性的传统认识，主要表现在，提出CAP理论和BASE原则等新兴数据管理理念，引入弱一致性、最终一致性等概念，并提供了不同的解决方案，如更新一致性、读写一致性和会话一致性等。可见，在数据科学研究中，数据的一致性出现了多样化，即根据不同应用场景，有针对性地选择具体的一致性及其实现方法。

对数据一致性的多样化认识的转变反映了人们对数据管理目标的根本转折——从完美主义回归至现实主义。以CAP理论为例，人们对分布式系统的设计目的发生了改变，不再追求强一致性（consistency）、可用性（availability）和分区容错性（partition tolerance）三个指标的同时最优，反而意识到了三者中的任何两个特征的保证（或争取）可能导致另一个特征的损失（或放弃）。例如，Cassadra和Dynamo为了争取可用性和分区容错性而放弃了一致性。

5.多副本技术及靠近数据原则的应用

传统关系数据库更加看重的是数据冗余的负面影响——冗余数据导致的数据一致性保障成本较高。与此不同的是，数据科学中更加重视的是冗余数据的积极作用，即冗余数据在负载均衡、灾难恢复和完整性检验中的积极作用。同时，还通过引入多副本技术和物化视图的方法丰富冗余数据的存在形式，缩短用户请求的响应时间，确保了良好的用户体验。以Google搜索为例，通过采用缓存和照相（images）技术来重复利用搜索结果。

同时，在计算和应用系统的部署上，改变传统的"数据靠近计算的原则"，反而开始采取了"计算靠近数据的原则"。例如，在Spark系统提供了操作getPreferredLocations()，支持RDD的本地化计算；在MapReduce中，尽量将Map任务调度至存放副本数据的机器上。可见，多副本技术和靠近数据原则均表明传统的"以计算为中心"的产品部署模式正向"以数据为中心"的产品部署模式转变。

6.多样化技术及一体化应用并存

传统关系数据库类产品虽多，但标准化程度较高，如均采用关系模型和SQL语言。但是，新兴的NoSQL数据库代表的不是一种特定技术，而是包括基于不同数据模型和查询接口的多种数据管理技术，如Key-Value、Key-Document和Key-Column和图存储模型等。可见，在技术实现层次上，新兴技术表现出了多样化发展及高度专业化的趋势，即一项新技术专注于一个问题、一项功能或一种应用场景。例如，MapReduce、Tez、Storm、Druid等技术的定位相对单一，分别专注于分布式批处理、Map/Reduce过程的拆分与组合、实时处理和面向OLAP的列存储等较为单一功能的实现。当然，Spark、Yarn等较为通用性技术的出现也为技术层次上的高度专业化趋势提供了一种补充的解决方案。

同时，在传统数据计算/管理环境中，不同数据产品的界限是比较清楚的，所依赖的技术也是单一的，要么是关系模型，要么是层次或网状模型。但是，大数据时代的到来导致了不同计算/管理技术的高度融合，出现了一些支持多种数据计算/管理技术的集成产品，甚至显现出了软硬件一体化或嵌入式应用趋势。例如，Oracle大数据解决方案（big data appliance）集成了HDFS、OracleNoSQL、ClouderaCDH、数据仓库、内存计算和分析型应用。

可见，在数据科学研究中，一体化应用和专业化趋势并存。在产品与服务的实现层次上，一体化趋势越来越显著，一种产品的实现往往涉及多种不同技术的集成应用；在技术本身的实现层面，专业化趋势成为主流，一项新技术专注于解决相对单一问题。

7. 简单计算及实用主义占据主导地位

"简单"是数据科学的基本原则之一，代表着采用相对简单的技术来应对复杂的基础数据及不断变化的应用场景。与此不同的是，要实现传统数据管理中采用的技术往往较为复杂。例如，传统关系数据库技术采用 Join 运算实现了多表查询等复杂操作。但是，这些复杂操作反而成了关系数据库在提升数据管理能力的一个重要难题，如 Join 操作要求被处理数据不能分布在不同节点。为此，NoSQL 放弃了 Join 等复杂处理操作，突出了简单计算较高的效率和效果。

从复杂计算到简单计算的转变表明：人们对数据产品开发的理念从完美主义回归至实用主义。数据科学是一门实践性很强的学科，现阶段研究主要关注的是实用性，即解决当前社会亟待解决的实际问题，而不是复杂计算的实现。

8. 数据产品开发及数据科学的嵌入式应用

作为数据科学的特有研究内容，数据产品开发将成为未来研究的重要课题。在数据科学中，所谓的数据产品(data products)并不限于"数据形态"的产品，而泛指"能够通过数据来帮助用户实现某一个(些)目标的产品"。可见，数据产品是指在数据科学项目中形成，能够被人、计算机及其他软硬件系统消费、调用或使用，并满足他们(它们)某种需求的任何产品，包括数据集、文档、知识库、应用系统、硬件系统、服务、洞见、决策及它们的各种组合。以 Google 眼镜为例，虽然从其产品形态上看似乎是"眼镜类产品"，但从其主要竞争力之源看，确实属于"数据产品"。

数据产品开发主要关注的是如何将数据科学的理论融入传统产品的开发实践之中，进而实现产品的更新换代和用户体验的提升。未来，数据产品的开发将嵌入到传统产品的研发之中，二者的界限将越来越模糊。如何将数据科学家的创造性设计、批判性思考和好奇性提问的职业素质融入产品研发之中，从而实现传统产品的增值和核心竞争力的提升，是未来数据产品开发的难点所在。在此背景下，以数据为中心的设计思维将会是数据产品开发的主要思维模式。同时，良好的用户体验将成为产品开发的主要评价指标之一。

数据产品开发的兴起将推动数据科学的嵌入式应用。数据科学将作为传统产品的创新点、增值点和竞争力之源，成为产品开发的必要环节。数据科学与领域呈现出了高度融合的趋势。

9. 专家及公众数据科学的兴起

在传统数据分析中，专家，尤其是领域专家是知识的主要来源之一。例如，本体的建设需要由领域专家完成；专家系统中的知识库建立在专家的知识之上。但是，在大数据时代，专家余(ProAm)成为数据处理项目的主要贡献者。与专家不同的是，专家余是指其能力在专家与业务之间的准专家型人群。近年来，众包(包括众创、众筹等)成为大数据时代的重要数据处理模式，其主要参与者均为专家余，而并非是严格意义上的专家或业余人群。例如，与传统意义上的专家编写的百科全书不同，Wikipedia 是由来自各领域的专家余共同完成的知识库。

众包的广泛应用为传统知识库建设中的数据量与形式化程度之间的矛盾提供了新的解决

方案。在传统知识库建设中，若形式化程度高，则数据量不够，反之亦然。众包数据处理模式的出现使位于数据链长尾的专家余成为知识的主要贡献者和积极参与者。从协同方式看，众包中大规模协同可以分为机器协同、人机协同和人际协同三种表现形式。其中，人机协同是数据科学研究的重要课题。例如，混合智能——人与机器的互补型智能正成为人工智能的新课题。再如，语义 Web 技术的出现为人机协同提供了一种重要的技术支撑。

公众数据科学（citizen data science）是专家余和大规模协同在数据科学领域应用的主要表现形式之一。所谓的公众数据科学属于公众科学（citizen science），是指公众参与的数据科学（data science），与数据科学的区别在于参与研究者以非职业的兴趣爱好者和志愿者为主。也就是说，公众数据科学是一种基于众包和专家余的准数据科学，也是在数据科学成为一门被广为接受的正式科学之前的过渡型理论。

10. 数据科学家与人才培养的探讨

数据科学项目任务往往是富有挑战性的工作，每一项任务都是独一无二的，对工作人员的要求超出数据工程师的能力范畴，亟待由一类新型人才——数据科学家来承担。从 Drew Convey 的数据科学维恩图可看出，数据科学具有三个基本要素，即理论（统计学与数学知识）、实践（领域实战）和精神（黑客精神）。可见，数据科学与传统科学的人才需求不同，前者不仅要求传统科学中的理论与实践，而且还需要有数据科学家的"精神"素质，即原创性设计、批判性思考和好奇心性提问的能力。

因此，如何培养"理论、实践和精神为一体"的综合性人才是未来研究的重要课题。相关研究主要从以下四个层面开展：

（1）办学层次：如何培养本科、硕士、博士层次的数据科学人才。目前，国内和国外对数据科学人才培养层次的关注点不同，分别关注的是本科层次和硕士层次人才的培养，但对博士层次的人才的讨论相对少。

（2）专业设置：是否需要设立数据科学专业？例如，国内主要讨论的是如何建设"数据科学与大数据技术"专业。

（3）学科方向的选择：如何将数据科学与传统学科相结合，确定数据科学的学科地位。

（4）课程改革：如何完成传统课程的改革以及数据科学新课程的创造性设计。

数据科学是一门极其特殊的新兴学科，具有与其他学科不同的新特征，例如，思维模式的转变（从数据范式到知识范式的转变）、对数据认识的变化（从数据的被动属性到主动属性的转移）、指导思想的变化（实用主义和现实主义的回归）、以数据产品开发为主要目的（数据成为传统产品的主要创新点）、专业数据科学与专业中的数据科学的差异性以及数据科学的三要素（不仅涉及理论和实践，而且还包括精神素质）。因此，数据科学的研究不能简单照搬传统学科的经验，应尊重其特殊使命和属性。为此对数据科学研究者提出如下几点建议：

（1）正确认识数据科学。正确认识数据科学的内涵是有效学习和规范研究数据科学的前提。目前，部分学者误以为"数据科学 = 统计学 + 机器学习"，过于强调统计学和机器学习，而忽略了数据科学本身。其实，统计学和机器学习是数据科学的理论基础，而并非其核心内容。数据科学具有区别于其他学科的独特的研究使命、研究视角、思维模式、做事原则和知识体系。如果脱离了这些独到之处，数据科学的学习和研究将发生方向性的误读和本质性的扭曲。

（2）突出数据的主动属性。数据科学的一个重要贡献或价值就在于改变了人们对数据的研究方向，即从被动属性转向主动属性。一直以来，人们习惯性地把数据当作被动或死的东西，关注的是"你能对数据做什么？"如模式定义、结构化处理和预处理，都试图将复杂数据转换成简单数据。但是，大数据时代更加关注的是数据的另一个属性——主动属性，强调的是"数据能给你带来什么？"如数据驱动型应用、以数据为中心的设计、让数据说话、数据洞见等，将复杂性看作数据的自然属性，开始接受数据的复杂性。研究方向从数据的被动属性到主动属性的转变是学习和研究这一门新学科的基本出发点。如果忽略了这一点，容易将数据科学当成数据工程来学习和研究。

（3）平衡数据科学的三个要素。与其他课程尤其是技术类课程不同的是，数据科学既包括理论和实践，更需要精神——原创性设计、批判性思考和好奇性提问的素质。因此，数据科学的学习不仅要强调理论联系实际，而且还不能忽略对数据科学家精神的培养。积极参与数据科学相关的开源项目和竞赛类项目是兼顾数据科学的三个基本要素的两个重要捷径。

（4）侧重培养信心和兴趣，学会跟踪数据科学的最新动态。一方面，数据科学建立在统计学和机器学习等基础理论之上，学习门槛较高，因此，培育自己对数据科学的学习信心和兴趣尤为重要，另一方面，数据科学仍属于一门快速发展的新兴学科，其理念、理论、方法、技术和工具在不断变化之中，要求必须掌握动态跟踪数据、科学领域的国际顶级会议、重要学术期刊、主要研究机构、代表性人物和标志性实践的能力。

（5）重视试验设计及假设检验。试验设计是数据科学项目的重要活动之一。数据科学家应根据数据科学项目的研究目的，有创造性地提出研究假设，并设计对应的试验，最终通过这些试验达到假设检验的目的。以华盛顿大学和加州大学伯克利分校的数据科学专业人才培养方案为例，两所院校分别开出了"应用统计与试验设计"（applied statistics & experimental Design）和"试验与因果分析"（experiments and causality）课程，重点培养学生的试验设计和假设检验的能力。

（6）不要忽视因果分析。在大数据时代，很多人误以为"因果分析不再重要了"，并把研究重点仅限于相关分析。相关分析只能用于识别事物之间的关联关系，而无法指导如何优化和干预这种相关关系。因此，当相关关系发生变化或需要人为干预相关关系时，必须进一步研究其因果关系。在数据科学项目中，数据科学家的关注重点是发现各种可能的关联关系，而关联关系的产生机制和优化方法需要由领域专家完成。加州大学伯克利分校和哥伦比亚大学分别开设的"实验与因果分析"（experiments and causality）和"因果推理与数据科学"（causal inferencefor data science）课程，均反映了因果分析在数据科学中的重要地位。

（7）以数据产品开发为主要抓手。数据产品开发是学习与研究数据科学的主要抓手之一。需要注意的是，数据产品不限于数据形态的产品，任何用数据来帮助目标用户实现其某一目的的产品都可视为数据产品。数据是未来产品的创新点和增值点。因此，向数据产品的转变是传统产品的重要发展趋势。以 Google 眼镜为例，其创新源自数据，而不在于其外观和选材，以数据为中心的产品设计才是该产品与传统的眼镜类产品的根本区别。可见，数据产品开发是数据科学最为直接且最为普遍的应用。

（8）准确定位人才培养目的。数据科学的学习和人才培养的目的是培养数据科学家而不是数据工程师。二者的区别在于，数据工程师负责的是"数据本身的管理"，而数据科学家的主要职责是"基于数据的管理"，包括基于数据的分析、决策、流程定义与再造、产品设计和服务提供等。因此，相对于数据工程师，数据科学家对人才的要求更高，不仅要有理论功底和实践经验，而且还要求有精神素质，即创造性设计、批判性思考和好奇性提问的能力。

2.2.5　与其他学科的关系

数据是存在于网络空间中的东西；信息是自然界、人类社会及人类思维活动中存在和发生的现象；知识是人们在实践中所获得的认识和经验。数据可以作为信息和知识的符号表示或载体，但数据本身并不是信息或知识。数据学的研究对象是数据，而不是信息，也不是知识。通过研究数据来获取对自然、生命和行为的认识，进而获得信息和知识。数据学的研究对象、研究目的和研究方法等都与已有的计算机科学、信息科学和知识科学有着本质的不同（图2-10）。

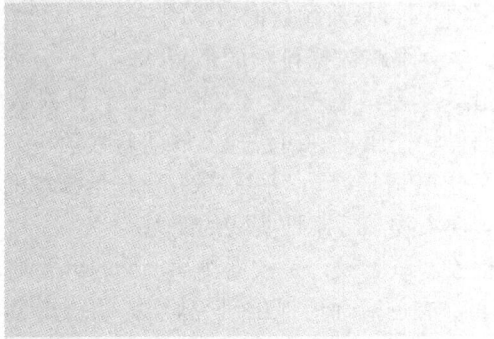

图2-10　数据科学与其他学科的关系

自然科学研究自然现象和规律，认识的对象是整个自然界，即自然界物质的各种类型、状态、属性及运动形式。行为科学是研究自然和社会环境中人的行为以及低级动物行为的科学。已经确认的学科包括心理学、社会学、社会人类学和其他类似的学科。数据学支持了自然科学和行为科学的研究工作。随着数据学的进展，越来越多的科学研究工作将会直接针对数据进行，这将使人类认识数据，从而认识自然和行为。

人类探索现实自然界，用计算机处理人类的发现、人类的社会、自然与人，在这个过程中，数据已经巨量产生，并正在经历大爆炸，人类在不知不觉中创造了一个更复杂的数据自然界。自第二次数据爆炸以来，人们生活在现实自然界和数据自然界两个世界里，人、社会和宇宙的历史将变为数据的历史。人类可以通过探索数据自然界来探索自然界，人类还需要探索数据自然界特有的现象和规律，这是赋予数据学的任务。可以期望，目前的所有的科学研究领域都可能形成相应的数据学。

2.2.6　体系框架

数据学研究的工作过程是：从数据自然界中获得一个数据集；对该数据集进行勘探发现整体特性；进行数据研究分析（如使用数据挖掘技术）或者进行数据实验；发现数据规律；将数据进行感知化等。

2.3　基于数据科学的数据分析与挖掘

2.3.1　数据分析应用面临的挑战与发展

2.3.1.1　传统商业智能面临的挑战

商业智能(business intelligence，BI)系统所面临的技术挑战在不断增加，比以往任何时候都要多的数据必须要在更短的时间内处理完毕。爆炸般激增的数据量被各个公司的 IT 系统收集，这庞大的信息量足以令 IT 经理手忙脚乱。传统的商业智能面临诸多的挑战，如数据规模大、数据种类多、数据时效强，决策需要自动化，IT 系统数据需要横向扩展，按业务需要进行 IT 应用部署等。

2.3.1.2　商业分析技术发展趋势

第一阶段：描述分析(descriptive analytics)。对历史数据进行统计分析，描述过去发生了什么。

第二阶段：数据性分析(diagnostic analytics)。通过对历史数据进行数据挖掘，发现过去发生的原因。传统 BI 工具生成的报表内容都是第一以及第二阶段分析技术的产物。

第三阶段：预测性分析(predictive analytics)。在第一阶段描述性分析结果的基础上，结合规则、数据科学、机器学习以及实时外界数据，能够对未来进行实时预测，实时动态分析一个事件发生的概率。例如，交通流量预测、客户流失预测、用户画像。

第四阶段：决策性分析(prescriptive analytics)。在第二阶段预测性分析的基础上，结合收益分析、风险分析给出最优决策。这一阶段的分析需要基于实时数据流做出动态预测决策，根据外界数据变化持续调整自动化决策以达到最优效益。例如，RTB、推荐系统、客户挽留。

2.3.1.3　基于数据科学的数据挖掘与分析

数据科学包括数学统计、计算机科学以及领域知识，以从数据中提取价值为目的。数据科学可以看作是对数据的商业加工，不仅可以将数据转化为信息，还可以转化为产品(个性化推荐、实时竞价、精准营销)。

数据科学作为一门复合型科学，涉及数学统计技术、计算机技术以及领域专业知识三个方面(图 2-11)。相对于目前市场上使用多年的传统 BI 工具，数据科学在这三方面都具有更强的技术优势。数据统计方面，除了包含常规的数据挖掘算法(如分类、聚类、回归等)以外，还需要扩展更强大的机器学习算法，例如深度学习。在计算机技术方面，相较于传统的单机垂直扩展计算能力，数据科学需要更加强调计算能力的横向扩展。

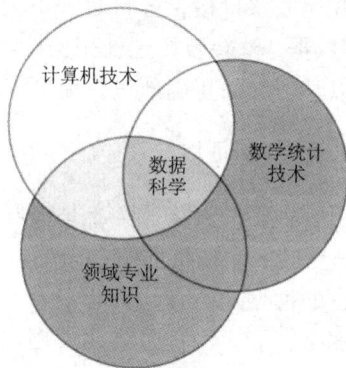

图 2-11　数据科学涉及的知识

通过分布式计算、分布式内存技术的支持，对海量数据进行挖掘、建模。

在领域专业知识方面，相较于传统 BI 工具基于数据仓库结构化数据的分析技术，数据科学需要通过引入自然语言处理技术、本体技术、信号图像处理技术来支持对半结构化以及非结构化的文本、音频、视频数据进行处理，实现多源数据的统一集成，从而能够大大提高数据挖掘的精准性。

2.3.2   用好数据科学

2.3.2.1   模型评价

数据分析/机器学习/数据科学(或任何能想到的领域)的主要目标，就是建立一个系统，要求它在预测未知数据上有良好的表现。区分监督学习(如分类)和无监督学习(如聚合)其实没有太大的意义，因为无论如何总会找到办法来构建和设计数据集。方法适不适用最后还是要看它在未知数据上的表现，才可以保证它能得出同过去的训练集一样的结果。

初学者最常犯的一个错误就是看到已知数据的表现，就想当然地认为未知数据也会一样。这里就只说监督学习，它的任务就是根据输入预测输出。例如，把电子邮件分成垃圾邮件和非垃圾邮件。

如果只考虑训练数据，通过让机器记住一切，就能很轻松地得到完美的预测结果(除非这些数据自相矛盾)。

机器在存储和检索大量数据上的优势是人类所不能及的，但这也带来了过拟合和泛化能力差的问题。所以，一个好的评价方法是模拟未知数据的影响来分割数据，一部分用来训练，一部分用来检测效果。通常，用较大的训练集建模，然后用小的那部分进行预测，经过多次迭代来得到一个较稳定的模型。这个过程就是常说的交叉验证。

为了模拟未知数据的表现，把数据集分为两个部分，一部分用于训练，一部分用于预测。但就算这么做了，还是很有可能出问题，特别是在数据非平稳的时候，数据的潜在分布会随着时间变来变去。利用真实数据预测时经常会碰到这种情况，同样是销售数据，6 月和 7 月的差别就可能巨大。

还有数据点间的相关性，如果知道了一个数据点，那么肯定对另一个数据点也有了一些了解。好比股票价格，它们通常不会在两天之间任意地大幅波动，因此如果胡乱地拆分训练/预测数据，就会破坏这种相关性。

所以学习如何正确地进行模型评价是关键。

2.3.2.2   特征提取

学习一种新的算法感觉总是很好，但实际上，最复杂的算法执行起来和那些旧办法相关无几，真正的区别在于原始数据的特征学习。

现在的模型功能看起来非常强大，轻易就能处理成千上万的特征和数据点，其实本质上并没有那么智能。特别是线性模型(像 logistic 回归或线性支持向量机)，实际就是个简单的计算器。

这些模型确实很擅长在数据充足的情况下识别信息的特征，但是如果信息不充足，或者不能按线性组合的特征来表示，那基本就毫无用处了。同样，这些模型也不能通过"洞察"自行简化数据。

换句话说，可以通过寻找合适的特征来大量简化数据。这意味着两件事情：首先，应该确保确实掌握了这些几乎相同的方法中的一种，并且始终不抛弃它。不需要同时掌握逻辑回归和线性支持向量机，只要选择一种就够了。这些方法几乎都是相似的，关键的不同就在于底层模型。深度学习还有些特别的知识，但线性模型在表现能力上几乎都是相同的。虽然训练时间、解决方案的稀疏度等可能会有些不同，但在大多数情况下会得到相同的预测性能。其次，应该了解所有的特征工程。这是一门艺术，不幸的是，几乎所有的教科书都没有涵盖这一点，因为关于它的理论太少了。有时，特征需要取对数。每当降低一定的自由度，就是摆脱那些与预测任务不相关的数据，可以显著降低所需的训练集数量。

有些情况下，这种类型的转化会非常的简单。例如，如果正在做手写字体识别，就会发现有没有一个识别度高的颜色并不重要，只要有一个背景和前景就可以了。

教科书往往将算法模型描述得异常强大，好像只要把数据扔给模型，它们就会把一切都做了。从理论和无限的数据源上看这可能是对的。但很遗憾，时间和数据都是有限的，所以寻找包含信息大的特征是绝对有必要的。

2.3.2.3　模型选择

在大数据时代，很多不想被人知道的事情都被主内存以数据集的方式完美地记录了下来。有些模型可能不需要花太多时间就能处理完这些数据，但从原始数据中提取特征却要花费非常多的时间，一般利用交叉验证的方法来比较不同学习模型的渠道和参数。

为了选择合适的模型，需要大量的组合参数，再利用备份数据来评估它的表现。那么问题来了，组合参数将呈爆发式增长。如果只有两个参数，可能只需要花费 1 min 就能完成训练，并且得到性能的评估结果（用合适的评估，像上面说的那样）。但如果每个参数有 5 个候选值，那就需要执行 5 倍的交叉验证（把数据集分成 5 份，每个测试都运行 5 遍，在每一次迭代中用不同的数据测试），这意味着需要把上面的步骤重复 125 次去找到一个好的模型，要等待的就不是 1 min，而是 2 h。

好消息是，交叉验证在多参数的情况下可以并行操作，因为每个部分都是独立运行的。这种对每个独立数据集进行相同操作（分割、提取、转换等）的过程，被称为"密集并行"。

坏消息是，大数据很少需要复杂模型，即可实现实际计算。在大多数情况下，仅仅通过对内存中的数据执行相同的非分布式算法，再把这种方法并行化就足够了。

当然，像用于 TB 级日志数据的广告优化和面向百万用户推荐的 learning global models 这样的应用也是存在的，但是最常见的用例都是这里描述的类型。

最后，拥有很多数据并不意味着全部需要，最大的问题在于底层学习的复杂性。如果这个问题能被一个简单的模型解决，就不需要用这么多的数据来检验模型，也许一个随机的数据子集就可以解决问题了。像上面说的，一个好的特征表现能帮助因急剧降低所需要的数据点的量。

2.3.3   数据科学平台工具

知道正确的评估，对降低模型在面对未知数据时的风险是非常有帮助的。掌握合适的特征提取方法，可能是帮助获得一个好结果的最佳方法，并没有那么多的大数据，通过分布式计算可以降低训练时间。数据科学是一门综合性学科，相关的技术工具往往对于使用者有较强的技术经验知识要求，但是由于市场需求与人才数量之间严重失衡，导致数据科学家这类人才严重短缺。

为了应对这一行业难题，如果有一款可以快速建模的数据科学平台产品工具，这将大大降低数据科学的学习成本，并可以快速将模型应用于生产中，数据科学平台产品需要提供面向平民化的数据分析、机器学习工具，简化甚至自动化模型构建流程，从而降低使用者的专业要求，使得数据科学技术能够得到快速普及。

2.4   数据库

在一般实际大数据分析系统中，数据的主要来源是企事业单位的业务系统，而业务系统的数据是由数据库来管理的，因此对数据库有一个基本概念是非常必要的，当然在专业课中也有相关的课程，如数据库原理与技术、大型数据库技术等。

2.4.1   数据库概述

数据库(data base，DB)，顾名思义，是指存放数据的仓库。当然存放是有要求的，即要求数据相互间有关系，按照一定的数据结构来组织，并且可管理。数据库产生于20世纪60年代后期，比计算机的诞生晚了十多年。

讨论数据库，首先要在前面数据基于概念与特点的基础上讨论数据处理与数据管理。所谓数据处理(data processing)是指对数据的采集、存储、检索、加工、变换和传输。数据处理的基本目的是从大量的、杂乱无章的、难以理解的数据中抽取并推导出对于某些特定的人们来说是有价值、有意义的数据。从这里可以看出，数据处理包括使数据变化(无论是形式变化还是位置变化或者是使用对象变化等)的各种操作，如常说的计算、查询、分析等。随着数据量的增大，数据处理的中心任务变为数据管理，就如一个公司在员工增多后，管理就变成了中心任务一样。数据管理是对数据进行有效的收集、存储、处理和应用的过程，其目的在于充分有效地发挥数据的作用，实现数据有效管理的关键是数据组织。

随着计算机技术的发展，数据管理经历了人工管理、文件系统(用计算机语言处理数据文件的输入或输出)、数据库系统三个发展阶段。20世纪60年代后期以来，计算机管理的对象规模越来越大，应用范围也越来越广泛，数据量急剧增长，同时多种应用、多种语言互相覆盖地共享数据集合的要求越来越强烈，数据库技术便应运而生，出现了统一管理数据的专门软件系统——数据库管理系统(database management system，DBMS)，简称数据库系统。

在数据库系统中所建立的数据结构，更充分地描述了数据间的内在联系，便于数据修改、更新与扩充，同时保证了数据的独立性、可靠性、安全性与完整性，减少了数据冗余，故提高了数据共享程度及数据管理效率。

在信息社会，充分而有效地管理和利用各类信息资源，是进行科学研究和决策管理的前提条件。数据库技术是管理信息系统、办公自动化系统、决策支持系统等各类信息系统的核心部分，是进行科学研究和决策管理的重要技术手段。一般说来，网络与数据库并称为信息社会的两大基础支撑平台。

2.4.2　基本概念

除上面有关数据库是存放数据库的仓库的通俗定义及数据管理、数据处理等基本概念的介绍外，下面对与数据库相关的基本概念进行讨论。

2.4.2.1　数据库

对数据库严格而完整的定义是：数据库是在 DBMS 的集中管理下、有较好的数据独立性、较小的冗余、相互间有联系的文件集合。数据库虽然还是文件集合，但突出了文件间的关联关系，当然在实际例子中，数据库的文件结构有些比较特殊，从外面看起来只有一个文件，但从实际上看内部有很特殊的关联关系。

数据库的另一个定义是长期储存在计算机内、有组织的、可共享的数据集合。数据库中的数据指的是以一定的数据模型组织、描述和储存在一起、具有尽可能小的冗余度、较高的数据独立性和易扩展性的特点并可在一定范围内为多个用户共享。

这种数据集合具有如下特点：尽可能不重复，以最优方式为某个特定组织的多种应用服务，其数据结构独立于使用它的应用程序，对数据的增、删、改、查由统一的软件进行管理和控制。从发展的历史看，数据库是数据管理的高级阶段，它是由文件管理系统发展起来的。

有关数据独立性、冗余性、易扩展性等，在此不做详细描述，读者可以在数据库原理中得到详细的解释与体验。

2.4.2.2　数据库管理系统

数据库的定义中包括 DBMS，即数据库管理系统，它是一种操纵和管理数据库的大型软件，用于建立、使用和维护数据库。它对数据库进行统一的管理和控制，以保证数据库的安全性和完整性。用户通过 DBMS 访问数据库中的数据，数据库管理员也通过 DBMS 进行数据库的维护工作。它可使多个应用程序和用户用不同的方法在同时或不同时刻去建立、修改和询问数据库。大部分 DBMS 提供数据定义语言 DDL(data definition language)、数据操作语言 DML(data manipulation language)及数据控制语言(data control language)，供用户定义数据库的模式结构与权限约束，实现对数据的查询、插入、删除、修改等操作。

2.4.2.3　数据库的安全性、完整性、并发性和可靠性的控制

1. 安全性控制

主要是 DBMS 提供一整套技术以防止数据丢失、错误更新和越权使用，如基本的包括 DCL，即数据控制语言，主要是指安全性控制。数据库安全性控制主要通过用户身份鉴别、存取控制、授权、数据库角色、强制存取控制等方法来实现。如对于学生成绩表，任课老师可以插入、修改、删除、查询，而对于学生只有查询权，而且只有查询自己那一项的权限。

2. 完整性控制

主要是 DBMS 提供保证数据是正确、有效、相容的一种机制。完整性控制的防范对象主

要是不合语义、不正确的数据等,防止它们进入数据库。防范范围主要包括实体完整性、参照完整性和用户定义的完整性。如学生的学号符合学号编码规则,性别只能是一个合适字符集合里的元素,年龄要大于 12 岁小于 100 岁(一般),身份证符合相关的校验规则等。

3. 并发控制

主要是 DBMS 提供一种控制机制,保证在多个用户同时操作同一数据时进行相应的控制,即在同一时刻,允许多个用户同时读取,但不允许同时修改。比较典型的例子如买火车票,用户都可以看到余票,但只有下手最快、网速最快的用户可以抢到。

4. 可靠性控制

主要是 DBMS 提供一种机制,使存储在 DB 中的数据尽可能靠得住。典型的是故障恢复,系统可及时发现故障和修复故障,从而防止数据被破坏。数据库系统若未能尽快恢复运行时出现的故障,就可能是物理上或是逻辑上的错误。比如对系统的误操作造成的数据错误等。极端的例子是即使机房遭受天灾人祸如地震、火灾、服务器的硬盘丢失等,DBMS 依然还能提供原本的数据,不允许有任何的损失。

2.4.2.4　数据库用户

与数据库相关的人员包括系统分析员、系统设计人员、数据编程人员及数据库管理人员、一般数据用户等。其中数据库管理人员即 DBA(data base administrator)是一个数据库的关键用户。

1. DBA 的职责

数据库管理员是从事管理和维护数据库管理系统(DBMS)的相关人员的统称,属于运维工程师的一个分支,主要负责业务数据库从设计、测试到部署、交付使用再到运行维护、系统优化的全生命周期管理。

DBA 的核心目标是保证数据库管理系统的稳定性、安全性、完整性和高性能。在国外,也有公司把 DBA 称作数据库工程师(data base engineer),两者的工作内容基本相同,都是保证数据库服务 7×24 小时的稳定高效运转,但是需要区分一下 DBA 和数据库开发工程师(data base developer):

(1)数据库开发工程师的主要职责是设计和开发数据库管理系统和数据库应用软件系统,侧重于软件研发。

(2)DBA 的主要职责是运行维护和管理数据库管理系统,侧重于运维管理。

一般意义上的数据库管理员是一个负责管理和维护数据库服务器的人,数据库管理员负责全面管理和控制数据库系统,包括数据库的安装、监控、备份、恢复等基本工作。数据库管理员的主要职责有以下几个方面:

①设计数据库,包括字段、表和关键字段;资源在辅助存储设备上是怎样使用的,怎样增加和删除文件及记录,以及怎样发现和补救损失。

②监视监控数据库的警告日志,定期做备份删除。监控数据库的日常会话情况。碎片、剩余表空间监控,及时了解表空间的扩展情况以及剩余空间的分布情况。监视对象的修改。定期列出所有变化的对象安装和升级数据库服务器(如 Oracle、Microsoft SQL Server),以及应用程序工具。数据库设计系统存储方案,并制订未来的存储需求计划。制订数据库备份计划,在灾难出现时对数据库信息进行恢复。维护适当介质上的存档或者备份数据。备份和恢

复数据库。联系数据库系统的生产厂商，跟踪技术信息。

③备份，对数据库的备份监控和管理数据库的备份至关重要，对数据库的备份策略要根据实际要求进行更改，对数据的日常备份情况进行监控。

④修改密码，规范数据库用户的管理，定期对管理员等重要用户密码进行修改。对于每一个项目，应该建立一个用户。DBA 应该和相应的项目管理人员或者是程序员沟通，确定怎样建立相应的数据库底层模型，最后由 DBA 统一管理、建立和维护。任何数据库对象的更改，应该由 DBA 根据需求来操作。

⑤最终用户服务和协调，数据库管理员规定用户访问权限和为不同用户组分配资源。如果不同用户之间互相抵触，数据库管理员应该能够协调用户以最优化安排。

⑥数据库安全，数据库管理员能够为不同的数据库管理系统用户规定不同的访问权限，以保护数据库不被未经授权的访问和破坏。例如，允许一类用户只能检索数据，而另一类用户可能拥有更新数据和删除记录的权限。

2. DBA 能力要求

DBA 一方面是数据库系统中的一类用户（user），也称为角色（role）；另一方面是有数据库应用系统（database application system，简称 DBAS，如学生成绩管理系统，银行存取款业务系统等）的企事业单位的具体岗位。这一岗位是非常关键的。数据库管理员以技术为基础，通过技术保障数据库提供更高质量的服务。DBA 工作的职责及在业务中的位置决定了 DBA 需要具备更加广博的知识和深入的技术能力。在数据库环境的管理与维护中，技术任务可归结成许多不同的分类。下面列出了一名 DBA 应掌握的一些技术。

（1）理解数据备份/恢复与灾难恢复。

恢复已损坏的数据库是每一个 DBA 应掌握的最重要的技能。DBA 需要完全理解数据库所有可能的备份与恢复方法，以及不同备份方法与不同恢复策略的对应关系。此外，DBA 还需要与业务部门合作，一起确认业务需求，明确用户能够容忍的数据丢失底线。此外，业务用户还需要确定在系统故障的情况下，他们的业务能够维持多长时间。理解这些需求可以帮助 DBA 开发出一个满足业务用户要求的备份/恢复方法。一个优秀的 DBA 要定期测试备份与恢复流程，保证他们有能力恢复业务数据，满足企业所规定的业务数据丢失与恢复要求。

（2）工具集的使用。

所谓工具集，是指一组用于执行不同 DBA 任务的脚本。这个工具集应该包含不同的小代码片段，可以快速诊断问题或执行一个特定的任务。这些工具脚本应该按 DBA 的活动类型归类，如备份、索引维护、性能优化、容量管理等。由于总是会执行新任务、发现新问题或找到其他人开发的好用脚本，因此一个优秀的 DBA 会不断地给这个工具集增加新脚本。此外，他还应该了解网上哪里能够找到一些免费的工具和脚本。一个好的 DBA 知道什么时候可以利用其他人编写的脚本，从而节省自己的时间和改进自己的工具集。

（3）知道如何快速寻找答案。

数据库每天会面临各种各样故障的挑战，从硬件到网络，从性能压力到程序 bug，DBA 都要从容应对，一一排除。一方面，每个 DBA 需要不断修炼自己，积累操作系统、网络、硬件、存储系统、分布式计算等理论基础，另一方面，还要有快速寻找新问题解决方法的能力。如果一个数据库实例不能按预期方式运转，那么快速寻找新问题的解决方法也是一种重要能力。一个好的 DBA 知道如何快速地在网上查找一个未知问题的解决方法。

(4)知道如何监控和优化数据库性能。

对于任何数据库产品，性能尤其重要，它会直接影响产品的响应速度和用户体验。对于一个 DBA 来说，性能优化一般需要占用 50% 的工作时间，因此 DBA 需要知道如何监控和优化数据性能。

以 SQL Server 为例，性能是一个关键的问题，因此 DBA 需要知道如何修复故障和监控性能问题。有许多第三方性能监控工具可以帮助 DBA 优化性能。如果 DBA 只使用第三方工具，而不会使用 SQL Server 自带的原生工具来监控性能，那么相信很快就会出现问题。虽然使用第三方工具来监控性能也很不错，但是 DBA 一定要理解 SQL 自带的一些原生工具，如 SQL Server Profiler、Database Engine Tuning Advisor、Dynamic Management Views、系统/扩展的存储过程、Extended Events 等。实际上许多第三方工具都在使用这些底层的原生工具。因此，理解这些自带的原生工具将有利于增强 DBA 使用第三方工具的经验。

(5)研究新版本。

在技术领域中，没有什么是一成不变的。每隔两三年，主流数据库厂商就会发布一个更新版本，DBA 应该紧跟新版本。测试版开放后马上下载和安装，尽快掌握第一手使用经验。一名好的 DBA 总是学习的排头兵，总是会第一时间安装和测试新版本。这样就可以尽早理解新特性，然后提出一些合理的新建议，帮助组织更好地利用新版本数据库。

(6)理解代码最佳实践方法。

DBA 应该了解如何编写高效的代码。不好的编码实现方法会导致拙劣的性能。一名好的 DBA 要能够理解和识别这些糟糕的编码实践方法，知道如何修改这些代码，让它们变成高效代码。此外，他们还要记录下写代码的最佳实践方法，并且将这些实践方法分享给其他人。

(7)持续不断地学习。

数据库及其组件涉及面非常广。DBA 很难理解一个技术的方方面面。DBA 需要持续学习如何管理数据库。这个学习过程有很多方法，其中之一就是参加正式培训。但是，并非人人都有这样充裕的时间和金钱，也并非人人都能够放下手头工作专门出去参加正式的培训。但是，还有许多方法可以获得培训，而且大多数是免费的。一名好的 DBA 一定要订阅一些定期发布数据库新技巧和新文章的社区网站。此外，还可以加入一些用户组织，可以在周末参加一些当地的免费沙龙活动。

(8)数据库安全性。

安全性是一个热门话题。DBA 应该完全掌握如何实现数据库的安全访问；应该理解操作系统身份验证和数据库身份验证的区别，以及它们各自的使用场合；应该理解如何使用数据库角色来管理不同类型用户的安全配置；应该理解连接数据库的端口与协议；此外，还应该理解如何加密整个数据库，或者加密一个数据库中一个表的某一个字段，同时理解关于加密数据的各种问题。

(9)数据库设计。

决定数据库性能的一个关键问题是数据库设计。DBA 需要理解关于数据库设计的各个方面；要能够理解设计好坏的区别；需要理解为什么使用正确的外键约束、主键、检查约束和使用数据类型能够保持数据库的数据完整性和实现高效的数据查询与更新。

（10）索引设计。

数据库索引是提高应用程序检索和更新数据速度的重要环节。DBA 需要知道索引的工作原理；应该知道聚簇索引和非聚簇索引的区别，知道这些索引的物理存储方式；DBA 应该知道如何在执行计划中使用这些索引；应该理解如何找到索引的使用统计、理解索引碎片以及如何发现丢失的索引；他们应该知道如何维护索引，以及索引统计信息对于查询引擎的重要作用。

（11）容量监控与规划。

数据库往往要使用大量的资源，包括 CPU、内存、I/O 及磁盘空间。DBA 应该理解如何监控数据库所需要的不同主机资源的用量；应该能够理解这些资源在不同时间的使用情况，以及利用历史使用数据来规划未来的容量需求。在监控过程中，DBA 应该能够预见到容量规划会在将来什么时候出现问题，然后采取必要的措施保持数据库不会因为容量限制而出现中断。

（12）数据库许可证。

不同的产品有许多不同的许可证授权方式。而且，同一款产品本身又有许多不同的版本。DBA 应该理解所负责的数据库版本的不同授权模式；应该指导如何通过合理购买授权来减少数据库总拥有成本，以及如何合理利用授权方法来降低未来版本的升级成本。

（13）尽可能实现自动化。

DBA 每天都需要执行许多的日常任务。其中一些任务需要每天执行，而另一些则每周、每月或每年执行。一名好的 DBA 需要理解如何高效地安排自己的时间。其中一种方法是建立工作流程，即这些日常任务的自动执行。通过实现日常任务的自动化执行，DBA 就可以用更多的时间去关注于数据库环境管理中遇到的严重问题。

3. 有关 DBA 的典型操作

每个数据库系统有关 DBA 的操作不完全一样，但基本 SQL 操作语句（struture query language，结构化查询语言，是关系数据库系统的操作规范语言）是类似的，下面以 ORACLE 为例，让大家感受一下，其实当 DBA 并没有那么难。

首先，ORACLE 有两个缺省的 DBA 用户名即 SYS 与 SYSEM（相应的在 SQL Server 中为 SA 等），在 ORACLE 系统安装的时候其密码就要求设定。在安装成功后，找到 SQL * plus 程序并执行（也可以通过其他集成工具如 toad、plSQL 等），输入 SYSTEM 用户名及密码来登录系统，执行以下两个语句：

create user u_bigdata identified by p12345；

grant connect, resource, create view to u_bigdata；

这样用户 u_bigdata 就建立好了，其密码为 p12345。

然后连接这个用户：

connect u_bigdata/p12345

这样就可以在用户 u_bigdata 中执行相应的操作了，如建立表（create table）、插入（insert）、删除（delete）、修改（update）表格中的数据，也可以将建立的表格的相应权限（如查询、插入、删除或修改某些列）授给（grant）其他用户。（**实验 7：下载并安装 ORACLE，实现在 SYSTEM 下的用户管理**）

2.4.3 数据库的分类

数据库包括层次数据库、网状数据库和关系数据库三种最基本的类型，此外还包括面向对象数据库、对象关系数据库。当然还有其他的分类方法，如实时数据库、历史数据库、统计数据库等。这里主要介绍三类最基本的数据库，它们是不同的数据结构来联系和组织的。

数据库系统的萌芽出现于 20 世纪 60 年代。当时计算机已经开始广泛地应用于数据管理，对数据的共享提出了越来越高的要求。传统的文件系统已经不能满足人们的需要，能够统一管理和共享数据的数据库管理系统（DBMS）应运而生。数据模型（表示数据之间关系的描述）是数据库系统的核心和基础，各种 DBMS 软件都是基于某种数据模型的。所以通常也按照数据模型的特点将传统数据库系统分成网状数据库、层次数据库和关系数据库三类。

层次数据库，即用树结构（根节点有且只有 1 个，其他节点有且只有 1 个父母，节点表示数据，连线表示数据间的联系）来表示数据之间的关系。网状数据库即用丛结构表示数据之间的关系，其中丛结构是在树结构的基础上变化来的，取消了只有一个根、每个节点最多一个父母的限制，即可以有多个根节点，每个节点可以有多个父母。关系数据库是指用表结构来表示数据之间的关系，即数据本身及数据之间的关联关系都通过表来表示。典型的如成绩表可以表示学生、课程、选课关系及成绩。

最早出现的网状 DBMS，是美国通用电气公司 Bachman 等人在 1964 年成功地开发出的世界上第一个数据库管理系统即网状 DBMS——集成数据存储（integrated data store，IDS），奠定了网状数据库的基础，并在当时得到了广泛的发行和应用。IDS 具有数据模式和日志的特征，但它只能在 GE 主机上运行，并且数据库只有一个文件，数据库所有的表必须通过手工编码生成。之后，通用电气公司的一个客户——BF Goodrich Chemical 公司最终不得不重新编写整个系统，并将重新编写后的系统命名为集成数据管理系统（IDMS）。

网状数据库模型对于层次和非层次结构的事物都能比较自然地模拟，在关系数据库出现之前，网状 DBMS 要比层次 DBMS 用得普遍。在数据库发展史上，网状数据库占有重要地位。

层次型 DBMS 是紧随网络型数据库而出现的，最著名最典型的层次数据库系统是 IBM 公司在 1968 年开发的 IMS（information management system），是一种适合其主机的层次数据库。这是 IBM 公司研制的最早的大型数据库系统程序产品。从 20 世纪 60 年代末产生起，如今已经发展到了 IMSV6，共提供群集、N 路数据共享、消息队列共享等先进特性的支持。这个具有 30 年历史的数据库产品在如今的 Web 应用连接、商务智能应用中扮演着新的角色。

网状数据库和层次数据库已经很好地解决了数据的集中和共享问题，但是在数据独立性和抽象级别上仍有很大欠缺。用户在对这两种数据库进行存取时，仍然需要明确数据的存储结构，指出存取路径。而后来出现的关系数据库较好地解决了这些问题。

1970 年，IBM 的研究员 E. F. Codd 博士在刊物 *Communication of the ACM* 上发表了一篇名为"*A Relational Model of Data for Large Shared Data Banks*"的论文，提出了关系模型的概念，奠定了关系模型的理论基础。尽管之前在 1968 年 Childs 已经提出了面向集合的模型，然而这篇论文被普遍认为是数据库系统历史上具有划时代意义的里程碑。Codd 的心愿是为数据库建立一个优美的数据模型。后来 Codd 又陆续发表多篇文章，论述了范式理论和衡量关系系统的 12 条标准，用数学理论奠定了关系数据库的基础。关系模型有严格的数学基础，抽象级别比较高，而且简单清晰，便于理解和使用。但是当时也有人认为关系模型是理想化的数据模型，用来实现 DBMS 是不现实的，尤其担心关系数据库的性能难以被接受，更有人视其为当时正在进行中的网状数据库规范化工作的严重威胁。为了促进对问题的理解，1974 年，ACM 牵头组织了一次研讨会，会上开展了一场分别以 Codd 和 Bachman 为首的支持和反对关系数据库两派之间的辩论。这次著名的辩论推动了关系数据库的发展，使其最终成为现代数据库产品的主流。

1970 年，关系模型建立之后，IBM 公司在 San Jose 实验室增加了更多的研究人员来研究一个项目，这个项目就是著名的 System R。其目标是论证一个全功能关系 DBMS 的可行性。该项目结束于 1979 年，完成了第一个实现 SQL 的 DBMS。然而 IBM 对 IMS 的承诺阻止了System R 的投产，一直到 1980 年，System R 才作为一个产品正式推向市场。IBM 产品化步伐缓慢有三个原因：IBM 重视信誉，重视质量，希望尽量减少故障；IBM 是个大公司，官僚体系庞大；IBM 内部已经有层次数据库产品，相关人员不积极，甚至反对。

1973 年，加州大学伯克利分校的 Michael Stonebraker 和 Eugene Wong 利用 System R 已发布的信息开始开发自己的关系数据库系统 Ingres。他们开发的 Ingres 项目最后由 Oracle 公司、Ingres 公司以及硅谷的其他厂商所商品化。后来，System R 和 Ingres 系统双双获得 ACM 的1988 年"软件系统奖"。

1976 年，霍尼韦尔公司（Honeywell）开发了第一个商用关系数据库系统——Multics Relational Data Store。关系型数据库系统以关系代数作为坚实的理论基础，经过几十年的发展和实际应用，技术越来越成熟和完善。其代表产品有 Oracle、IBM 公司的 DB2、微软公司的 MS SQL Server 以及 Informix、ADABAS D 等。还有开源的 MySQL（有人说它是 Oracle 公司的，实际上是开源的）、PostgreSQL、SQLite 等。

2.4.4　关系数据库系统操作语言

2.4.4.1　SQL 概述

关系数据库系统的基础是关系，关系本质上是集合，因此关系数据库的数学基础是集合论，这也是为什么经过数十年的发展，层次数据库与网状数据库逐渐消失，而只有关系数据库仍然存在的主要原因。当然另外一个原因是关系数据库的易操作性，其操作语言能深入人心，初学者入门不会感觉困难。

关系数据库操作语言的基础是关系代数与关系演示（包括元组演算与域演算），在此基础上诞生了面向用户的操作语言——SQL，SQL 被称为结构化查询语言，又被称为标准查询语言。

1969 年，IBM 的研究员 E. F. Codd 博士发明了关系数据库。

1974 年，IBM 的 Ray Boyce 和 Don Chamberlin 将 Codd 关系数据库的 12 条准则的数学定义以简单的关键字语法表现出来，里程碑式地提出了 SQL 语言。SQL 语言的功能包括查询、操纵、定义和控制，它是一个综合的、通用的关系数据库语言，同时又是一种高度非过程化的语言，只要求用户指出做什么而不需要指出怎么做。SQL 集成实现了数据库生命周期中的全部操作。SQL 提供了与关系数据库进行交互的方法，它可以与标准的编程语言一起工作。自产生之日起，SQL 语言便成了检验关系数据库的试金石，而 SQL 语言标准的每一次变更都指导着关系数据库产品的发展方向。然而，直到 20 世纪 70 年代中期，关系理论才通过 SQL

在商业数据库 Oracle 和 DB2 中使用。

1986 年，ANSI 把 SQL 作为关系数据库语言的美国标准，于同年公布了标准 SQL 文本。SQL 标准有 3 个版本。基本 SQL 定义是 ANSIX3135 – 89，一般称为 SQL – 89。ANSIX3135 – 1992［ANS92］描述了一种增强功能的 SQL，叫作 SQL – 92 标准，在此标准中，把数据库分为三个级别：基本集、标准集与完全集。SQL – 92 包括模式操作，动态创建和 SQL 语句动态执行、网络环境支持等增强特性。在完成 SQL – 92 标准后，ANSI 和 ISO 即开始合作开发 SQL3 标准。SQL3 的主要特点在于抽象数据类型的支持，为新一代对象关系数据库提供了标准。

2.4.4.2 学习成绩管理实例表格与示例数据

下面以实例的形式来讲述 SQL 的主要操作，首先有 STUD（学生）（表 2 – 4）、COURSE（课程）（表 2 – 5）、SC（选课成绩）（表 2 – 6）3 个表格。

表 2 – 4 STUD（学生）

学号 （SNO）	姓名 （SNAME）	性别 （SSEX）	出生年月日 （SBIRTH）	手机 （SMOBILE）	邮箱（SEMAIL）
0921160104	黄子琪	女	19980901	18273155136	18273155136@163.com
0921160106	韩威平	男	19971221	18774860589	18774860589@163.com
0921160107	康景蓓	女	19980604	18711079897	18711079897@163.com
0921160109	张丽山	男	19990127	15369022727	15369022727@163.com

表 2 – 5 COURSE（课程）

课程号 （CNO）	课程名 （CNAME）	课程性质 （CTYPE）	学分 （CREDIT）	学时 （CHOUR）	开课学期 （CTERM）
092102Z10	数据科学与大数据技术导论	必修	2	32	3
092113Z10	大数据编程	必修	3	48	6
090228Z10	大型数据库技术	选修	2	32	5
090242Z10	可视化技术	选修	2	32	6
092103Z10	大数据采集与融合技术	选修	2	32	3
092106Z10	Python 数据处理编程	选修	2	32	4
092107Z10	R 语言数据分析编程	选修	2	32	5
092111Z10	智能搜索引擎技术	选修	2	32	6

表 2 - 6　SC(选课成绩)

学号(SNO)	课程号(CNO)	成绩(SCORE)
0921160104	092102Z10	92
0921160104	092113Z10	87
0921160104	090228Z10	85
0921160104	090242Z10	87
0921160106	092102Z10	90
0921160106	092113Z10	82
0921160106	092103Z10	80
0921160106	092106Z10	72
0921160107	092102Z10	82
0921160107	092113Z10	75
0921160107	092107Z10	81
0921160109	092102Z10	96
0921160109	092113Z10	93
0921160109	092111Z10	72
0921160109	090228Z10	56
0921160109	090242Z10	98

以上 3 个表格是常见的,所表示的信息及相互关系也很容易理解,即学生与课程通过选课成绩表联系,表示学生选修了哪些课,成绩是多少。

2.4.4.3　用 create table 建表

下面来正式体验 SQL 操作。首先是要在数据库系统中建立表,在前面安装了 ORACLE(10g 或 11g)并建立了用户 u_bigdata 的基础上,首先执行 SQL * plus,输入用户 u_bigdata/p12345.

1. 定义 stud 表

```
create table stud( sno char(10) primary key,
snamevarchar(32),
ssexvarchar(4),
sbirth data,
smobilevarchar(32),
semailvarchar(32) check(semail like ('%@%.%'))
```

SQL 中 create table 为建立表的命名，可以定义表名、字段名、类型及长度，还可以进行完整性控制或主键(非空且唯一)、值的约束如用 check 约束 semail(电子邮箱)至少包含@与"."。在定义表的命令中，字母的大小写无所谓，数据库系统都会统一转换为大写。

2. 定义 course 表

```
create table course( cno char(9) primary key,
cnamevarchar(32),
ctype char(4),
credit number(5,2),
chour number(3),
cterm number(1) check( cterm between 1 and 8))
```

其中 cno 为 primary key 即主键，cterm 学期为 1~8，因为是 4 年 8 个学期。

3. 定义 sc 表

```
create table sc( sno char(10),
cno char(9),
sc number(5,2),
primary key( sno, cno),
foreign key( sno) references stud( sno),
foreign key( cno) references course( cno))
```

其中 sno 与 cno 一起为主键(为什么要一起？能不能单独以某个为主键?)，sno 为外键，参照 stud 表；cno 也为外键，但参照的是 course 表。这里外键的意思是列在外面为主键，也是一种值的约束，即要求 sno 或者为空值，或者为 stud 中的某个值。

如果表格在定义过程中出了错，需要重新修改，可以用 drop table，这样比较容易操作，如：

```
drop table sc
```

需要说明的是不能先 drop table stud，只有删除 sc 后才能删除 stud 或 course 表。

2.4.4.4　用 insert into 输入数据

输入数据用 insert into 命令，当然也可以通过工具如 toad 或 plSQL 等直接输入。

insert into stud values('0921160104',' 张三 ',' 女 ', 'sep – 01 – 1998', '18273155136', '18273155136@163. com');

insert into stud values('0921160106',' 李四 ',' 男 ', to_date('19971221', 'yyyymmdd'), '18774860589', '18774860589@163. com');

这里要注意日期格式，采用系统缺省的日期格式如月(英文简写) – 日 – 年，或者采用日期转换函数 to_date，否则会出错。

insert into course values('092102Z10',' 数据科学与大数据技术导论 ',' 必修 ', 2, 32, 3);

insert into course values('092113Z10',' 数据编程 ',' 必修 ', 3, 48, 6);

insert into sc values('0921160106', '092102Z10', 90);

insert into sc values('0921160104', '092102Z10', 92);

值得注意的是，在输入数据时，字符或日期要用单引号' '将数据引起来，而数值则不用。

2.4.4.5　用 select 查询数据

（1）查询所有的学生信息：

select ＊ from stud；

（2）查询所有女生的信息：

select ＊ from stud wheressex ＝'女'；

（3）查询学生大于等于 32 的必修课的课程号、课程名、学分：

select sno, sname, credit fromcourse

wherechour ＞ ＝32 and ctype ＝'必修'；

（4）查询学生"张三"的学号、手机及选修课程号为"092102Z10"的成绩：

select stud. sno, smobile, score from stud, sc

wheresname ＝'张三' and cno ＝'092102Z10' and stud. sno ＝ sc. sno；

（5）查询学生"张三"的学号、邮箱及选修"数据科学与大数据技术导论"的课程号、课程性质及成绩：

select stud. sno, semail, course. cno, ctype, score from stud, sc, course

wheresname ＝'黄子琪' and cnanme ＝'数据科学与大数据技术导论'

and stud. sno ＝ sc. sno and curse. cno ＝ sc. cno；

（6）找出都及格的且平均成绩大于等于 85 的学生学号及姓名、平均成绩、选课门数：

select stud. sno, sname, avg(score), count(cno) fron stud, sc

where stud. sno ＝ sc. sno

group by stud. sno, sname

having min(score) ＞ ＝60 andavg(score) ＞ ＝85；

这里虽然只有两个表的连接，但用到了分组统计函数如 avg（求平均值）及 min（求最小值），用 min 比较巧妙，一般认为及格就是 score ＞ ＝60，实际上不完全是这样。因为如果在 where 中增加 score ＞ ＝60，而不要 min(score) ＞ ＝60 也能执行且有结果，但会有漏洞。当然这个查询有其他的写法，如用子查询，这里就不详细分析，大家在"数据库原理"中会有更深刻的体会。

2.4.4.6　更新数据

表中的数据更新除了插入外，还有修改 update 与删除 delete。

update course setcterm ＝4 where cno ＝'092113Z10'

这个语句就是修改课程号为"092113Z10"的开课学期为第 4 学期。

delete from sc where score ＜60

这个语句是删除所有成绩小于 60 分的选课记录。

2.4.4.7　权限控制操作

SQL 中权限控制操作主要有 grant（授权）与 revoke（回收）两个命令。

假如还有另一个用户 u_0107，需要将用户 u_bigdata 中的 stud 表的查询、删除及手机、邮箱两列的修改权限给 u_0107，先连接用户 u_bigdata，再输入的命令语句为：

grant select, delete, update(smobile, semail) on stud to u_0107；

这样就相应地授权了。再连接用户 u_0107，输入查询命令：

select * from u_bigdata. stud where sname = ' 张三 '

就可以查到用户 u_bigdata 的 stud 表中的学生"张三"的信息了，这里注意一定要在前面加 u_bigdata. 如果没有这个 u_bigdata. 就表示用户 u_0107 下面有 stud 表了。当然还可能有视图 view 或同义词 synonym 等类型，在"数据库原理"的部分会介绍相关细节。

如果用户 u_bigdata 要回收表 stud 的删除权限，先连接到用户 u_bigdata，再输入命令语句为：

revoke delete on stud from u_0107

这样再连接用户 u_0107，执行如下语句就会出错：

delete from u_bigdata. stud

系统会提示没有足够的权限。

（实验 8：执行典型的 SQL 操作）

2.5　大数据

2.5.1　大数据定义及特征

大数据是指传统数据架构无法有效处理的一种新型数据集。对新型数据架构具有约束力的大数据特征是：

（1）规模（volume）：数据集的大小。

（2）多样性（variety）：数据来自多个数据仓库、多个业务领域，包含多种类型。

（3）速度（velocity）：数据流动的速度。

（4）易变性（variability）：数据集其他特征方面的变化。

另一种说法是还有一个价值（value），即价值密度低，但有价值。因此，大数据典型的 4V 特性，有时也称为 5V 特性。

上述特性：规模、多样性、速度、易变性，通常被称为大数据的四个"V"。虽然大数据还能总结出其他"V"，但是，上述四个"V"是实现成本经济性模式、向新型并行架构转变的驱动力。这些大数据特性决定了大数据系统的整体设计，并形成了不同的数据系统架构或者不同的数据处理生命周期，以实现所需的效能。

大数据包含范围广泛的数据集——主要体现在规模、多样性、速度，和/或易变性等特征方面——需要一个可扩展的架构，实现高效存储、管理和分析。

2.5.2　大数据范式

需要注意的是，上述定义中涉及数据特征和系统架构需求之间的相互作用，以实现所要求的性能和成本经济性。对于系统功能扩展，有两种根本不同的方式，通常描述为"垂直"扩展或"水平"扩展。垂直扩展意味着增加处理速度、存储、内存等系统参数，从而达到更高的系统性能。垂直扩展方案受到物理能力的限制（物理能力的发展速度遵从摩尔定律）。替代方案可以采用水平扩展，利用分布式个体资源，进行集成，形成单一系统。这种水平扩展方案才是大数据变革的核心方式。

大数据范式是指数据系统在水平方向上，基于各独立计算资源的分布处理，以实现对于大数据集进行高效处理的可扩展性需求。

如上所述，大数据范式是数据系统架构从具有垂直扩展的单片系统向并行的、水平扩展的系统转变。并行、水平扩展系统能够充分利用松散的、并行的计算资源集合。这种类型的并行转换开始于 20 多年前，在仿真研究中采用的计算密集型应用程序，当时开始使用大规模并行处理（MPP）系统来进行科学仿真。

大规模并行处理是指多个独立处理器并行工作，以执行同一个特定的程序。

针对众多独立处理器进行代码和数据的拆分，基于该拆分结果进行不同类型的组合，计算科学家能够极大地扩展仿真能力。这种处理方式也带来了许多技术难题，诸如消息传递、数据移动、资源一致性调节、负载平衡以及系统低效率，同时还需要等待其他计算资源完成各自的计算任务。

同样，大数据范式正在向数据密集型应用程序的并行处理模式转换。数据系统需要一种与数据规模相匹配的扩展能力。为了获得这种扩展能力，需要建立多种机制来实现跨松散计算资源的数据配置和检索。

大数据的数据规模大是由于相关数据集需要可扩展系统来处理。相反，具有更好的扩展性的系统架构的出现，是由于处理大数据所必需。很难通过数据集的大小需求来定义大数据。如果新型可扩展架构的应用能够比传统垂直可扩展架构更为高效或成本低廉，该数据通常被认为"大"。这种数据特性和数据系统性能之间的循环关系就形成了大数据的各种不同的定义。

新型非关系型数据库范式，通常指 NoSQL（不仅仅是或不是基于结构化查询 SQL）系统。虽然 NoSQL 应用已经很常见，但它仍被认为是在关系模型之外的一种新型数据模型。

非关系模型，通常指 NoSQL，是指那些不是基于关系代数来处理数据的存储和管理的逻辑数据模型。

需要注意的是，对于系统处理和分析处理来说，大数据范式变革也会引起传统数据处理生命周期的变化。一些端到端数据生命周期模型把数据处理过程归类为：收集、预处理、分析和操作。不同的大数据用例，可以基于大数据特征和端到端数据生命周期不同的时间窗进行归类。数据集特征以不同的方式改变数据生命周期过程。在传统关系模型中，数据在预处理后（ETL 和数据清洗处理之后）进行存储。在规模用例中，数据通常以原始状态进行存储。数据以原始状态进行持久性处理，这就要求为了数据准备和分析而进行数据检索时，需要应用数据模式或模型。大数据概念将该模式定义为"读取模式"。

读取模式是指在从数据库中读取数据时，需要应用数据模式来进行数据准备处理，诸如数据转换、清洗和整合。

大数据的另一个概念通常被称为"把处理过程转向数据，而不是把数据转向处理过程"。

计算的可移植性是指把计算移动到数据所在的位置。这就意味着，数据存储范围太广，难于有效查询，把数据移动到另一个计算资源处进行分析更加困难，因此把分析程序进行分布式设计，靠近存储数据。这种本地数据的概念就是并行数据架构的关键环节。另外的系统概念是互操作性（各种工具协同工作的能力）、复用性（工具在各种领域进行应用的能力），以及可扩展性（面对新领域增加或修改现有工具的能力）。这些系统概念不特指大数据，但是这些概念在大数据中应用，能够增强对于大数据参考架构的理解。

　　大数据正在改变着人们的工作、生活与思维模式，进而对文化、技术和学术研究产生了深远影响。一方面，大数据时代给各学科领域带来了新的机遇——认识论和研究范式的转变，出现了一种区别于传统科学研究中沿用至今的"知识范式"的新研究范式——"数据范式"。"数据范式"的广为应用成为现代科学研究的一个重要转变。

　　另一方面，数据的获得、存储、计算不再是瓶颈或难题，而各学科领域中的传统知识与新兴数据之间的矛盾日益突出、传统知识无法解释和如何有效利用新兴的大数据成为人们面临的新的挑战，因而也促进了传统理论与方法的革命性变化。

2.6　本章小结

　　本章主要讲述数据科学与大数据技术相关的基本概念及基础技术，其中包括信号、数据、信息、知识等概念及数据的分类、属性及数据集等，还包括数据特征的统计属性，让读者对数据的统计分析有一个基本的概念。本章沿着数据到数据科学、数据挖掘、数据库，最后到大数据这个与数据相关的脉络进行讲述，力图让读者对数据有一个从简单到复杂、从静态到动态、从基本知识了解到基本技能感受的体会。其中数据科学主要介绍了相关的定义及学科涉及的相关内容与知识体系、整体知识框架等。数据挖掘主要讲述了基本概念与主要任务及相关技术等，力争引出数据挖掘的相关平台与工具。结合数据科学的数据分析与挖掘，对数据挖掘进行了进一步的介绍，对相关的平台工具进行了分析，目的是引导读者去选择相关的工具与平台。数据库可以说是大数据的基础，要进行大数据的分析处理，首先要进行了解小数据的特点与基本操作，因此介绍了数据库相关的基本概念与DBA，基于操作体验的目标介绍了SQL的典型操作，期望读者能通过几个实验，真实感受数据库的操作规律，从简单到复杂、从结构定义到数据操纵最后到数据权限的控制。本章最后简单介绍了大数据的定义与4V特性，对范式进行了介绍。

思考题

　　1. 试分析数据、信息、知识的特点与关联关系。

　　2. 数据特征的统计计算中，当数据量足够大，会出现什么问题？

　　3. 数据科学研究的相对热门话题中哪些是你比较感兴趣的？简要说明理由。

　　4. 什么叫数据挖掘？它主要有什么任务？

　　5. 基于数据科学的数据分析挖掘与一般意义上的数据挖掘有什么不同或相同之处？

　　6. 如何从技术上保障即使存储数据的硬盘丢失了也能将原有数据恢复如初？

　　7. 基于数据库的数据访问(输入/输出)与基于文件的访问有什么主要的区别与联系？

　　8. 为什么要引进大数据分析技术？一般的数据分析技术在什么情况下存在什么问题？

本章相关的实验

序号	对应章节	实验名称	要　　求
5	2.1.5	任选编程语言，实现数组的集中趋势测度	可以从 C 或 C++ 或 Java 或 Python 等语言中任选 1 个，实现 1 维数组或二组数组的集中趋势测度，包括：①众数；②中位数；③均值与几何平均数；④几何平均数。可编写相关的函数，考虑输入输出方式
6	2.1.5	任选编程语言，实现数组的离散程度测度	可以从 C、C++、Java、Python 等语言中任选 1 个，实现数据的离散程度测度计算，包括分类数据的异众比率、顺序数据的四分位差，数值型数据和方差及标准差，相对位置的测量的标准分数及相对离散程度的离散系数。可编写相关的函数，考虑输入输出方式
7	2.5.2	下载并安装 ORACLE，实现在 SYSTEM 下的用户管理	下载 oracle10g、oracle11g、oracle12c 或其他版本，安装其中的个人版(Personal)，安装时注意 system 的密码，以 system 用户登录系统，建立用户 U_开头，以学号后 4 位用尾数的用户名，如 U_1201，密码自设定，再授权 connect 与 Resouce 角色，然后连接这个用户
8	2.5.4	执行典型的 SQL 操作	在 Oracle 或其他数据库系统如 SQL Server 或 MySQL 下执行 SQL 的典型操作，包括有关学习成绩管理系统的 3 个，进行相应的数据插入、删除、修改及有关查询，还包括进行简单的授权

第 3 章　大数据核心技术

大数据技术主要有六个核心部分：数据采集、数据存储与管理、数据预处理、数据清洗、数据挖掘、数据可视化。当然也有很多文献把大数据技术划分为 5 部分，即将数据预处理合并到数据采集或数据清洗中。总体来说，大数据核心技术其实是大数据处理的各个核心环节的关键技术。

3.1　数据采集

数据采集一般称为大数据产业的基石。

大数据时代最不缺的就是数据。但面对数据资源，如何开采？用什么工具开采？如何以最低成本开采？以下将与大家一起探讨 4 种数据采集方法，重点关注实现过程与各自的优缺点。当然这里讨论的采集一般是基于已有的软件系统，即数据已有了基本的结构与管理了。事实上，大数据系统也有很多直接从传感器或相关的数据采集终端上传送上来的，其接口、协议及相关技术等相对就会比较复杂，基本上是一事一议的方式，一般在大数据采集与融合技术或相关的课程中会有详细介绍。

3.1.1　软件接口方式

采用软件接口方式进行数据采集的主要解决方案是各个软件厂商提供数据接口，实现数据采集汇聚。其实现过程主要包括协调多方软件厂商工程师到场，了解所有系统业务流程以及数据库相关的表结构设计等，细节推敲，确定可行性方案，再进行采集程序或工具的编码、测试、调试，最后交付使用。

软件接口方式因为与业务系统存在良好的对接，其数据可靠性与价值较高，一般不存在数据重复的情况；数据通过接口实时传输，满足数据实时性的要求。

接口对接方式的缺点是接口开发费用高；协调各个软件厂商，协调难度大、投入人力大；扩展性不高，例如，由于业务需要各软件系统开发出新的业务模块，其和大数据平台之间的数据接口也须做相应修改和变动，甚至要推翻以前的所有数据接口编码，整体工作量大、耗时长。

数据库主要通过 ODBC(open database connect) 为外部程序或异种数据库系统提供数据访问接口，其中 ODBC 可以通过操作系统如 Windows 的数据源进行配置，如图 3 - 1 所示，在 Windows 的控制面板搜索 ODBC 再进入 ODBC 配置界面，可以选用 Oracle 驱动及相关的用户如 system 建立与 Oracle 连接的 ODBC，如命名为 ora_odbc。

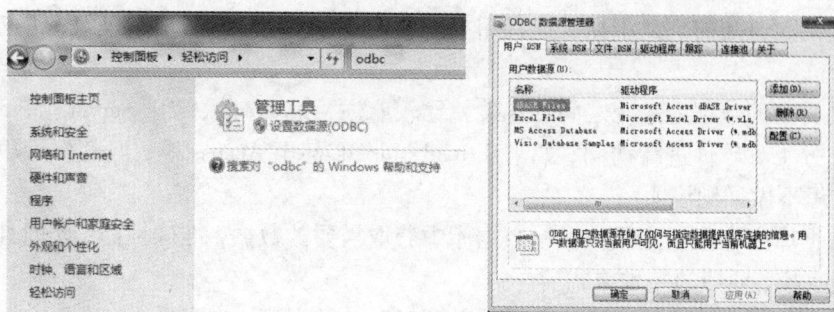

图 3-1　ODBC 配置

可以通过 office 中的 Access 链接到 Oracle 的 U_bigdata 用户，导出 stud 等表中的数据到 Access 中，也可以导出为 Excel 文件。相反的过程也是可以的，即通过 Access 将相应表格中的数据导入到 Oracle 某个用户中或将 Excel 表格中的数据导入到 Oracle 用户中。（**实验 9：通过 ODBC 导入/导出数据**）

3.1.2　开放数据库方式

要实现数据的有效采集与汇聚，开放数据库是最直接的一种方式。

两个系统分别有各自的数据库，同类型的数据库之间相互访问是比较方便的：

（1）如果两个数据库在同一个服务器上，只要用户名设置没有问题，就可以直接相互访问，需要在 from 后将其数据库名称及表的架构所有者带上即可。如 select * from DATABASE1.dbo.table1。

（2）如果两个系统的数据库不在一个服务器上，建议采用数据库链接（database link）服务器的形式处理，或者使用 openset 和 opendatasource 的方式，这个需要对数据库的访问进行外围服务器的配置。

例如：

create database link db_lk_u1 connect to username1 identified by password1 using 'csu_bigdata_1'

其中：csu_bigdata_1 是本地 tnsname.ora 中定义的链接串，内容如下：

csu_bigdata_1 =
（DESCRIPTION =
（ADDRESS_LIST =
（ADDRESS =
（PROTOCOL = TCP）
（HOST = 202.197.66.101）
（PORT = 1521）））
（CONNECT_DATA = （SID = orcl））

即链接到 IP 地址为 202.197.66.101 的数据库服务器，其中 DB 访问端口号为 1521（一般为 ORACLE 缺省的端口号），服务名为 orcl，用户名为 username1，密码为 password1 的用户。

Select * from stud@ db_lk_u1

通过数据库链路，可以实现远程直接访问另一台服务器数据库中的数据。当然，读取数据是非常方便而快捷的。由于拥有远程用户 username1 的所有数据操作权限，可能会存在数据更新风险。

而不同类型的数据库系统之间的连接就比较麻烦，如 Oracle、SQL Server、MySQL 等，一般通过第三方工具软件进行访问，如采用 toad、plSQL 甚至 Access 等，但需要做很多设置才能成功，这里不做详细说明。

开放数据库方式可以直接从目标数据库中获取需要的数据，准确性高，实时性也能得到保证，是最直接、便捷的一种方式。

但开放数据库方式也需要协调各个软件厂商开放数据库，难度大；一个平台如果同时连接多个软件厂商的数据库，并实时获取数据，这对平台的性能也是个巨大挑战。不过，出于安全性考虑，软件厂商一般不会开放自己的数据库。

3.1.3   基于底层数据交换的数据直接采集方式

通过获取软件系统的底层数据交换、软件客户端和数据库之间的网络流量包，基于底层 IO 请求与网络分析等技术，采集目标软件产生的所有数据，将数据转换与重新结构化，输出到新的数据库，供软件系统调用。

技术特点如下：

（1）无须原软件厂商配合。

（2）实时数据采集，数据端到端的响应速度达秒级。

（3）兼容性强，可采集汇聚 Windows 平台的各种软件系统数据。

（4）输出结构化数据，作为数据挖掘、大数据分析应用的基础。

（5）自动建立数据间关联，实施周期短，简单高效。

（6）支持自动导入历史数据，通过 I/O 人工智能自动将数据写入目标软件。

（7）配置简单、实施周期短。

基于底层数据交换的数据直接采集方式，摆脱了对软件厂商的依赖，不需要软件厂商配合，但要投入大量的时间、精力与资金，不用担心系统开发团队解体、源代码丢失等原因导致系统数据采集成为死局。

直接从各式各样的软件系统中开采数据，源源不断地获取精准、实时的数据，自动建立数据关联，输出利用率极高的结构化数据，让不同系统的数据源有序、安全、可控地联动流通，提供决策支持、提高运营效率、产生经济价值。

但此方式的主要缺点是技术要求高，存在需要对数据源进行识别并获取访问权限的难题，因为很多数据源为了达到基于权限的安全访问目标都采用了严格的加密、压缩等手段，其数据存储有特有的格式。因此在实行基于底层的提取方式时普遍存在拒绝访问、乱码、格式不正确等问题。

3.1.4   数据爬取

数据最丰富的莫过于互联网，面对浩如烟海、看似在手边的数据，如何有效获取也是需要技术的。有人说最简单的方法是通过搜索引擎获得网页，再下载到本地，分类进行存储。少量基于主题的数据当然可以这么做，但大量基于多个主题甚至于海量数据的获取，采用这种方法工作效率太低了。

通常采用的有效方式是数据爬取，有一般是 Web 页面爬取与 deep web 数据爬取。

3.1.4.1　基本原理

网页爬取器(gatherer)，是指网页搜索集子系统中根据 url 完成一篇见面爬取的进程或者线程，通常一个搜索子系统上会同时启动多个 gatherer 并行工作。网页爬取器软件有"网络蜘蛛"。网络蜘蛛(web spider)，这是一个很形象的名字，把互联网比喻成一个蜘蛛网，那么 Spider 就是在网上爬来爬去的蜘蛛。网络蜘蛛是通过网页的链接地址来寻找网页，从网站某一个页面(通常是首页)开始，读取网页的内容，找到在网页中的其他链接地址，然后通过这些链接地址寻找下一个网页，这样一直循环下去，直到把这个网站所有的网页都抓取完为止。如果把整个互联网当成一个网站，那么网络蜘蛛就可以用这个原理把互联网上所有的网页都抓取下来。

1. 搜索引擎效率低

对于搜索引擎来说，要抓取互联网上所有的网页几乎是不可能的，从目前公布的数据来看，容量最大的搜索引擎也不过是抓取了整个网页数量的 40% 左右。一个原因是抓取技术，无法遍历所有的网页，有许多网页无法从其他网页的链接中找到；另一个原因是存储技术和处理技术的问题，如果按照每个页面的平均大小为 20 KB 计算(包含图片)，100 亿网页的容量是 100×2000 GB 字节，即使能够存储，下载也存在问题(按照一台机器每秒下载 20 kB 计算，需要 340 台机器不停地下载一年时间，才能把所有网页下载完毕)。同时，由于数据量太大，在提供搜索时也会有效率方面的影响。因此，许多搜索引擎的网络蜘蛛只是爬取那些重要的网页，而在抓取的时候评价重要性的主要依据是某个网页的链接深度。

2. 抓取网页策略

在抓取网页的时候，网络蜘蛛一般有两种策略：广度优先和深度优先。

广度优先是指网络蜘蛛会先抓取起始网页中链接的所有网页，然后再选择其中的一个链接网页，继续抓取在此网页中链接的所有网页。这是最常用的方式，因为这个方法可以让网络蜘蛛并行处理，提高其抓取速度。深度优先是指网络蜘蛛会从起始页开始，一个链接一个链接地跟踪下去，处理完这条线路之后再转入下一个起始页，继续跟踪链接。这个方法的优点是网络蜘蛛在设计的时候比较容易。缺点是，由于 Web 结构很深，有可能造成一旦进去，再也无法出来的情况发生。

3.1.4.2　网络蜘蛛与网站的交流方式

网络蜘蛛需要抓取网页，不同于一般的访问，如果控制不好，则会引起网站服务器的负担过重。网站是否就无法和网络蜘蛛交流呢？其实不然，有多种方法可以让网站和网络蜘蛛进行交流。一方面让网站管理员了解网络蜘蛛都来自哪儿，做了些什么，另一方面也应告诉网络蜘蛛哪些网页不应该抓取，哪些网页应该更新。

每个网络蜘蛛都有自己的名字，在抓取网页的时候，都会向网站标明自己的身份。网络蜘蛛在抓取网页的时候会发送一个请求，这个请求中就有一个字段为 User－agent，用于标识此网络蜘蛛的身份。例如，Google 网络蜘蛛的标识为 GoogleBot，Baidu 网络蜘蛛的标识为 BaiDuSpider，Yahoo 网络蜘蛛的标识为 Inktomi Slurp。如果在网站上有访问日志记录，网站管理员就能知道，哪些搜索引擎的网络蜘蛛来过，什么时候过来的，以及读了多少数据等。如果网站管理员发现某个网络蜘蛛有问题，就会通过其标识来和所有者联系。

网络蜘蛛进入一个网站，一般会访问一个特殊的文本文件 Robots.txt，这个文件一般放在网站服务器的根目录下。网站管理员可以通过 robots.txt 来定义哪些目录网络蜘蛛不能访问，或者哪些目录对于某些特定的网络蜘蛛不能访问。例如，有些网站的可执行文件目录和临时文件目录不希望被搜索引擎搜索到，那么网站管理员就可以把这些目录定义为拒绝访问目录。Robots.txt 语法很简单，例如，如果对目录没有任何限制，可以用以下两行来描述：

User－agent：＊

Disallow

当然，Robots.txt 只是一个协议，如果网络蜘蛛的设计者不遵循这个协议，网站管理员也无法阻止网络蜘蛛对于某些页面的访问，但一般的网络蜘蛛都会遵循这些协议，而且网站管理员还可以通过其他方式来拒绝网络蜘蛛对某些网页的抓取。

网络蜘蛛在下载网页的时候，会去识别网页的 HTML 代码，在其代码的部分，会有META 标识。通过这些标识，可以告诉网络蜘蛛本网页是否需要被抓取，还可以告诉网络蜘蛛本网页中的链接是否需要被继续跟踪。例如，可表示本网页不需要被抓取，但是网页内的链接需要被跟踪。

现在一般的网站都希望搜索引擎能更全面地抓取自己网站的网页，因为这样可以让更多的访问者通过搜索引擎找到此网站。为了让本网站的网页更全面地被抓取到，网站管理员可以建立一个网站地图，即 Site Map。许多网络蜘蛛会把 sitemap.html 文件作为一个网站网页爬取的入口，网站管理员可以把网站内部所有网页的链接放在这个文件里面，那么网络蜘蛛可以很方便地把整个网站抓取下来，避免遗漏某些网页，也会减小对网站服务器的负担。

3.1.4.3　网页内容提取

搜索引擎建立网页索引，处理的对象是文本文件。对于网络蜘蛛来说，抓取下来的网页包括各种格式，有 HTML、图片、DOC、PDF、多媒体、动态网页及其他格式等。这些文件抓取下来后，需要把这些文件中的文本信息提取出来。准确提取这些文档的信息，一方面对搜索引擎的搜索准确性有重要作用，另一方面对于网络蜘蛛正确跟踪其他链接也有一定影响。

对于 DOC、PDF 等文档，这种由专业厂商提供的软件生成的文档，厂商都会提供相应的文本提取接口。网络蜘蛛只需要调用这些插件的接口，就可以轻松地提取文档中的文本信息和文件其他相关的信息。

HTML 等文档不一样，HTML 有一套自己的语法，通过不同的命令标识符来表示不同的字体、颜色、位置等版式，提取文本信息时需要把这些标识符都过滤掉。过滤标识符并非难事，因为这些标识符都有一定的规则，只要按照不同的标识符取得相应的信息即可。但在识别这些信息的时候，需要同步记录许多版式信息，例如文字的字体大小、是否为标题、是否是加粗显示、是否为页面的关键词等，这些信息有助于计算单词在网页中的重要程度。同时，对于 HTML 网页来说，除了标题和正文以外，会有许多广告链接以及公共的频道链接，这些链接和文本正文毫无关系，在提取网页内容的时候，也需要过滤这些无用的链接。例如，某个网站有"产品介绍"频道，因为导航条在网站内每个网页都有，若不过滤导航条链接，在搜索产品介绍的时候，则网站内每个网页都会搜索到，无疑会带来大量垃圾信息。过滤这些无效链接需要统计大量的网页结构规律，抽取一些共性，统一过滤；对于一些重要而结果特殊的网站，还需要个别处理。这就需要网络蜘蛛的设计有一定的扩展性。

对于多媒体、图片等文件，一般是通过链接的锚文本(即链接文本)和相关的文件注释来判断这些文件的内容。例如，有一个链接文字为"张三照片"，其链接指向一张 bmp 格式的图片，那么网络蜘蛛就知道这张图片的内容是"张三的照片"。这样，在搜索"张三"和"照片"的时候都能让搜索引擎找到这张图片。另外，许多多媒体文件中都有文件属性，参考这些属性也可以更好地了解文件的内容。

对于网页内容的提取一般采用插件的形式，通过一个插件管理服务程序，遇到不同格式的网页采用不同的插件处理。这种方式的好处在于扩充性好，以后每发现一种新的类型，就可以把其处理方式做成一个插件补充到插件管理服务程序之中。

3.1.4.4　动态网页的问题

动态网页一直是网络蜘蛛面临的难题。所谓动态网页，是相对于静态网页而言，是由程序自动生成的页面，这样的好处是可以快速统一更改网页风格，也可以减少网页所占服务器的空间，但同样会给网络蜘蛛的抓取带来一些麻烦。由于开发语言不断增多，动态网页的类型也越来越多，如 asp、jsp、php 等。这些类型的网页对于网络蜘蛛来说，可能还稍微容易一些。网络蜘蛛比较难于处理的是一些脚本语言(如 VBScript 和 JavaScript)生成的网页，如果要完善地处理好这些网页，网络蜘蛛需要有自己的脚本解释程序。对于许多数据是放在数据库的网站，需要通过本网站的数据库搜索才能获得信息，这些给网络蜘蛛的抓取带来很大的困难。对于这类网站，如果网站设计者希望这些数据能被搜索引擎搜索，则需要提供一种可以遍历整个数据库内容的方法。

3.1.4.5　更新周期

1. 周期扫描网页

由于网站的内容经常变化，因此网络蜘蛛也须不断地更新其抓取网页的内容，这就需要网络蜘蛛按照一定的周期去扫描网站，查看哪些页面是需要更新的页面，哪些页面是新增页面，哪些页面是已经过期的死链接。

2. 更新周期长短

搜索引擎的更新周期对搜索引擎搜索的查全率有很大影响。如果更新周期太长，则会有一部分新生成的网页搜索不到；周期过短，技术实现会有一定难度，而且会对带宽、服务器的资源都造成浪费。搜索引擎的网络蜘蛛并不是所有的网站都采用同一个周期进行更新，对于一些重要的更新量大的网站，更新的周期短，如有些新闻网站，几个小时就更新一次；相反，对于一些不重要的网站，更新的周期就长，可能一两个月才更新一次。

3. 判断是否更新

一般来说，网络蜘蛛在更新网站内容的时候，不用把网站网页重新抓取一遍，对于大部分的网页，只需要判断网页的属性(主要是日期)，把得到的属性和上次抓取的属性相比较，如果一样则不用更新。(**实验 10：网络蜘蛛的搜索与应用**)

3.2 数据存储与管理

3.2.1 大数据存储与管理的主要模式

大数据存储与管理要用存储器把采集到的数据存储起来,建立相应的数据库,以便管理和调用。由于从多渠道获得的原始数据常常缺乏一致性,这会导致标准处理和存储技术失去可行性。并且数据不断增长造成单机系统的性能不断下降,即使不断提升硬件配置也难以跟上数据增长的速度。大数据存储处于大数据各类相关技术的"中间"位置,如图 3 – 2 所示。

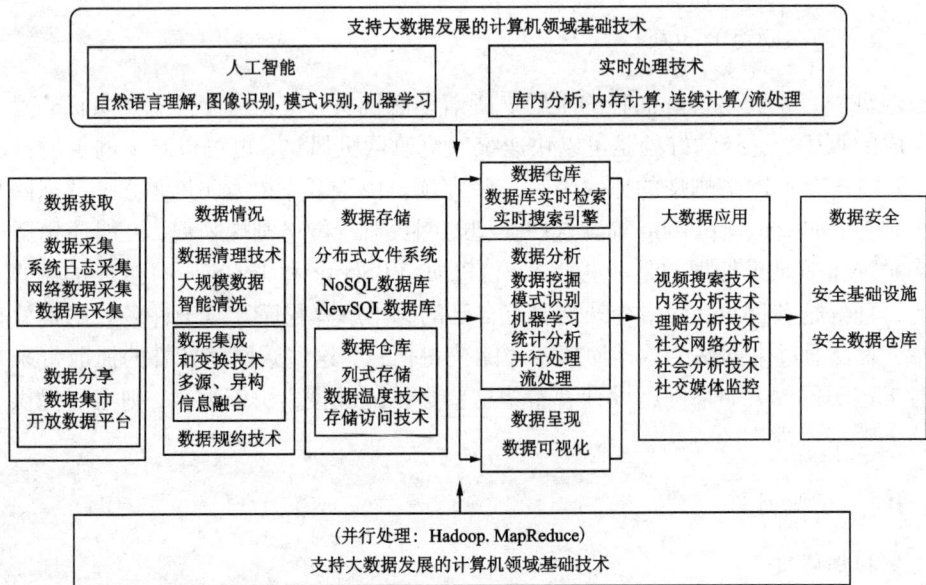

图 3 – 2   大数据存储与其他技术的关系

大数据存储和管理发展过程中出现了如下几类大数据存储和管理数据库系统:分布式文件存储、NoSQL 数据库及 NewSQL 数据库。

3.2.1.1   分布式文件存储

分布式文件存储的特点之一是为了解决复杂问题而将大任务分解为多项小任务,通过让多个处理器或多个计算机节点并行计算来提高解决问题的效率。

分布式文件系统能够支持多台主机通过网络同时访问共享文件和存储目录,大部分采用了关系数据模型并且支持 SQL 语句查询。为了能够并行执行 SQL 的查询操作,系统中采用了两个关键技术:关系表的水平划分和 SQL 查询的分区执行。

水平划分的主要思想是根据某种策略将关系表中的元组分布到集群中的不同节点上,由于这些节点上的表结构是一致的,因此便可以对元组并行处理。在分区存储关系表中处理 SQL 查询需要使用基于分区的执行策略。

分布式文件系统可通过多个节点并行执行数据库任务,提高整个数据库系统的性能和可用性。其主要缺点为缺乏弹性,并且容错性较差。

3.2.1.2　NoSQL 数据库

传统关系型数据库在数据密集型应用方面显得力不从心,主要表现在灵活性差、扩展性差、性能差等方面。而 NoSQL 摒弃了传统关系型数据库管理系统的设计思想,采用了不同的解决方案来满足扩展性方面的需求。由于它没有固定的数据模式并且可以水平扩展,因而能够很好地应对海量数据的挑战。相对于关系型数据库而言,NoSQL 最大的不同是不使用 SQL作为查询语言。NoSQL 数据库的主要优势有:避免不必要的复杂性、高吞吐量、高水平扩展能力和低端硬件集群、避免了昂贵的对象——关系映射。

3.2.1.3　NewSQL 数据库

NewSQL 数据库采用了不同的设计,它取消了耗费资源的缓冲池,摒弃了单线程服务的锁机制,通过使用冗余机器来实现复制和故障恢复,取代原有的昂贵的恢复操作。这种可扩展、高性能的 SQL 数据库被称为 NewSQL,其中"New"用来表明与传统关系型数据库系统的区别。NewSQL 主要包括两类系统:①拥有关系型数据库产品和服务,并将关系模型的好处带到分布式架构上;②提高关系数据库的性能,使之达到不用考虑水平扩展问题的程度。

NewSQL 能够提供 SQL 数据库的质量保证,也能提供 NoSQL 数据库的可扩展性。

3.2.2　大数据存储典型的三种技术路线

大数据最典型的存储技术路线有三种:第一种是采用大规模并行处理(massively purallel processing,MPP)架构(图 3 – 3)的新型数据库集群,第二种是基于 Hadoop 的技术扩展和封装,第三种是大数据一体机。

第一种采用 MPP 架构新型数据库集群,重点面向行业大数据。它采用 Shared Nothing 架构,通过列存储、粗粒度索引等多项大数据处理技术,结合 MPP 架构高效的分布式计算模式,完成对分析类应用的支持。运行环境多为低成本 PC Server,具有高性能和高扩展性的特点,在企业分析类应用领域获得了极其广泛的应用。

这类 MPP 产品可以有效支撑 PB 级别的结构化数据分析,这是传统数据库技术无法胜任的。对于企业新一代的数据仓库和结构化数据分析,目前最佳选择是 MPP 数据库。

第二种是基于 Hadoop 的技术扩展和封装,围绕 Hadoop 衍生出相关的大数据技术。它应对传统关系型数据库较难处理的数据和场景,如针对非结构化数据的存储和计算等,充分利用 Hadoop 开源的优势,伴随相关技术的不断进步,其应用场景也将逐步扩大。目前最为典型的应用场景就是通过扩展和封装 Hadoop 来实现对互联网大数据存储、分析的支撑。这里面有几十种 NoSQL 技术,并可进一步细分。对于非结构、半结构化数据处理、复杂的 ETL 流程、复杂的数据挖掘和计算模型而言,Hadoop 平台更擅长。

第三种是大数据一体机,这是一种专为大数据的分析处理而设计的软、硬件结合的产品。它由一组集成的服务器、存储设备、操作系统、数据库管理系统以及为数据查询、处理、分析用途而特别预先安装及优化的软件组成。高性能大数据一体机具有良好的稳定性和纵向扩展性。

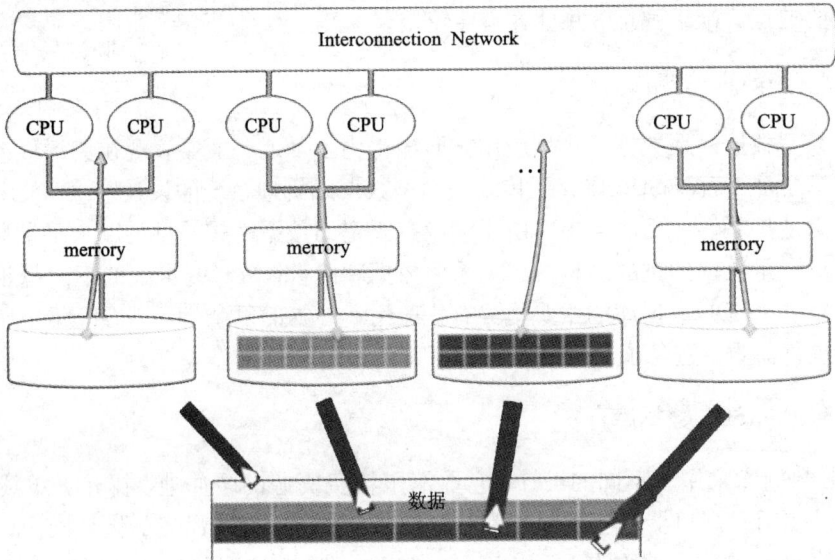

图 3 – 3   MPP 架构图

  未来趋势：新型数据库将逐步与 Hadoop 生态系统结合混搭使用，用 MPP 处理 PB 级别的、高质量的结构化数据，同时为应用提供丰富的 SQL 和事务支持能力；用 Hadoop 实现半结构化、非结构化数据处理。这样可同时满足结构化、半结构化和非结构化数据的处理需求。

  图 3 – 4 是相对通用的大数据处理平台架构图，将逐步把 MPP 与 Hadoop 技术融合在一起，为用户提供透明的数据管理平台。

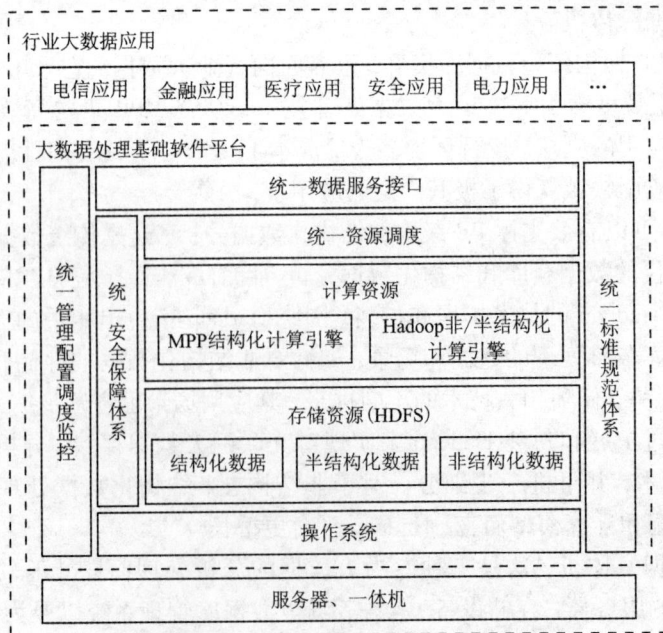

图 3 – 4   MPP 与 Hadoop 技术融合的产品架构图

3.3 数据预处理

3.3.1 数据预处理的主要步骤

大数据系统一般需要从已有的业务管理系统中导入数据、从 Web 中提取数据或从各类传感器中获取数据。由于各种来源的数据存在类型不相同、度量单位不统一、描述角度不一致等问题,需要对其进行统一处理,以便在大数据系统中能对各类数据所表达的业务信息进行识别,使数据间相对一致且能融合。一般来说,数据预处理主要有数据核查、数据提质、数据集成、数据归约、数据变换、数据离散化等相关的环节与技术。

3.3.2 数据核查的主要方法

现实中的数据大多是"脏"数据:

(1)不完整。缺少属性值或仅仅包含聚集数据。

(2)含噪声。包含错误或存在偏离期望的离群值。如 salary = " – 10",明显是错误数据。

(3)不一致。用于商品分类的部门编码存在差异。如 age = "42" Birthday = "03/07/1997"。

而在使用数据过程中对数据有如下要求:一致性、准确性、完整性、时效性、可信性、可解释性。

由于获得的数据规模太过庞大,且数据不完整、重复、杂乱,在一个完整的数据挖掘过程中,数据预处理要花费 60% 左右的时间。

一般数据预处理主要包括数据审核、数据筛选、数据排序等。

1. 数据审核

从不同渠道取得的统计数据,在审核的内容和方法上有所不同。

对于原始数据应主要从完整性和准确性两个方面去审核。完整性审核主要是检查应调查的单位或个体是否有遗漏,所有的调查项目或指标是否填写齐全。准确性审核主要包括两个方面:一是检查数据资料是否真实地反映了客观实际情况,内容是否符合实际;二是检查数据是否有错误,计算是否正确等。审核数据准确性的方法主要有逻辑检查和计算检查。逻辑检查主要是审核数据是否符合逻辑,内容是否合理,各项目或数字之间有无相互矛盾的现象,此方法主要适合对定性(品质)数据的审核。计算检查是检查调查表中的各项数据在计算结果和计算方法上有无错误,主要用于对定量(数值型)数据的审核。

对于通过其他渠道取得的二手资料,除了对其完整性和准确性进行审核外,还应该着重审核数据的适用性和时效性。二手资料可以来自多种渠道,有些数据可能是为特定目的通过专门调查而获得的,或者是已经按照特定目的需要做了加工处理。对于使用者来说,首先应该弄清楚数据的来源、数据的口径以及有关的背景资料,以便确定这些资料是否符合自己分析研究的需要,是否需要重新加工整理等,不能盲目生搬硬套。此外,还要对数据的时效性进行审核,对于有些时效性较强的问题,如果取得的数据过于滞后,就可能失去了研究的意义。一般来说,应尽可能使用最新的统计数据。数据经审核后,确认适合于实际需要,才有必要做进一步的加工整理。

数据审核的内容主要包括以下四个方面：

（1）准确性审核。主要是从数据的真实性与精确性角度检查资料，其审核的重点是检查调查过程中所发生的误差。

（2）适用性审核。主要是根据数据的用途，检查数据解释说明问题的程度。具体包括数据与调查主题、与目标总体的界定、与调查项目的解释等是否匹配。

（3）及时性审核。主要是检查数据是否按照规定时间报送，如未按规定时间报送，就需要检查未及时报送的原因。

（4）一致性审核。主要是检查数据在不同地区或国家、在不同的时间段是否具有可比性。

2. 数据筛选

对审核过程中发现的错误应尽可能予以纠正。调查结束后，当数据发现的错误不能予以纠正，或者有些数据不符合调查的要求而又无法弥补时，就需要对数据进行筛选。数据筛选包括两方面的内容：一是将某些不符合要求的数据或有明显错误的数据予以剔除；二是将符合某种特定条件的数据筛选出来，对不符合特定条件的数据予以剔除。数据的筛选在市场调查、经济分析、管理决策中是十分重要的。

3. 数据排序

数据排序是按照一定顺序将数据排列，以便于研究者通过浏览数据发现一些明显的特征或趋势，找到解决问题的线索。除此之外，排序还有助于对数据检查纠错、重新归类或分组等提供依据。在某些场合，排序本身就是分析的目的之一。借助计算机排序可很容易地完成。

对于分类数据，如果是字母型数据，排序有升序与降序之分，但习惯上升序使用得更为普遍，因为升序与字母的自然排列相同；如果是汉字型数据，排序方式有很多，比如按汉字的首位拼音字母排列，这与字母型数据的排序完全一样，也可按笔画排序，其中也有笔画多少的升序降序之分。交替运用不同方式排序，在汉字型数据的检查纠错过程中十分有用。

对于数值型数据，排序只有两种，即递增和递减。排序后的数据也称为顺序统计量。

3.3.3 数据提质

一般来说，数据提质有两个主要的目标，一是解决数据质量问题，二是让数据更适合做挖掘。数据提质面向不同的目标，由于存在很多细节的要求，因此存在不同的解决方式和方法。

3.3.3.1 解决数据质量问题

解决数据的各种问题，包括但不限于：

（1）数据的完整性，如人的属性中缺少性别、籍贯、年龄等。

（2）数据的唯一性，如不同来源的数据出现重复的情况。

（3）数据的权威性，如同一个指标出现多个来源的数据，且数值不一样。

（4）数据的合法性，如获取的数据与常识不符（如年龄大于150岁）。

（5）数据的一致性，如不同来源的不同指标，实际内涵是一样的，或是同一指标内涵不一致。

数据清洗的结果是对各种脏数据进行对应方式的处理，得到标准的、干净的、连续的数据，以提供给数据统计、数据挖掘等使用。

为了解决以上的各种问题，存在不同的手段和方法。

1. 解决数据的完整性问题

(1) 解题思路：数据缺失，那么就需要补充。

(2) 补数据的方法：

① 通过其他信息补全，例如，使用身份证件号码推算性别、籍贯、出生日期、年龄等。

② 通过前后数据补全，例如，时间序列缺数据了，可以使用前后的均值，缺得多了，可以使用平滑等处理。

③ 实在补不全的，虽然很可惜，但也必须要剔除。但是不要删掉，也许以后还可以用得上。

2. 解决数据的唯一性问题

(1) 解题思路：去除重复记录，只保留一条。

(2) 去重的方法有：

① 按主键去重，用 SQL 或者 Excel"去除重复记录"即可。

② 按规则去重，编写一系列的规则，对重复情况复杂的数据进行去重。例如，不同渠道来的客户数据，可以通过相同的关键信息进行匹配，合并去重。(**实验 11：SQL 查重与去重**)

3. 解决数据的权威性问题

(1) 解题思路：用最权威的那个渠道的数据。

(2) 方法：对不同渠道设定权威级别。

4. 解决数据的合法性问题

解题思路：设定判定规则。

设定强制合法规则，凡是不在此规则范围内的，强制设为最大值，或者判为无效，剔除字段类型合法规则：日期字段格式为"2018 – 16 – 10"。

字段内容合法规则：性别 in（男、女、未知）；出生日期 < = 今天。

设定警告规则，凡是不在此规则范围内的，进行警告，然后人工处理。

警告规则：年龄 >110。

离群值人工特殊处理，使用分箱、聚类、回归等方式发现离群值。

5. 解决数据的一致性问题

解题思路：建立数据体系，包含但不限于：指标体系（度量）、维度（分组、统计口径）、单位、频度、数据。

另外，数据质量问题中还普遍存在缺失值处理的需求，一般采用：

(1) 忽略元组：若有多个属性值缺失或者该元组剩余属性值使用价值较小时，应选择放弃。

(2) 人工填写：该方法费时，数据庞大时行不通。

(3) 全局常量填充：方法简单，但有可能会被挖掘程序认为形成了又去的概念。

(4) 属性中心度量填充：对于正常的数据分布而言可以使用均值，而倾斜数据分布应使用中位数。

(5) 最可能的值填充：使用回归、基于推理的工具或者决策树归纳确定。

3.3.3.2   让数据更适合做挖掘或展示

在数据清洗过程中主要会遇到以下问题：

（1）维度高——不适合挖掘。

（2）维度太低——也不适合挖掘。

（3）无关信息——垃圾数据，占用存储，影响计算效率。

（4）字段冗余——一个字段是其他字段计算出来的，有时会觉得多余，但有时为了提高数据访问效率，允许适当的冗余，因为不要临时花费时间计算。

（5）多指标数值、单位不同——如 GDP 与城镇居民人均收入数值相差过大。

以上为一般的解决方案。

1. 解决维度高的问题

解决思路：降维，主要方法包括主成分分析、随机森林。

2. 解决维度低或缺少维度问题

解决思路：抽象，主要方法包括各种汇总、平均、加总、最大、最小等；各种离散化，聚类、自定义分组等。

3. 解决无关信息和字段冗余

主要解决方法为剔除字段。

4. 解决多指标数值、单位不同问题

主要的解决方法为：归一化，包括最小—最大，零—均值，小数定标等。

3.3.4   数据集成

数据集成是把不同来源、格式、特点性质的数据在逻辑上或物理上有机地集中，从而为企业提供全面的数据共享。数据集成时，模式集成和对象匹配非常重要，如何将来自于多个信息源的等价实体进行匹配即实体识别问题。

在进行数据集成时，同一数据在系统中多次重复出现，需要消除数据冗余，针对不同特征或数据间的关系进行相关性分析。

相关性分析时一般用皮尔逊相关系数度量，用于度量两个变量 X 和 Y 之间的相关（线性相关），其值介于 1 和 -1 之间。（**实验 12：利用 SQL 实现数据集成**）

3.3.5   数据归约

数据归约是指在尽可能保持数据原貌的前提下，最大限度地精简数据量（完成该任务的必要前提是理解挖掘任务和熟悉数据本身内容）。

数据归约主要有两个途径：属性选择和数据采样，分别针对原始数据集中的属性和记录。

数据归约技术可以用来得到数据集的归约表示，它虽然小，但仍大致保持原数据的完整性。这样，在归约后的数据集上挖掘将更有效，并产生相同（或几乎相同）的分析结果。

数据归约策略主要包括：

（1）维归约：减少考虑的随机变量或属性的个数，或把原数据变换或投影到更小的空间。具体方法包括小波变换、主成分分析等。

（2）数量规约：用替代的、较小的数据表示形式替换原数据。具体方法包括抽样和数据立方体聚集。

（3）数据压缩：包括无损压缩与有损压缩。

①无损压缩：能从压缩后的数据重构恢复原来的数据，不损失信息。

②有损压缩：只能近似重构原数据。

3.3.6　数据变换

在对数据进行统计分析时，要求数据必须满足一定的条件，如在进行方差分析时，要求试验误差具有独立性、无偏性、方差齐性和正态性，但在实际分析中，独立性、无偏性比较容易满足，方差齐性在大多数情况下能满足，正态性有时不能满足。有时若将数据经过适当的转换，如平方根转换、对数转换、平方根反正弦转换，则可以使数据满足方差分析的要求。所进行的此种数据转换，称为数据变换。

数据变换的主要策略包括：

（1）光滑：去掉噪声，包括分箱、回归、聚类。

（2）属性构造：由给定的属性构造新的属性，并添加到属性集中。

（3）聚集：对数据进行汇总或聚集，通常为多个抽象层的数据分析构造数据立方体。

（4）规范化：按比例缩放，使之落入特定的小区间内。

（5）离散化：属性的原始值用区间标签或概念标签替换。

（6）由标称数据产生概念分层：将标称属性泛化到较高的概念层。

3.3.7　数据离散化

数据离散化是指将连续的数据进行分段，使其变为一段段离散化的区间。分段的原则有基于等距离、等频率或优化的方法。数据离散化的原因主要有以下几点：

（1）算法需要。

比如决策树、朴素贝叶斯等算法，都是基于离散型的数据展开的。如果要使用该类算法，必须用离散型的数据进行。有效的离散化能减小算法的时间和空间开销，提高系统对样本的分类聚类能力和抗噪声能力。

（2）离散化的特征相对于连续型特征更易理解，更接近知识层面的表达。

比如工资收入，月薪 2000 元和月薪 20000 元，从连续型特征来看高低薪酬的差异还要通过数值层面才能理解，但将其转换为离散型数据（底薪、高薪），则可以更加直观地表达出心中所想的高薪和底薪。

（3）可以有效地克服数据中隐藏的缺陷，使模型结果更加稳定。

数据离散化的主要方法有以下几种：

1. 等宽法

等宽法即将属性值分为具有相同宽度的区间，区间的个数 k 根据实际情况来决定。比如属性值在 $[0,60]$ 之间，最小值为 0，最大值为 60，要将其分为 3 等分，则区间被划分为 $[0,20]$、$[21,40]$、$[41,60]$，每个属性值对应属于它的那个区间。

2. 等频法

等频法即是将属性值分为具有相同宽度的区间，区间的个数 k 根据实际情况来决定。比如有 60 个样本，要将其分为 $k=3$ 部分，则每部分的长度为 20 个样本。

3. 基于聚类的方法

基于聚类的方法分为两个步骤，即：

(1)选定聚类算法将其进行聚类。

(2)将在同一个簇内的属性值作为统一标记。

注意：基于聚类的方法，簇的个数要根据聚类算法的实际情况来决定，比如对于 $k-$ means 算法，簇的个数可以自己决定，但对于 DBSCAN，则是算法找寻簇的个数。

另外还有非监督离散化与监督离散化，其中以上 3 种方法一般都归为非监督离散化方法，而监督离散化主要包括：齐次性的卡方检验、自上而下的卡方分裂算法、ChiMerge 算法（一种基于卡方值的自下而上的离散化方法）及基于熵的离散化方法等。

3.4 数据清洗

数据清洗是指发现并纠正数据文件中可识别的错误的最后一道程序，包括检查数据一致性、处理无效值和缺失值等。

3.4.1 基本概念

数据清洗(data cleaning)：即对数据进行重新审查和校验的过程，目的在于删除重复信息、纠正存在的错误，并提供数据一致性。

数据清洗从名称上也看就是把"脏"的"洗掉"，指发现并纠正数据文件中可识别的错误的最后一道程序，包括检查数据一致性，处理无效值和缺失值等。因为数据仓库中的数据是面向某一主题的数据的集合，这些数据从多个业务系统中抽取而来且包含历史数据，这样就避免不了有的数据是错误数据、有的数据相互之间有冲突。这些错误的或有冲突的数据显然是不需要的，称为"脏数据"。按照一定的规则把"脏数据""洗掉"，这就是数据清洗。而数据清洗的任务是过滤那些不符合要求的数据，将过滤的结果交给业务主管部门，确认是否过滤掉还是由业务单位修正之后再进行抽取。不符合要求的数据主要有不完整的数据、错误的数据、重复的数据三大类。

1. 一致性检查

一致性检查(consistency check)是根据每个变量的合理取值范围和相互关系，检查数据是否合乎要求，发现超出正常范围、逻辑上不合理或者相互矛盾的数据。例如，用 1～7 级量表测量的变量出现了 0 值，体重出现了负数，都应视为超出正常值域范围。SPSS、SAS 和 Excel 等计算机软件都能够根据定义的取值范围，自动识别每个超出范围的变量值。具有逻辑上不一致性的答案可能以多种形式出现，例如，许多调查对象说自己开车上班，又报告没有汽车；调查对象报告自己是某品牌的重度购买者和使用者，但同时又在熟悉程度量表上给了很低的分值。发现不一致时，要列出问卷序号、记录序号、变量名称、错误类别等，便于进一步核对和纠正。

2. 无效值和缺失值的处理

由于调查、编码和录入误差，数据中可能存在一些无效值和缺失值，需要给予适当的处理。常用的处理方法有估算、整例删除、变量删除和成对删除。

（1）估算（estimation）。最简单的办法就是用某个变量的样本均值、中位数或众数代替无效值和缺失值。这种办法简单，但没有充分考虑数据中已有的信息，误差可能较大。另一种办法就是根据调查对象对其他问题的答案，通过变量之间的相关分析或逻辑推论进行估计。例如，某一产品的拥有情况可能与家庭收入有关，可以根据调查对象的家庭收入推算拥有这一产品的可能性。

（2）整例删除（casewise deletion）。即剔除含有缺失值的样本。由于很多问卷都可能存在缺失值，整列删除可能导致有效样本量大大减少，无法充分利用已经收集到的数据。因此，此种方法只适合关键变量缺失，或者含有无效值或缺失值的样本比重很小的情况。

（3）变量删除（variable deletion）。如果某一变量的无效值和缺失值很多，而且该变量对于所研究的问题不是特别重要，则可以考虑将该变量删除。这种做法减少了供分析用的变量数目，但没有改变样本量。

（4）成对删除（pairwise deletion）。即用一个特殊码（通常是 9、99、999 等）代表无效值和缺失值，同时保留数据集中的全部变量和样本。但是，在具体计算时只采用有完整答案的样本，因而不同的分析所涉及的变量不同，其有效样本量也会不同。这是一种保守的处理方法，最大限度地保留了数据集中的可用信息。

采用不同的处理方法可能对分析结果产生影响，尤其是当缺失值的出现并非随机且变量之间明显相关时。因此，在调查中应当尽量避免出现无效值和缺失值，保证数据的完整性。

3.4.2　数据清洗原理

数据清洗原理：利用有关技术如数理统计、数据挖掘或预定义的清理规则将脏数据转化为满足数据质量要求的数据。

3.4.3　需要清洗的主要数据类型

3.4.3.1　残缺数据

这一类数据主要是一些应该有的信息已缺失，如供应商的名称、分公司的名称、客户的区域信息缺失、业务系统中主表与明细表不能匹配等。将这一类数据过滤出来，按缺失的内容分别写入不同 Excel 文件向客户提交，要求在规定的时间内补全。补全后才写入数据仓库。

3.4.3.2　错误数据

这一类错误产生的原因是业务系统不够健全，在接收输入后没有进行判断、直接写入后台数据库造成的，比如数值数据输成全角数字字符、字符串数据后面有一个回车操作、日期格式不正确、日期越界等。这一类数据也要分类，对于类似于全角字符、数据前后有不可见字符的问题，只能通过写 SQL 语句的方式找出来，然后要求客户在业务系统修正之后抽取。日期格式不正确的或者是日期越界等这一类错误会导致 ETL 运行失败，需要去业务系统数据库用 SQL 的方式挑出来，要求业务主管部门限期修正，修正之后再抽取。

3.4.3.3　重复数据

尤其是维表中会经常出现数据重复情况，对于这一类数据，须将重复数据记录的所有字段导出来，让客户确认并整理。

数据清洗是一个反复的过程，不可能在几天内完成，必须不断地发现问题、解决问题。对于是否过滤、是否修正一般应要求客户确认。对于过滤掉的数据，写入 Excel 文件或者将过滤数据写入数据表，在 ETL 开发的初期可以每天向业务单位发送过滤数据的邮件，促使他们尽快地修正错误，同时也可以作为将来验证数据的依据。数据清洗需要注意的是不要将有用的数据过滤掉，对于每个过滤规则认真进行验证，并要求用户确认。

3.4.4   数据清洗方法

一般来说，数据清理是将数据库精简以除去重复记录，并使剩余部分转换成标准可接收格式的过程。数据清理标准模型是将数据输入到数据清理处理器，通过一系列步骤"清理"数据，然后以期望的格式输出清理过的数据。从数据的准确性、完整性、一致性、唯一性、适时性、有效性几个方面来处理数据的丢失值、越界值、不一致代码、重复数据等问题。

数据清理一般针对具体应用，因而难以归纳统一的方法和步骤，但是根据数据的不同可以给出相应的数据清理方法。

1. 解决不完整数据(即值缺失)的方法

大多数情况下，缺失的值必须手工填入(即手工清理)。当然，某些缺失值可以从本数据源或其他数据源推导出来，这就可以用平均值、最大值、最小值或更为复杂的概率估计代替缺失的值，从而达到清理的目的。

2. 错误值的检测及解决方法

用统计分析的方法识别可能的错误值或异常值，如偏差分析、识别不遵守分布或回归方程的值，也可以用简单规则库(常识性规则、业务特定规则等)检查数据值，或使用不同属性间的约束、外部的数据来检测和清理数据。

3. 重复记录的检测及消除方法

数据库中属性值相同的记录被认为是重复记录，通过判断记录间的属性值是否相等来检测记录是否相等，相等的记录合并为一条记录(即合并/清除)。合并/清除是消重的基本方法。

4. 不一致性(数据源内部及数据源之间)的检测及解决方法

从多数据源集成的数据可能有语义冲突，可定义完整性约束用于检测不一致性，也可通过分析数据发现联系，从而使得数据保持一致。目前开发的数据清理工具大致可分为三类。

(1)数据迁移工具允许指定简单的转换规则，如将字符串 gender 替换成 sex。Sex 公司的 Prism Warehouse 是一个流行的工具，就属于这类。

(2)数据清洗工具使用领域特有的知识(如邮政地址)对数据作清洗。它们通常采用语法分析和模糊匹配技术完成对多数据源数据的清理。某些工具可以指明源的"相对清洁程度"。工具 Integrity 和 Trillum 属于这一类。

(3)数据审计工具可以通过扫描数据发现规律和联系。这类工具可以看作是数据挖掘工具的变形。

3.5　数据挖掘

数据挖掘(data mining)，又译为资料探勘、数据采矿等。它是知识发现(knowledge-discovery, KDD)中的一个步骤。数据挖掘一般是指从大量的数据中通过算法搜索隐藏于其中信息的过程。数据挖掘通常与计算机科学有关，并通过统计、在线分析处理、情报检索、机器学习、专家系统(依靠过去的经验法则)和模式识别等诸多方法来实现上述目标。

3.5.1　起源

近年来，数据挖掘引起了信息产业界的极大关注，其主要原因是存在大量数据，可以广泛使用，并且迫切需要将这些数据转换成有用的信息和知识。获取的信息和知识可以广泛用于各种应用，包括商务管理、生产控制、市场分析、工程设计和科学探索等。

数据挖掘利用了来自如下一些领域的思想：①来自统计学的抽样、估计和假设检验。②人工智能、模式识别和机器学习的搜索算法、建模技术和学习理论。同时，数据挖掘也迅速地接纳了来自其他领域的思想，这些领域包括最优化、进化计算、信息论、信号处理、可视化和信息检索。一些其他领域也起到重要的支撑作用。特别地，需要数据库系统提供有效的存储、索引和查询处理支持。源于高性能(并行)计算的技术在处理海量数据集方面常常是重要的。分布式技术也能帮助处理海量数据，并且当数据不能集中到一起处理时更是至关重要。

3.5.2　发展阶段

第一阶段：电子邮件阶段。

这个阶段：从 20 世纪 70 年代开始，平均的通信量以每年几倍的速度增长。

第二阶段：信息发布阶段。

从 1995 年起，以 Web 技术为代表的信息发布系统爆炸式地成长起来，成为 Internet 的主要应用。

第三阶段：EC(electronic commerce)，即电子商务阶段。

EC 在美国于 20 世纪 90 年代兴起，人们把 EC 列为划时代的成果，是因为 Internet 的最终主要商业用途就是电子商务。同时反过来也可以说，若干年后的商业信息，主要是通过 Internet 传递。Internet 即将成为这个商业信息社会的神经系统。1997 年底，在加拿大温哥华举行的第五次亚太经合组织非正式首脑会议(APEC)上时任美国总统克林顿提出敦促各国共同促进电子商务发展的议案，引起了全球首脑的关注，IBM、HP 和 Sun 等国际著名的信息技术厂商已经宣布 1998 年为电子商务年。

第四阶段：全程电子商务阶段。

随着 SaaS(Software as a Service)软件服务模式的出现，软件纷纷登录互联网，延长了电子商务链条，形成了当下最新的"全程电子商务"概念模式，也因此形成了一门独立的学科——数据挖掘与客户关系管理硕士。

3.5.3　主要方法

数据挖掘主要包括分类(classification)、估计(estimation)、预测(prediction)、相关性分组或关联规则(affinity grouping or association rules)、聚类(clustering)、复杂数据类型挖掘(包括从 Text、Web、图形图像、视频、音频等中挖掘数据)。

3.5.3.1　分类(classification)

首先从数据中选出已经分好类的训练集,在该训练集上运用数据挖掘分类的技术,建立分类模型,对于没有分类的数据进行分类。

例如:

(1)信用卡申请者,分类为低、中、高风险。

(2)故障诊断:中国宝钢集团与上海天律信息技术有限公司合作,采用数据挖掘技术对钢材生产的全流程进行质量监控和分析,构建故障地图,实时分析产品出现瑕疵的原因,有效提高了产品的优良率。

注意:类的个数是确定的,预先定义好的。

3.5.3.2　估计(estimation)

估计与分类类似,不同之处在于,分类描述的是离散型变量的输出,而估值处理连续值的输出;分类的类别是确定数目的,估值的量是不确定的。

例如:

(1)根据购买模式,估计一个家庭的孩子个数。

(2)根据购买模式,估计一个家庭的收入。

(3)估计 real estate 的价值。

一般来说,估值可以作为分类的前一步工作。给定一些输入数据,通过估值,得到未知的连续变量的值,然后,根据预先设定的阈值,进行分类。例如:银行对家庭贷款业务,运用估值,给各个客户记分(0～1)。然后,根据阈值,将贷款级别进行分类。

3.5.3.3　预测(prediction)

通常,预测是通过分类或估值起作用的,也就是说,通过分类或估值得出的模型用于对未知变量进行预测。从这种意义上说,预测其实没有必要分为一个单独的类。预测其目的是对未来未知变量的预测,这种预测是需要时间来验证的,即必须经过一定时间后,才知道预测的准确性是多少。

3.5.3.4　相关性分组或关联规则(affinity grouping or association rules)

相关性分组或关联规则判断哪些事情将一起发生。

例如:

(1)超市中客户在购买 A 的同时,经常会购买 B,即 A = > B(关联规则)。

(2)客户在购买 A 后,隔一段时间,会购买 B(序列分析)。

3.5.3.5　聚类(clustering)

聚类是对记录分组,把相似的记录分组在一个聚集里。聚类和分类的区别是聚集不依赖于预先定义好的类,不需要训练集。

例如:

(1)一些特定症状的聚集可能预示了一个特定的疾病。

(2)租 VCD 类型不相似的客户聚集,可能暗示成员属于不同的亚文化群。

聚集通常作为数据挖掘的第一步。例如,"哪一种类的促销对客户的响应最好?"对于这一类问题,首先对整个客户做聚集,将客户分组在各自的聚集里,然后针对每个不同的聚集回答问题,可能效果更好。

3.5.3.6　描述和可视化(description and visualization)

描述和可视化是对数据挖掘结果的表示方式。一般只是指数据可视化工具,包含报表工具和商业智能分析产品(BI)的统称。譬如通过 Yonghong Z - Suite 等工具进行数据的展现、分析、钻取,将数据挖掘的分析结果更形象、更深刻地展现出来。

3.5.4　行业应用

从目前网络招聘的信息来看,大小公司对数据挖掘的需求主要有以下 57 个方面:

(1)数据统计分析。

(2)预测预警模型。

(3)数据信息阐释。

(4)数据采集评估。

(5)数据加工仓库。

(6)品类数据分析。

(7)销售数据分析。

(8)网络数据分析。

(9)流量数据分析。

(10)交易数据分析。

(11)媒体数据分析。

(12)情报数据分析。

(13)金融产品设计。

(14)日常数据分析。

(15)总裁万事通。

(16)数据变化趋势。

(17)预测预警模型。

(18)运营数据分析。

(19)商业机遇挖掘。

(20)风险数据分析。

(21)缺陷信息挖掘。

（22）决策数据支持。

（23）运营优化与成本控制。

（24）质量控制与预测预警。

（25）系统工程数学技术。

（26）用户行为分析/客户需求模型。

（27）产品销售预测（热销特征）。

（28）商场整体利润最大化系统设计。

（29）市场数据分析。

（30）综合数据关联系统设计。

（31）行业/企业指标设计。

（32）企业发展关键点分析。

（33）资金链管理设计与风险控制。

（34）用户需求挖掘。

（35）产品数据分析。

（36）销售数据分析。

（37）异常数据分析。

（38）数学规划与数学方案。

（39）数据实验模拟。

（40）数学建模与分析。

（41）呼叫中心数据分析。

（42）贸易/进出口数据分析。

（43）海量数据分析系统设计、关键技术研究。

（44）数据清洗、分析、建模、调试、优化。

（45）数据挖掘算法的分析研究、建模、实验模拟。

（46）组织机构运营监测、评估、预测预警。

（47）经济数据分析、预测、预警。

（48）金融数据分析、预测、预警。

（49）科研数学建模与数据分析：社会科学、自然科学、医药、农学、计算机、工程、信息、军事、图书情报等。

（50）数据指标开发分析与管理。

（51）产品数据挖掘与分析。

（52）商业数学与数据技术。

（53）故障预测预警技术。

（54）数据自动分析技术。

（55）泛工具分析。

（56）互译。

（57）指数化。

其中，互译与指数化是数据挖掘除计算机技术之外最核心的两大技术。

3.5.5 数据挖掘经典算法

数据挖掘的经典算法主要有以下 10 种：

（1）C4.5：是机器学习算法中的一种分类决策树算法，其核心算法是 ID3 算法。

（2）$K-means$ 算法：是一种聚类算法。

（3）SVM：一种监督式学习的方法，广泛运用于统计分类以及回归分析中。

（4）Apriori：是一种最有影响的挖掘布尔关联规则频繁项集的算法。

（5）EM：最大期望值法。

（6）pagerank：是 Google 算法的重要内容。

（7）Adaboost：是一种迭代算法，其核心思想是针对同一个训练集来训练不同的分类器然后把弱分类器集合起来，构成一个更强的最终分类器。

（8）KNN：是一个理论上比较成熟的方法，也是最简单的机器学习方法之一。

（9）Naive Bayes：在众多分类方法中，应用最广泛的有决策树模型和朴素贝叶斯（Naive Bayes）。

（10）Cart：分类与回归树，在分类树下面有两个关键的思想，第一个是关于递归地划分自变量空间的想法，第二个是用验证数据进行减枝。

3.5.6 关联规则挖掘

3.5.6.1 关联规则中的规则定义

在描述有关关联规则的一些细节之前，先来看一个有趣的故事："尿布与啤酒"的故事。

在一家超市里，有一种有趣的现象：尿布和啤酒赫然摆在一起出售。但是这个奇怪的举措却使尿布和啤酒的销量双双增加了。这不是一个笑话，而是发生在美国沃尔玛连锁超市的真实案例，并一直为商家津津乐道。沃尔玛拥有世界上最大的数据仓库系统，为了能够准确了解顾客在其门店的购买习惯，沃尔玛对顾客的购物行为进行购物篮分析，想知道顾客经常一起购买的商品有哪些。沃尔玛数据仓库里集中了其各门店的详细原始交易数据。在这些原始交易数据的基础上，沃尔玛利用数据挖掘方法对这些数据进行分析和挖掘。一个意外的发现是：跟尿布一起购买最多的商品竟是啤酒。经过大量实际调查和分析，揭示了一个隐藏在"尿布与啤酒"背后的美国人的一种行为模式：在美国，一些年轻的父亲下班后经常要到超市去买婴儿尿布，而他们中有 30%～40% 的人同时也会为自己买啤酒。

按常规思维，尿布与啤酒风马牛不相及，若不是借助数据挖掘技术对大量交易数据进行挖掘分析，沃尔玛是不可能发现数据内在的这一有价值的规律的。

数据关联是数据库中存在的一类重要的可被发现的知识。若两个或多个变量的取值之间存在某种规律性，就称为关联。关联可分为简单关联、时序关联、因果关联。关联分析的目的是找出数据库中隐藏的关联网。有时并不知道数据库中数据的关联函数，即使知道也是不确定的，因此关联分析生成的规则带有可信度。关联规则挖掘发现大量数据中项集之间有趣的关联或相关联系。Agrawal 等于 1993 年首先提出了挖掘顾客交易数据库中项集间的关联规则问题，以后诸多的研究人员对关联规则的挖掘问题进行了大量的研究。他们的工作包括对原有的算法进行优化，如引入随机采样、并行的思想等，以提高算法挖掘规则的效率；对关联规则的应用进行推广等。关联规则挖掘在数据挖掘中是一个重要的课题,最近几年已被业界所广泛研究。

3.5.6.2　关联规则挖掘过程

关联规则挖掘过程主要包含两个阶段具体如下:

(1)关联规则挖掘的第一阶段必须从原始资料集合中,找出所有高频项目组(large itemsets)。高频的意思是指某一项目组出现的频率相对于所有记录而言,必须达到某一水平。一项目组出现的频率称为支持度(support),以一个包含 A 与 B 两个项目的 2 – itemset 为例,可以经由下式求得包含{A, B}项目组的支持度:

$$support(A \rightarrow B) = P(A \cup B) \tag{1}$$

表示 A 与 B 同时出现的概率。

若支持度大于等于所设定的最小支持度(minimum support)门槛值时,则{A, B}称为高频项目组。一个满足最小支持度的 k – itemset,则称为高频 k – 项目组(Frequent k – itemset),一般表示为 Large k 或 Frequent k。算法并从 Large k 的项目组中再产生 Large $k + 1$,直到无法再找到更长的高频项目组为止。

(2)关联规则挖掘的第二阶段是要产生关联规则(association rules)。从高频项目组产生关联规则,是利用前一步骤的高频 k – 项目组来产生规则,在最小信赖度(minimum confidence)的条件门槛下,若一规则所求得的信赖度满足最小信赖度,称此规则为关联规则。例如:经由高频 k –项目组{A, B}所产生的规则 AB,其信赖度可由下式求得:

$$Confidence(A \rightarrow B) = P(A \mid B) \tag{2}$$

表示 A 出现时,B 是否也会出现或多大概率出现。

若信赖度大于等于最小信赖度,则称 AB 为关联规则。

就沃尔玛案例而言,使用关联规则挖掘技术,对交易资料库中的记录进行资料挖掘,首先必须要设定最小支持度与最小信赖度两个门槛值,在此假设最小支持度 min_support = 5% 且最小信赖度 min_confidence = 70%。因此符合该超市需求的关联规则将必须同时满足以上两个条件。若经过挖掘过程所找到的关联规则[尿布,啤酒],满足下列条件,将可接受[尿布,啤酒]的关联规则。用公式可以描述 Support(尿布,啤酒) > = 5% 且 Confidence(尿布,啤酒) > = 70%。其中,Support(尿布,啤酒) > = 5% 于此应用范例中的意义为:在所有的交易纪录资料中,至少有 5% 的交易呈现尿布与啤酒这两项商品被同时购买的交易行为。Confidence(尿布,啤酒) > = 70% 于此应用范例中的意义为:在所有包含尿布的交易纪录资料中,至少有 70% 的交易会同时购买啤酒。因此,今后若有某消费者出现购买尿布的行为,超市将可推荐该消费者同时购买啤酒。这个商品推荐的行为则是根据[尿布,啤酒]关联规则,因为就该超市过去的交易记录而言,支持了"大部分购买尿布的交易,会同时购买啤酒"的消费行为。

从上面的介绍还可以看出,关联规则挖掘通常比较适用于记录中的指标取离散值的情况。如果原始数据库中的指标值是取连续的数据,则在关联规则挖掘之前应该进行适当的数据离散化(实际上就是将某个区间的值对应于某个值),数据的离散化是数据挖掘前的重要环节,离散化的过程是否合理将直接影响关联规则的挖掘结果。

3.5.6.3　关联规则分类

按照不同情况，关联规则可以进行如下分类：

1. 基于规则中处理的变量的类别，关联规则可以分为布尔型和数值型

布尔型关联规则处理的值都是离散的、种类化的，它显示了这些变量之间的关系；而数值型关联规则可以和多维关联或多层关联规则结合起来，对数值型字段进行处理，将其进行动态地分割，或者直接对原始的数据进行处理，当然数值型关联规则中也可以包含种类变量。例如，性别 = "女" = > 职业 = "秘书"，是布尔型关联规则；性别 = "女" = > avg（收入）= 2300，涉及的收入是数值类型，所以是一个数值型关联规则。

2. 基于规则中数据的抽象层次，可以分为单层关联规则和多层关联规则

在单层的关联规则中，所有的变量都没有考虑到现实的数据是具有多个不同的层次的；而在多层的关联规则中，对数据的多层性已经进行了充分的考虑。例如，IBM 台式机 = > Sony 打印机，是一个细节数据上的单层关联规则；台式机 = > Sony 打印机，是一个较高层次和细节层次之间的多层关联规则。

3. 基于规则中涉及的数据的维数，关联规则可以分为单维的和多维的

在单维的关联规则中，只涉及数据的一个维，如用户购买的物品；而在多维的关联规则中，要处理的数据将会涉及多个维。换句话说，单维关联规则是处理单个属性中的一些关系；多维关联规则是处理各个属性之间的某些关系。例如，啤酒 = > 尿布，这条规则只涉及用户的购买的物品；性别 = "女" = > 职业 = "秘书"，这条规则就涉及两个字段的信息，是两个维上的一条关联规则。

3.5.6.4　关联规则挖掘典型算法

1. Apriori 算法：使用候选项集找频繁项集

Apriori 算法是一种最有影响的挖掘布尔关联规则频繁项集的算法。其核心是基于两阶段频集思想的递推算法。该关联规则在分类上属于单维、单层、布尔关联规则。在这里，所有支持度大于最小支持度的项集称为频繁项集，简称频集。

该算法的基本思想是：首先找出所有的频集，这些项集出现的频繁性至少和预定义的最小支持度一样。然后由频集产生强关联规则，这些规则必须满足最小支持度和最小可信度。然后使用找到的频集产生期望的规则，产生只包含集合的项的所有规则，其中每一条规则的右部只有一项，这里采用的是中规则的定义。一旦这些规则被生成，那么只有那些大于用户给定的最小可信度的规则才被留下来。为了生成所有频集，使用了递推的方法。

可能产生大量的候选集以及可能需要重复扫描数据库，是 Apriori 算法的两大缺点。

2. 基于划分的算法

Savasere 等设计了一个基于划分的算法。这个算法先把数据库从逻辑上分成几个互不相交的块，每次单独考虑一个分块并对它生成所有的频集，然后把产生的频集合并，用来生成所有可能的频集，最后计算这些项集的支持度。这里分块的大小选择要使得每个分块可以被放入主存，每个阶段只需被扫描一次。而算法的正确性是由每一个可能的频集至少在某一个分块中是频集保证的。该算法是可以高度并行的，可以把每一分块分别分配给某一个处理器生成频集。产生频集的每一个循环结束后，处理器之间进行通信来产生全局的候选 k – 项集。

通常这里的通信过程是算法执行时间的主要瓶颈；而另一方面，每个独立的处理器生成频集的时间也是一个难题。

3. FP-树频集算法

针对 Apriori 算法的固有缺陷，J. Han 等提出了不产生候选挖掘频繁项集的方法：FP-tree 即树频集算法。采用分而治之的策略，在经过第一遍扫描之后，把数据库中的频集压缩进一棵频繁模式树（FP-tree），同时依然保留其中的关联信息，随后再将 FP-tree 分化成一些条件库，每个库和一个长度为 1 的频集相关，然后再对这些条件库分别进行挖掘。当原始数据量很大的时候，也可以结合划分的方法，使得一个 FP-tree 可以放入主存中。实验表明，FP-growth 对不同长度的规则都有很好的适应性，同时在效率上较之 Apriori 算法有巨大的提高。

3.5.6.5　关联规则挖掘应用

就目前而言，关联规则挖掘技术已经被广泛应用在西方金融行业企业中，它可以成功预测银行客户需求。一旦获得了这些信息，银行就可以改善自身营销。现在银行天天都在开发新的与客户沟通的方法。各银行在自己的 ATM 机上就捆绑了顾客可能感兴趣的本行产品信息，供使用本行 ATM 机的用户了解。如果数据库中显示，某个高信用限额的客户更换了地址，这个客户很有可能新近购买了一栋更大的住宅，因此会有可能需要更高信用限额，更高端的新信用卡，或者需要一个住房改善贷款，这些产品都可以通过信用卡账单邮寄给客户。当客户打电话咨询的时候，数据库可以有力地帮助电话销售代表。销售代表的电脑屏幕上可以显示出客户的特点，同时也可以显示出顾客会对什么产品感兴趣。

同时，一些知名的电子商务站点也从强大的关联规则挖掘中受益。这些电子购物网站使用关联规则中的规则进行挖掘，然后设置用户有意向一起购买的捆绑包。也有一些购物网站使用它们设置相应的交叉销售，也就是购买某种商品的顾客会看到相关的另外一种商品的广告。

但是目前在我国，"数据海量，信息缺乏"是商业银行在数据大集中之后普遍所面临的问题。目前金融业实施的大多数数据库只能实现数据的录入、查询、统计等较低层次的功能，却无法发现数据中存在的各种有用的信息。譬如对这些数据进行分析，发现其数据模式及特征，然后可能发现某个客户、消费群体或组织的金融和商业兴趣，并可观察金融市场的变化趋势。可以说，关联规则挖掘的技术在我国的研究与应用并不是很广泛深入。

近年来，电信业从单纯的语音服务演变为提供多种服务的综合信息服务商。随着网络技术和电信业务的发展，电信市场竞争也日趋激烈。电信业务的发展提出了对数据挖掘技术的迫切需求，以便帮助理解商业行为，识别电信模式，捕捉盗用行为，更好地利用资源，提高服务质量并增强自身的竞争力。

下面运用一些简单的实例，说明如何在电信行业使用数据挖掘技术。可以使用 K 均值、EM 等聚类算法，针对运营商积累的大量用户消费数据建立客户分群模型，通过客户分群模型对客户进行细分，找出有相同特征的目标客户群，然后有针对性地进行营销。而且，聚类算法也可以实现离群点检测，即在对用户消费数据进行聚类的过程中，发现一些用户的异常消费行为，据此判断这些用户是否存在欺诈行为，决定是否采取防范措施。可以使用 C4.5、SVM 和贝叶斯等分类算法，针对用户的行为数据，对用户进行信用等级评定，对于信用等级好的客户可以给予某些优惠服务等，对于信用等级差的用户则不能享受促销等优惠。可以使用预测相关的算法，对电信客户的网络使用和客户投诉数据进行建模，建立预测模型，预测大客户离网风险，采取激励和挽留措施防止客户流失。可以使用相关分析找出选择了多个套餐的客户在套餐组合中的潜在规律，哪些套餐容易被客户同时选取，例如，选择了流量套餐的客户中大部分选择了彩铃业务，然后基于相关性的法则，对选择流量但是没有选择彩铃的客户进行交叉营销，向他们推销彩铃业务。

3.5.6.6 关联规则挖掘研究

由于许多应用问题往往比超市购买问题更复杂，大量研究从不同的角度对关联规则做了扩展，将更多的因素集成到关联规则挖掘方法之中，以此丰富关联规则的应用领域，拓宽支持管理决策的范围。如考虑属性之间的类别层次关系、时态关系、多表挖掘等。近年来围绕关联规则的研究主要集中于两个方面，即扩展经典关联规则能够解决问题的范围，改善经典关联规则挖掘算法效率和规则兴趣性。

一个经常会遇到的问题是，数据挖掘和 OLAP 到底有何不同？下面将会解释，它们是完全不同的工具，所基于的技术也大相径庭。

OLAP 是决策支持领域的一部分。传统的查询和报表工具是告知数据库中都有什么（what happened），OLAP 则更进一步告知下一步会怎么样（what next）、如果采取这样的措施又会怎么样（what if）。用户首先建立一个假设，然后用 OLAP 检索数据库来验证这个假设是否正确。比如，一个分析师想找到是什么原因导致了贷款拖欠，他可能会先做一个初始的假定，认为低收入的人信用度也低，然后用 OLAP 来验证他这个假设。如果这个假设没有被证实，他可能去查看那些高负债的账户，如果还不行，他也许要把收入和负债一起考虑，一直进行下去，直到找到他想要的结果或放弃。

也就是说，OLAP 分析师是建立一系列的假设，然后通过 OLAP 来证实或推翻这些假设来最终得到自己的结论。OLAP 分析过程在本质上是一个演绎推理的过程。但是如果分析的变量达到几十或上百个，那么再用 OLAP 手动分析验证这些假设将是一件非常困难和痛苦的事情。

数据挖掘与 OLAP 不同的地方是，数据挖掘不是用于验证某个假定的模式（模型）的正确性，而是在数据库中自己寻找模型，它在本质上是一个归纳的过程。例如，一个用数据挖掘工具的分析师想找到引起贷款拖欠的风险因素。数据挖掘工具可能帮他找到高负债和低收入是引起这个问题的因素，甚至还可能发现一些分析师从来没有想过或试过的其他因素，比如年龄。

数据挖掘和 OLAP 具有一定的互补性。在利用数据挖掘出来的结论采取行动之前，也许要验证一下如果采取这样的行动会给公司带来什么样的影响，那么 OLAP 工具能回答这些问题。

而且在知识发现的早期阶段，OLAP 工具还有一些其他用途。可以帮助探索数据，找到哪些是对一个问题比较重要的变量，发现异常数据和互相影响的变量。这都能帮助更好地理解数据，加快知识发现的过程。

3.5.7　数据挖掘相关技术

数据挖掘利用了因人工智能(AI)和统计分析的进步所带来的好处。这两门学科都致力于模式的发现和预测。

数据挖掘不是为了替代传统的统计分析技术。相反，它是统计分析方法学的延伸和扩展。大多数的统计分析技术都基于完善的数学理论和高超的技巧，预测的准确度还是令人满意的，但对使用者的要求很高。而随着计算机计算能力的不断增强，有可能利用计算机强大的计算能力，在只通过相对简单和固定方法的情况下完成同样的功能。

一些新兴的技术同样在知识发现领域取得了很好的效果，如神经元网络和决策树，在足够多的数据和计算能力下，它们几乎不用人的关照就能自动完成许多有价值的功能。

数据挖掘就是利用了统计和人工智能技术的应用程序，把这些高深复杂的技术封装起来，使人们不用自己掌握这些技术也能完成同样的功能，并且更专注于自己所要解决的问题。

3.6　数据可视化

3.6.1　概述

数据可视化是关于数据视觉表现形式的科学技术研究。其中，这种数据的视觉表现形式被定义为一种以某种概要形式抽提出来的信息，包括相应信息单位的各种属性和变量。

它是一个处于不断演变之中的概念，其边界在不断地扩大。主要指的是技术上较为高级的技术方法，而这些技术方法允许利用图形、图像处理、计算机视觉以及用户界面，通过表达、建模以及对立体、表面、属性以及动画的显示，对数据加以可视化解释。与立体建模之类的特殊技术方法相比，数据可视化所涵盖的技术方法要广泛得多。

3.6.2　概念

数据可视化技术包含以下几个基本概念：

(1)数据空间：是由 n 维属性和 m 个元素组成的数据集所构成的多维信息空间。

(2)数据开发：是指利用一定的算法和工具对数据进行定量的推演和计算。

(3)数据分析：指对多维数据进行切片、块、旋转等动作剖析数据，从而能多角度多侧面观察数据。

(4)数据可视化：是指将大型数据集中的数据以图形图像的形式表示，并利用数据分析和开发工具发现其中未知信息的处理过程。

数据可视化已经提出了许多方法，这些方法根据其可视化原理的不同可以划分为基于几何的技术、面向像素技术、基于图标的技术、基于层次的技术、基于图像的技术和分布式技术等。

3.6.3　主要应用

（1）报表类，如 JReport、Excel、水晶报表、FineReport、ActiveReports 报表等。

（2）BI 分析工具，如 Style Intelligence、BO、BIEE、象形科技 ETHINK、Yonghong Z–Suite 等。

国内的数据可视化工具主要有 BDP 商业数据平台–个人版、大数据魔镜、数据观、FineBI 商业智能软件等。

3.6.4　基本思想

数据可视化技术的基本思想是将数据库中每一个数据项作为单个图形元素表示，大量的数据集构成数据图像，同时将数据的各个属性值以多维数据的形式表示，可以从不同的维度观察数据，从而对数据进行更深入的观察和分析。

3.6.5　基本手段

数据可视化主要是借助于图形化手段，清晰有效地传达与沟通信息。为了有效地传达思想概念，美学形式与功能需要齐头并进，通过直观地传达关键的方面与特征，实现对于相当稀疏而又复杂的数据集的深入洞察。然而，设计人员往往并不能很好地把握设计与功能之间的平衡，因此容易创造出华而不实的数据可视化形式，从而无法达到其主要目的——传达与沟通信息。

数据可视化与信息图形、信息可视化、科学可视化以及统计图形密切相关。当前，在研究、教学和开发领域，数据可视化乃是一个极为活跃而又关键的方面。"数据可视化"这条术语实现了成熟的科学可视化领域与较年轻的信息可视化领域的统一。

3.6.6　适用范围

关于数据可视化的适用范围，存在着不同的划分方法。一个常见的关注焦点就是信息的呈现。

迈克尔·弗兰德利（2008）提出了数据可视化的两个主要的组成部分——统计图形和主题图。

《*Data Visualization：Modern Approaches*》（译为"数据可视化：现代方法"）（2007）一书中，概括阐述了数据可视化的下列主题：

（1）思维导图。

（2）新闻的显示。

（3）数据的显示。

（4）连接的显示。

（5）网站的显示。

（6）文章与资源。

（7）工具与服务。

所有这些主题全都与图形设计和信息表达密切相关。

另一方面，Frits H. Post（2002）则从计算机科学的视角，将这一领域划分为如下多个子领域：
　　（1）可视化算法与技术方法。
　　（2）立体可视化。
　　（3）信息可视化。
　　（4）多分辨率方法。
　　（5）建模技术方法。
　　（6）交互技术方法与体系架构。

数据可视化的成功，应归于其背后基本思想的完备性。依据数据及其内在模式和关系，利用计算机生成的图像来获得深入认识和知识。其第二个前提就是利用人类感觉系统的广阔带宽来操纵和解释错综复杂的过程、涉及不同学科领域的数据集以及来源多样的大型抽象数据集合的模拟。这些思想和概念极其重要，对于计算科学与工程方法学以及管理活动都有着精深而又广泛的影响。《Data Visualization：The State of the Art》（译为"数据可视化：尖端技术水平"）一书中重点强调了各种应用领域与它们各自所特有的问题求解可视化技术与方法之间的相互作用。

3.6.7　发展阶段

数据可视化领域的起源，可以追溯到 20 世纪 50 年代计算机图形学的早期。当时，人们利用计算机创建出了首批图形图表。

3.6.7.1　科学可视化

1987 年，由布鲁斯·麦考梅克、托马斯·德房蒂和玛克辛·布朗所编写的美国国家科学基金会报告《Visualization in Scientific Computing》（译为"科学计算之中的可视化"），对于这一领域产生了大幅度的促进和刺激。这份报告强调了新的基于计算机的可视化技术方法的必要性。随着计算机运算能力的迅速提升，人们建立了规模越来越大，复杂程度越来越高的数值模型，从而造就了形形色色体积庞大的数值型数据集。同时，人们不但利用医学扫描仪和显微镜之类的数据采集设备产生大型的数据集，而且还利用可以保存文本、数值和多媒体信息的大型数据库来收集数据。因而，就需要高级的计算机图形学技术与方法来处理和可视化这些规模庞大的数据集。

短语"visualization in scientific computing"（意为"科学计算之中的可视化"）后来变成了"scientific visualization"（即"科学可视化"），而前者最初指的是作为科学计算之组成部分的可视化：也就是科学与工程实践当中对于计算机建模和模拟的运用。

3.6.7.2　信息可视化

更近一些的时候，可视化也越来越关注数据，包括那些来自商业、财务、行政管理、数字媒体等方面的大型异质性数据集合。20 世纪 90 年代初期，人们发起了一个新的，称为"信息可视化"的研究领域，旨在为许多应用领域之中对于抽象的异质性数据集的分析工作提供支持。因此，21 世纪的人们正在逐渐接受这个同时涵盖科学可视化与信息可视化领域的新生术语——数据可视化。

3.6.7.3 数据可视化

一直以来，数据可视化就是一个处于不断演变之中的概念，其边界在不断地扩大；因而，最好是对其加以宽泛的定义。数据可视化指的是技术上较为高级的技术方法，而这些技术方法允许利用图形、图像处理、计算机视觉以及用户界面，通过表达、建模以及对立体、表面、属性以及动画的显示，对数据加以可视化解释。与立体建模之类的特殊技术方法相比，数据可视化所涵盖的技术方法要广泛得多。（**实验 13：使用 eCharts 与 Excel 实现数据库表的数据可视化**）

3.6.8 大数据可视化

当今时代是高速发展的时代，也是大数据应用的时代，作为大数据应用的主流，数据可视化也日益成为当下热议的焦点，实际上大数据可视化的目的其实就是让数据所代表的意义简单直观地展现在人们面前。通过大数据可视化可以让成千上万的数据量在转瞬之间变成众人可以快速理解的各项指标；通过大数据可视化，可以让决策者在庞大的数据面前精准地找到企业制胜之道。这些，都已经实实在在地存在于人们的生活当中。

大数据可视化是一个分析展现数据的强大工具。人类对于直观的图像信息的认知往往会高于其他方面的信息认知。但同样，如果数据可视化做得不好，反而会带来负面效果：错误的表达往往会损害数据的传播，完全曲解和误导用户，所以更需要多维地展现数据，不能局限于单一层面。

在大数据可视化这个概念没出现之前，其实人们对于数据可视化的应用便已经很广泛了，大到人口数据，小到学生成绩统计，都可通过可视化展现，探索其中规律。如今信息可以用多种方法来进行可视化，每种可视化方法都有着不同的侧重点。在大数据时代，当打算处理数据时，首先要明确并理解的一点是：打算通过数据向用户讲述怎样的故事，数据可视化之后又在表达什么？通过这些数据，能为后续的工作提供哪些指导？是否能帮读者正确地抓住重点，了解行业动态？了解这些之后，便能选择合理的数据可视化方法，高效传达数据，才能使之成为有价值的数据。

3.6.8.1 数据的特性

要做到数据可视化，首先要理解数据，再去掌握可视化的方法，这样才能实现高效的数据可视化。在设计时，可能会遇到以下几种常见的数据类型。

（1）量性：数据是可以计量的，所有的值都是数字。

（2）离散型：数字类数据可能在有限范围内取值。例如，办公室内员工的数目。

（3）持续性：数据可以测量，且在有限范围内。例如，年降水量。

（4）范围性：数据可以根据编组进行分类。例如，产量、销售量。

3.6.8.2 常用工具

1. ChartBlocks

ChartBlocks 是一款网页版的可视化图表生成工具，在线使用。通过导入电子表格或者数据库来构建可视化图表。整个过程可以在图表的向导指示下完成。它的图表在 HTML5 的框架下，使用强大的 Java 库 D3. js 来创建图表。图表是响应式的，可以和任何的屏幕尺寸及设备兼容，还可以将图表嵌入任何网页中。

2. JR – DT 可视化引擎

JR – DT 可视化引擎基于捷瑞数字 JR – DT 基础服务引擎，具备数据可视化交互页面、组件管理器、页面状态数据库和图表编辑管理器等一系列基础功能，可对接/导入多种数据，拥有丰富的图形表达语言，目前已具备甘特图、饼图、标靶图、填充气泡图、散点图、直方图、网状图、填充地图、堆叠图、压力图、树状图等数十张图表。只须点击几下或拖放数据，就可以快速地创建一个能满足管理需求的可视化的分析视图。

3. Tableau

Tableau 公司将数据运算与美观的图表完美地嫁接在一起。它的程序很容易上手，各公司可以用它将大量数据拖放到数字"画布"上，转眼间就能创建好各种图表。这一软件的理念是，界面上的数据越容易操控，公司对自己在所在业务领域里的所作所为到底是正确还是错误就能了解得越透彻。其两种不同的变体是基于云计算的 Tableau Online 和 Tableau Server。

它们都是为与大数据有关的组织设计的。企业使用这个工具非常方便，而且提供了闪电般的速度。此外，Tableau 具有用户友好的特性，并与拖放功能兼容。

3.6.8.3　合理的可视化图表

1. 比较类柱状图

比较类图表显示值与值之间的不同和相似之处。使用图形的长度、宽度、位置、面积、角度和颜色来比较数值的大小，通常用于展示不同分类间的数值对比、不同时间点的数据对比。

柱形图有别于直方图，柱状图无法显示数据在一个区间内的连续变化趋势。柱状图描述的是分类数据，回答的是每一个分类中"有多少?"这个问题。需要注意的是，当柱状图显示的分类很多时，会导致分类名重叠等显示问题。

2. 分布类散点图

分布类图表显示频率，数据分散在一个区间或分组。使用图形的位置、大小、颜色的渐变程度来表现数据的分布，通常用于展示连续数据上数值的分布情况。

散点图也叫 $X – Y$ 图，它将所有的数据以点的形式展现在直角坐标系上，以显示变量之间的相互影响程度，点的位置由变量的数值决定。

3. 占比类饼图

占比类图表显示同一维度上的占比关系。饼图广泛应用于各个领域，用于表示不同分类的占比情况，通过弧度大小来对比各个分类。

饼图将一个圆饼按照分类的占比划分成多个区块，整个圆饼代表数据的总量，每个区块（圆弧）表示该分类占总体的比例大小，所有区块（圆弧）的加和等于 100%。

4. 趋势类折线图

趋势类图表显示数据的变化趋势。使用图形的位置表现数据在连续区域上的分布，通常展示数据在连续区域上的大小变化的规律。

折线图用于显示数据在一个连续的时间间隔或者时间跨度上的变化，它的特点是反映事物随时间或有序类别而变化的趋势。

当然，大数据可视化的工具、图表远远不止以上几种，最关键的是如何利用好这些工具及图表。归纳起来，一名数据可视化工程师需要具备三个方面的能力：数据分析能力、交互视觉能力、研发能力。

不管用什么工具，不管用什么图表，别忘了目的是理解数据，这才是大数据可视化真正的魅力所在。

3.7　本章小结

本章主要讲述大数据分析相关的六大核心步骤中的关键技术，具体包括：数据采集、数据存储与管理、数据预处理、数据清洗、数据挖掘、数据可视化。有关数据采集主要讲述了其中常用的采集方式，重点讲述了网络数据爬取相关的原理与方式。数据存储主要讲述其中的模式与管理，包括分布式文件存储与 NoSQL、NewSQL 及主要技术路线等。有关数据预处理，一般的文档都不单独拿出来讨论，但实际的系统开发过程中，其中的工作量与难度实在不小，相关的技术很多，是值得单独讨论的。本章主要依据数据预处理流程进行讲述，其中数据核查与提升改造进行了稍微细致的描述，数据集成、规约、变换与离散化既是数据处理的常用步骤，也是业务数据向大数据过渡时不得不面临的工作，因此也进行了介绍性的描述。数据清洗作为单独的方向进行了描述，其中很多过程是非常关键的，涉及大数据能用与否或效率高低，与数据提质密切相关但各有重点，本章列出了常用的需要清洗的数据类型及数据清洗方法。数据挖掘与分析是一个看起来古老但总是面临挑战的方向，是大数据分析中最有技术也最有挑战性的步骤，有专门的课程来讲述相关的原理、方法、技术及平台等，本章主要是概略性地介绍了数据挖掘的相关内容。数据可视化作为最后的步骤，本章讲述了其中的概念、基本思想、常用工具等，要求通过普通的工具如 Excel 或 eCharts 尝试将数据库的数据可视出来。

思考题

1. 有哪些数据采集方式？试简单分析各自的优缺点。

2. 大数据存储主要有哪些模式？试分析一般采用何种模式？

3. 大数据存储有哪些典型的技术路线？从存取效率与存取便利性两个方面分析各类技术路线的优缺点。

4. 试比较数据预处理与数据清洗异同。

5. 数据挖掘有哪些类型的算法？用于大数据挖掘是否会同样有效？

6. 数据可视化有哪些主要的手段？在大数据中，其可视化技术是否与一般的数据可视化技术相同？

本章相关的实验

序号	对应章节	实验名称	要　　求
9	3.1.1	通过 ODBC 导入/导出数据	通过 Windows 的数据源设置与 Oracle 的 ODBC 驱动，然后通过 Access 连接 Oracle 数据库用户，导出用户中的数据到 Access 或 Excel 中，或者将 Excel 文件中的数据导入到 Oracle 的某个用户，还尝试将 Access 中的表格数据导入到 Oracle 的用户中
10	3.1.4	网络蜘蛛的搜索与应用	搜索并下载某个网络蜘蛛，配置并运行网络蜘蛛，解剖其搜索方式，查看网站对网络蜘蛛的交流方式
11	3.3.3	SQL 查重与去重	利用 SQL 语句的 select 及其中的 distinct，查询 stud 表格中重复的电话号码，将电话号码重复的，保存其中任意一条记录，删除其他重复记录
12	3.3.4	利用 SQL 实现数据集成	通过在 Access 中建立 stud 表与 Excel 建立相同结构的表，输入样本数据，然后分批导入到 Oracle 的某个用户的 stud 表中，考虑并解决数据结构的异同（含字段类型与长度的不相融）、是否重复值、是否空值等
13	3.6.7	使用 eCharts 与 Excel 实现数据库表的数据可视化	在前面下载安装使用 eCharts 的基础上，实现与 Oracle 的连接，再实现选课成绩表的数据多种图表可视化展示，如平均分、个人成绩分布、课程成绩分布等，尝试通过 Access 导出 SC 表数据到 Excel，再实现相关的成绩数据可视化图表，如曲线图、柱状图与饼形图

第 4 章　大数据环境与技术

本章主要介绍大数据运行环境及典型技术。一般所称大数据技术生态是指从数据采集、数据整理、存储、运算、数据展示以及系统维护等各个层面所用到的各类相互关联的技术、软件、工具等的集合。以 Hadoop 来说,维护工具是 Ambari,采集工具是 ETL,管理使用 Sqoop、Nifi、Phoenix 等,存储使用 HDFS、HBase、Hive 等,运算使用 MapReduce、Spark 等,再往后,就是 OLAP 分析的关键工具,最后的数据展示包括很多技术及工具,Hadoop 自带的是 Zeppelin。

移动互联网把网络化数据社会与现实社会有机融合、互动协调,形成大数据感知、管理、分析与应用服务的新一代信息技术架构,并由大数据垂直应用形成互为增益的闭环生态系统。另一种说法将大数据技术生态称为七大阵营,主要包括大数据基础架构阵营、大数据分析阵营、大数据应用阵营、架构与分析跨界阵营、大数据开源阵营、数据源与 API 阵营和孵化器与培训阵营。通过与这些不同阵营的合作,可以为企业和组织提供端到端的完整大数据解决方案。

4.1　典型大数据环境及工具

4.1.1　Hadoop 综述

4.1.1.1　项目起源

Hadoop 由 Apache Software Foundation 公司于 2005 年秋天作为 Lucene 的子项目 Nutch 的一部分正式引入。它的形成与发展受到由 Google Lab 开发的 MapReduce 和 Google File System (GFS)的影响。

2006 年 3 月,MapReduce 和 Nutch Distributed File System(NDFS)分别被纳入 Hadoop 项目中。

Hadoop 是最受欢迎的在 Internet 上对搜索关键字进行内容分类的工具,它可以解决许多要求极大伸缩性的问题。例如,如果用 Grep 指令处理一个 10 TB 的巨型文件,在传统的系统上,这将需要很长的时间。但是 Hadoop 在设计时就考虑到了这些问题,采用并行执行机制,因此能大大提高效率。

4.1.1.2 发展历程

Hadoop 原本来自 Google 一款名为 MapReduce 的编程模型包。Google 的 MapReduce 框架可以把一个应用程序分解为许多并行计算指令。使用该框架的一个典型例子就是在网络数据上运行的搜索算法。Hadoop 最初只与网页索引有关，随后迅速发展为分析大数据的领先平台。

目前有很多公司开始提供基于 Hadoop 的商业软件、支持、服务以及培训等。Cloudera 是一家美国的软件公司，该公司在 2008 年开始提供基于 Hadoop 的软件和服务。GoGrid 是一家云计算基础设施公司，在 2012 年，该公司与 Cloudera 的合作加速了企业采纳基于 Hadoop 应用的步伐。Dataguise 是一家数据安全公司，它在 2012 年推出了一款针对 Hadoop 的数据保护和风险评估软件。

4.1.2 Hadoop 特点

Hadoop 是一个能够对大量数据进行分布式处理的软件框架。Hadoop 以一种可靠、高效、可伸缩的方式进行数据处理。

Hadoop 是可靠的，因为它假设计算元素和存储会失败，可通过维护多个工作数据副本，以确保能够针对失败的节点进行重新分布处理。

Hadoop 是高效的，因为它以并行的方式工作，可通过并行处理加快处理速度。

Hadoop 还是可伸缩的，能够处理 PB 级数据。

此外，Hadoop 依赖于社区服务，因此它的成本比较低，任何人都可以使用。

Hadoop 是一个能够让用户轻松架构和使用的分布式计算平台，用户可以轻松地在 Hadoop 上开发和运行处理具有海量数据的应用程序。它主要有以下几个优点：

(1)高可靠性。Hadoop 的按位存储方式和处理数据的能力值得人们信赖。

(2)高扩展性。Hadoop 是在可用的计算机集簇间分配数据并完成计算任务的，这些集簇可以方便地扩展到数以千计的节点中。

(3)高效性。Hadoop 能够在节点之间动态地移动数据，并保证各个节点的动态平衡，因此处理速度非常快。

(4)高容错性。Hadoop 能够自动保存数据的多个副本，并且能够自动将失败的任务重新分配。

(5)低成本。与一体机、商用数据仓库以及 QlikView、Yonghong Z – Suite 等数据集市相比，Hadoop 是开源的，项目的软件成本因此会大大降低。

Hadoop 带有用 Java 语言编写的框架，因此运行在 Linux 生产平台上是非常理想的。Hadoop 上的应用程序也可以用其他语言编写，比如 C++。

此外，Hadoop 得以在大数据处理应用中广泛应用还得益于其自身在数据提取、变形和加载方面上的天然优势。Hadoop 的分布式架构，将大数据处理引擎尽可能地靠近存储，对像 ETL(extract transform load, ETL)这样的批处理操作相对合适，因为类似这样操作的批处理结果可以直接走向存储。Hadoop 的 MapReduce 功能实现了将单个任务打碎，并将碎片任务(map)发送到多个节点上，之后再以单个数据集的形式加载(reduce)到数据仓库里。

4.1.3　Hadoop 核心架构

Hadoop 由许多元素构成。其最底部是 HDFS，它存储 Hadoop 集群中所有存储节点上的文件。HDFS 的上一层是 MapReduce 引擎，该引擎由 Job Trackers 和 Task Trackers 组成。通过对 Hadoop 分布式计算平台最核心的分布式文件系统 HDFS、MapReduce 的处理过程，以及数据仓库工具 Hive 和分布式数据库 Hbase 的介绍，基本涵盖了 Hadoop 分布式平台的技术核心。图 4 - 1 所示为典型的 Hadoop 核心架构。

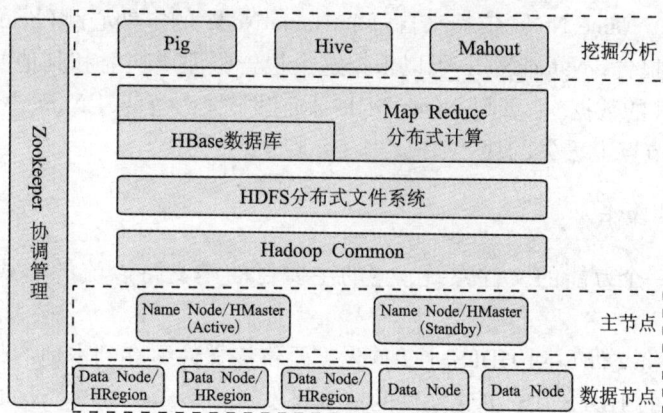

图 4 - 1　典型的 Hadoop 核心架构

4.1.3.1　HDFS

对外部客户机而言，HDFS 就像一个传统的分级文件系统，它可以创建、删除、移动或重命名文件等。但 HDFS 的架构是基于一组特定的节点构建的(图 4 - 1)，这是由它自身的特点决定的。这些节点包括：Name Node(仅一个)，它在 HDFS 内部提供元数据服务；Data Node，它为 HDFS 提供存储块。由于仅存在一个 Name Node，因此这是 HDFS 的一个缺点(单点失败)。

存储在 HDFS 中的文件被分成块，然后将这些块复制到多个计算机中。这与传统的 RAID 架构大不相同。块的大小(通常为 64 MB)和复制的块数量在创建文件时由客户机决定。Name Node 可以控制所有文件操作。HDFS 内部的所有通信都基于标准的 TCP/IP 协议。

4.1.3.2　Name Node

Name Node 是一个通常在 HDFS 实例中的单独机器上运行的软件。它负责管理文件系统的名称空间和控制外部客户机的访问。Name Node 决定是否将文件映射到 Data Node 上的复制块上。对于常见的 2 个复制块(实际是 3 块，含数据块自身)，一个复制块存储在数据块本身同一机架的不同节点上，另一个复制块存储在不同机架的某个节点上。

实际的 I/O 事务并没有经过 Name Node，只有表示 Data Node 和块的文件映射的元数据经过 Name Node。当外部客户机发送请求要求创建文件时，Name Node 会以块标识和该块的第一个副本的 Data Node IP 地址作为响应。这个 Name Node 还会通知其他将要接收该块的副本的 Data Node。

Name Node 在一个称为 FsImage 的文件中存储所有关于文件系统名称空间的信息。这个文件和一个包含所有事务的记录文件(这里是 EditLog)存储在 Name Node 的本地文件系统上。FsImage 和 EditLog 文件也需要复制副本，以防止文件损坏或 Name Node 系统丢失。

Name Node 也是一个通常在 HDFS 实例中的单独机器上运行的软件。Name Node 通常以机架的形式组织，机架通过交换机将所有系统连接起来。Hadoop 的一个假设是：机架内部节点之间的传输速度快于机架间节点的传输速度。

Name Node 响应来自 HDFS 客户机的读写请求。它们还响应来自 Name Node 的创建、删除和复制块的命令。Name Node 依赖来自每个 Name Node 的定期心跳(heartbeat)消息。每条消息都包含一个块报告，Name Node 可以根据这个报告验证块映射和其他文件系统的元数据(描述文件系统属性的数据)。如果 Name Node 不能发送心跳消息，Name Node 将采取修复措施，重新复制在该节点上丢失的块。

4.1.3.3　文件操作

HDFS 并不是一个万能的文件系统，它的主要目的是支持以流的形式访问写入的大型文件。

如果客户机想将文件写到 HDFS 上，首先需要将该文件缓存到本地的临时存储。如果缓存的数据大于所需的 HDFS 块，创建文件的请求将发送给 Name Node，Name Node 将以 Name Node 标识和目标块响应客户机。

当客户机开始将临时文件发送给第一个 Name Node 时，立即通过管道方式将块内容转发给副本 Name Node。客户机也负责创建保存在相同 HDFS 名称空间中的校验和(checksum)文件。在最后的文件块发送之后，Name Node 将文件创建提交到它的持久化元数据中存储文件(EditLog 文件和 FsImage 文件)。

4.1.3.4　计算集群及高性能计算

Hadoop 框架可在单一的 Linux 平台上使用(开发和调试时)，官方提供 Mini Cluster 作为单元测试使用，不过使用存放在机架上的商业服务器才能发挥它的作用。这些机架组成了一个 Hadoop 集群，它通过集群拓扑知识决定如何在整个集群中分配作业和文件。Hadoop 假定节点可能失败，因此采用本机方法处理单个计算机甚至所有机架的失败。

在 Hadoop 出现之前，高性能计算和网格计算一直是处理大数据问题的主要方法和工具，它们主要采用消息传递接口(message passing interface，MPI)提供的 API 来处理大数据。高性能计算的思想是将计算作业分散到集群机器上，集群计算节点访问存储区域网络 SAN 构成的共享文件系统获取数据，这种设计比较适合计算密集型作业。当需要访问像 PB 级数据时，由于存储设备网络带宽的限制，很多集群计算节点只能空闲等待数据。而 Hadoop 却不存在这种问题，由于 Hadoop 使用专门为分布式计算设计的文件系统 HDFS，计算的时候只需要将计算代码推送到存储节点上，即可在存储节点上完成数据本地化计算，Hadoop 中的集群存储节点也是计算节点。在分布式编程方面，MPI 属于比较底层的开发库，它赋予了程序员极大的控制能力，但它要求程序员自己控制程序的执行流程、容错功能，甚至底层的套接字通信、数据分析算法等底层细节都需要程序员自己编程实现。这种要求无疑对开发分布式程序的程序员提出了较高的要求。相反，Hadoop 的 MapReduce 却是一个高度抽象的并行编程模型，它将分布式并行编程抽象为两个原语操作，即 Map 操作和 Reduce 操作，开发人员只需要简单地实现相应的接口即可，完全不用考虑底层数据流、容错、程序的并行执行等细节。这种设计大大降低了开发分布式并行程序的难度。

网格计算通常是指通过现有的互联网，利用大量来自不同地域、资源异构的计算机空闲的 CPU 和磁盘来进行分布式存储和计算。这些参与计算的计算机具有分处不同地域、资源异构（基于不同平台，使用不同的硬件体系结构等）等特征，从而使网格计算与 Hadoop 这种基于集群的计算相区别。Hadoop 集群一般构建在通过高速网络连接的单一数据中心内，集群计算机都具有体系结构、平台一致的特点，而网格计算需要在互联网接入的环境下使用，网络带宽等都没有保证。

4.1.4　Hadoop 的发展及社区服务

Hadoop 设计之初的目标就定位在高可靠性、高可拓展性、高容错性和高效性，正是这些设计上的优点，才使得 Hadoop 一出现就受到众多大公司的青睐，同时也引起了研究界的普遍关注。到目前为止，Hadoop 技术在互联网领域已经得到了广泛的运用，例如，Yahoo 使用 4000 个节点的 Hadoop 集群来支持广告系统和 Web 搜索的研究；Facebook 使用 1000 个节点的集群运行 Hadoop，存储日志数据，支持其上的数据分析和机器学习；百度用 Hadoop 处理每周 200 TB 的数据，从而进行搜索日志分析和网页数据挖掘工作；中国移动研究院基于 Hadoop 开发了"大云"（big cloud）系统，不但用于相关数据分析，还对外提供服务；淘宝的 Hadoop 系统用于存储并处理电子商务交易的相关数据。国内的高校和科研院所基于 Hadoop 在数据存储、资源管理、作业调度、性能优化、系统高可用性和安全性方面进行研究，相关研究成果多以开源形式贡献给 Hadoop 社区。（**实验 14：Hadoop 社区资源访问、爬取与分类管理**）

除了上述大型企业将 Hadoop 技术运用在自身的服务中外，一些提供 Hadoop 解决方案的商业型公司也纷纷跟进，利用自身技术对 Hadoop 进行优化、改进、二次开发等，然后以公司自有产品形式对外提供 Hadoop 的商业服务。比较知名的有创办于 2008 年的 Cloudera 公司，它是一家专业从事基于 Apache Hadoop 的数据管理软件销售和服务的公司，它希望充当大数据领域中类似 Red Hat 在 Linux 领域中的角色。该公司基于 Apache Hadoop 发行了相应的商业版本 Cloudera Enterprise，此外，该公司还提供与 Hadoop 相关的支持、咨询、培训等服务。在 2009 年，Cloudera 聘请了 Doug Cutting（Hadoop 的创始人）担任公司的首席架构师，从而更加加强了 Cloudera 公司在 Hadoop 生态系统中的影响和地位。最近，Oracle 也表示已经将 Cloudera 的 Hadoop 发行版和 Cloudera Manager 整合到 Oracle Big Data Appliance 中。同样，Intel 基于 Hadoop 也发行了自己的版本 IDH。从这些可以看出，越来越多的企业将 Hadoop 技术作为进入大数据领域的必备技术。

需要说明的是，Hadoop 技术虽然已经被广泛应用，但是该技术无论在功能上还是在稳定性等方面都有待进一步完善，所以还处在不断开发和不断升级维护的过程中，新的功能也在不断地被添加和引入（读者可以关注 Apache Hadoop 的官方网站了解新的信息）。得益于如此多厂商和开源社区的大力支持，相信在不久的将来，Hadoop 也会像当年的 Linux 一样被应用于越来越多的领域。

4.1.4.1 MapReduce 与 Hadoop 的比较

Hadoop 是 Apache 软件基金会发起的一个项目，在大数据分析广泛应用以及非结构化数据迅速增长的背景下，Hadoop 受到了前所未有的关注。

Hadoop 是一种分布式数据和计算的框架。它很擅长存储大量的半结构化的数据集。数据可以随机存放，所以一个磁盘的失败并不会带来数据的丢失。Hadoop 也非常擅长分布式计算——快速地跨多台机器处理大型数据集合。

MapReduce 是处理大量半结构化数据集合的编程模型。编程模型是一种处理并结构化特定问题的方式。

MapReduce 和 Hadoop 是相互独立的，但实际上它们又能相互配合，工作得很好。

4.1.4.2 GFS 与 Big Table

Google 的数据中心使用廉价的 Linux PC 机组成集群，在上面运行各种应用。即使是分布式开发的新手也可以能够迅速使用 Google 的基础设施。其核心组件有 3 个，具体如下：

(1) GFS(Google file system)，一个分布式文件系统，隐藏下层负载均衡，冗余复制等细节，对上层程序提供一个统一的文件系统 API 接口。Google 根据自己的需求对它进行了特别优化，如超大文件的访问、读操作比例远超过写操作、PC 机极易发生故障造成节点失效等。GFS 把文件分成 64 MB 的块，分布在集群的机器上，使用 Linux 的文件系统存放。同时每块文件至少有 3 份的冗余。中心是一个 Master 节点，根据文件索引，找寻文件块。

(2) MapReduce。Google 公司发现大多数分布式运算可以抽象为 MapReduce 操作。Map 是把输入分解成中间的 Key/Value 对，Reduce 把 Key/Value 合成最终输出。这两个函数由程序员提供给系统，下层设施把 Map 和 Reduce 操作分布在集群上运行，并把结果存储在 GFS 上。

(3) Big Table，一个大型的分布式数据库。这个数据库不是关系式的数据库，像它的名字一样，就是一个巨大的表格，用来存储结构化的数据。

4.1.5 Hadoop 应用实例

Hadoop 的最常见用法之一是 Web 搜索。虽然它不是唯一的软件框架应用程序，但作为一个并行数据处理引擎，它的表现非常突出。Hadoop 最有趣的方面之一是 Map 和 Reduce 流程，这个流程称为创建索引，它将 Web 爬行器检索到的文本 Web 页面作为输入，并且将这些页面上的单词的频率报告作为结果。然后可以在整个 Web 搜索过程中使用这个结果从已定义的搜索参数中识别内容。

最简单的 MapReduce 应用程序至少包含 3 个部分：1 个 Map 函数、1 个 Reduce 函数和 1 个 Main 函数。main 函数将作业控制和文件输入/输出结合起来。在这点上，Hadoop 提供了大量的接口和抽象类，从而为 Hadoop 应用程序开发人员提供了许多工具，可用于调试和性能度量等。

MapReduce 本身就是用于并行处理大数据集的软件框架。MapReduce 的根源是函数性编程中的 Map 函数和 Reduce 函数。它由两个可能包含有许多实例的操作组成。Map 函数接受一组数据并将其转换为一个键/值对列表，输入域中的每个元素对应一个键/值对。Reduce

函数接受 Map 函数生成的列表，然后根据它们的键（为每个键生成一个键/值对）缩小键/值对列表。

这里提供一个实例，帮助读者理解。假设输入域是 one small step for man, one giant leap for mankind，在这个域上运行 Map 函数将得出以下的键/值对列表：

(one, 1) (small, 1) (step, 1) (for, 1) (man, 1)

(one, 1) (giant, 1) (leap, 1) (for, 1) (mankind, 1)

如果对这个键/值对列表应用 Reduce 函数，将得到以下一组键/值对：

(one, 2) (small, 1) (step, 1) (for, 2) (man, 1) (giant, 1) (leap, 1) (mankind, 1)

其结果是对输入域中的单词进行计数，这对处理索引十分有用。但是，假设有两个输入域，第一个是 one small step for man，第二个是 one giant leap for mankind，可以在每个域上执行 Map 函数和 Reduce 函数，然后将这两个键/值对列表应用到另一个 Reduce 函数上，这时将得到与前面一样的结果。换句话说，可以在输入域并行使用相同的操作，得到的结果是一样的，但速度更快。这便是 MapReduce 的优越性——它的并行功能可在任意数量的系统上使用。

它是如何实现这个功能的？一个代表客户机在单个主系统上启动的 MapReduce 应用程序称为 Job Tracker。类似于 Name Node，它是 Hadoop 集群中唯一负责控制 MapReduce 应用程序的系统。在应用程序提交之后，Job Tracker 将提供包含在 HDFS 中的输入和输出目录。Job Tracker 使用文件块信息（物理量和位置）确定如何创建其他 Task Tracker 从属任务。MapReduce 应用程序被复制到每个出现输入文件块的节点，将为特定节点上的每个文件块创建一个唯一的从属任务。每个 Task Tracker 将状态和完成信息报告给 Job Tracker。Hadoop 的这个特点非常重要，因为它并没有将存储移动到某个位置以供处理，而是将处理移动到存储。

4.1.6　Hadoop 安装

Hadoop 在大数据技术体系中的地位至关重要，Hadoop 是大数据技术的基础。Hadoop 安装可以包括以下几个方面。

1. Linux 环境安装

Hadoop 运行在 Linux 环境下，虽然借助工具也可以运行在 Windows 上，但笔者还是建议运行在 Linux 系统上。

2. Hadoop 本地模式安装

Hadoop 本地模式只适用于本地开发调试，或者快速安装体验 Hadoop。

3. Hadoop 伪分布式模式安装

Hadoop 一般在伪分布式模式下进行。这种模式是在一台机器上各个进程中运行 Hadoop 的各个模块。伪分布式的意思是虽然各个模块是在各个进程上分开运行的，但是只运行在一个操作系统上的，并不是真正的分布式。

4. 完全分布式安装

完全分布式模式才是生产环境采用的模式，Hadoop 运行在服务器集群上，生产环境一般都会做 HA 部署，以实现高可用。

4.1.7 Hadoop 配置及启动服务

(1)官网下载 Hadoop-2.7.3.tar.gz 或相关版本软件。

需要的软件环境 JDK、SSH、rsync；其中，JDK 的安装和部署可参照相关书籍；SSH、Rsync 安装直接用 Yum Install 安装，一般这两个组件系统自带。

(2)在/home 下新建文件夹 Hadoop，然后通过 FlashFXP 工具将下载好的 Hadoop 压缩包上传至此文件夹下，使用 tar 命令解压。

(3)在解压后的文件下修改配置。

①设置 JAVA_HOME 环境变量(JDK 安装目录为/home/jdk/jdk1.8.0_73/)。

vi 命令编辑 etc/hadoop/hadoop－env.sh，找到相应位置修改如下：

```
# The java implementation to use
#export JAVA_HOME = $｛JAVA_HOME｝
export JAVA_HOME =/home/jdk/jdk1.8.0_73
```

②编辑 etc/hadoop/core－site.xml，指定默认文件系统和工作空间(现在路径下还没有 tmp 文件夹，执行完 HDFS 格式化后便可看到相关文件)。

```
< configuration >
< property >
< name > fs.defaultFS </name >
< value > hdfs：//localhost：9000 </value >
</property >
< property >
< name > hadoop.tmp.dir </name >
< value >/home/hadoop/hadoop－2.7.3/tmp/ </value >
</property >
</configuration >
```

③编辑 etc/hadoop/hdfs－site.xml，设置文件副本数，也就是文件分割成块后，要复制块的个数(由于此处就本机一个节点，且为伪分布式，所以就配置为 1，只存文件本身，不需要副本)。

```
< configuration >
< property >
< name > dfs.replication </name >
< value >1 </value >
</property >
</configuration >
```

④编辑 etc/hadoop/mapred－site.xml，此文件其实不存在，而存在 mapred－site.xml.template，所以执行命令 mv mapred－site.xml.template mapred－site.xml 修改此文件名，指定资源调度框架。

```
< configuration >
< property >
< name > MapReduce.framework.name </name >
< value > yarn </value >
```

```
</property>
</configuration>
```

⑤编辑 etc/hadoop/yarn – site. xml，Yarn 也是分布式管理的，所以配置一个主服务器；然后还要配置中间数据调度的机制。

```
<configuration>
<property>
<name>yarn. Resource Manager. hostname</name>
<value>localhost</value>
</property>
<property>
<name>yarn. Node Manager. aux – services</name>
<value>MapReduce_shuffle</value>
</property>
</configuration>
```

（4）配置完成后，格式化 HDFS 系统。

Hadoop 命令一般在 bin 文件夹下，所以要执行相关命令，必须要在 bin 目录下进行操作，为了以后方便，所以要先把 Hadoop 的 bin 目录配置到环境变量中，还有些命令在 bin 目录中，所以也要配置到环境变量中。

vi/etc/profile 环境变量部分代码如下：

```
export JAVA_HOME = /home/jdk/jdk1.8.0_73
export HADOOP_HOME = /home/hadoop/hadoop – 2.7.3/
export PATH = $ PATH: $ JAVA_HOME/bin: $ HADOOP_HOME/bin: $ HADOOP_HOME/sbin
```

保存后记得用命令 source /etc/profile 配置，则立即生效。

然后执行 hadoop Name Node – format 命令（执行前可以查看 hadoop 安装目录下是否存在 tmp 文件夹），会发现以前的 Hadoop 安装路径下不存在 tmp 文件夹，而现在已经存在了。

（5）启动 HDFS（sbin 下有 start – dfs. sh）。

HDFS 是分布式系统，所以启动 HDFS 时，会启动配置的各个服务器节点，包括本机。在启动过程中是通过 SSH 远程操作的，所以在不做特殊配置下，每次启动到节点（包括本机）相关操作时，都要输入密码，如果想避免每次都输入密码，可执行下面命令：

```
ssh – keygen  – t rsa  – P '' – f ~/. ssh/id_rsa
cat ~/. ssh/id_rsa. pub >> ~/. ssh/authorized_keys
chmod 0600 ~/. ssh/authorized_keys
```

执行 start – dfs. sh 启动 HDFS（由于配置了环境变量，所以可以直接执行，不用切换到 sbin 目录下）。

启动完后，jps 命令可以查看正在启动的 Java 服务：

```
[root@ localhost bin]# jps
28800SecondaryName Node
28619Name Node
28524Name Node
29068 Jps
[root@ localhost bin]#
```

netstat – nltp 命令查看所监听的端口：

```
[root@ localhost bin]#netstat – nltp
Active Internet connections (only servers)
ProtoRecv – Q Send – Q Local Address Foreign Address State PID/Program name
tcp 0 0 0.0.0.0：50090 0.0.0.0： * LISTEN 28800/java
tcp 0 0 192.168.36.133：1521 0.0.0.0： * LISTEN 2485/tnslsnr
tcp 0 0 192.168.122.1：53 0.0.0.0： * LISTEN 2397/dnsmasq
tcp 0 0 0.0.0.0：50070 0.0.0.0： * LISTEN 28524/java
tcp 0 0 0.0.0.0：22 0.0.0.0： * LISTEN 1080/sshd
tcp 0 0 127.0.0.1：631 0.0.0.0： * LISTEN 1084/cupsd
tcp 0 0 127.0.0.1：25 0.0.0.0： * LISTEN 2263/master
tcp 0 0 0.0.0.0：50010 0.0.0.0： * LISTEN 28619/java
tcp 0 0 0.0.0.0：50075 0.0.0.0： * LISTEN 28619/java
tcp 0 0 127.0.0.1：38242 0.0.0.0： * LISTEN 28619/java
tcp 0 0 0.0.0.0：50020 0.0.0.0： * LISTEN 28619/java
tcp 0 0 127.0.0.1：9000 0.0.0.0： * LISTEN 28524/java
tcp6 0 0 ：：：22 ：：： * LISTEN 1080/sshd
tcp6 0 0 ：：1：631 ：：： * LISTEN 1084/cupsd
tcp6 0 0 ：：：23 ：：： * LISTEN 1087/xinetd
tcp6 0 0 ：：1：25 ：：： * LISTEN 2263/master
tcp6 0 0 ：：：36794 ：：： * LISTEN 2558/ora_d000_orcl
[root@ localhost bin]#
```

Name Node 是通过 9000 端口通信的。

50070 端口是提供的一个 Web 页面，系统 IP 是 192.168.36.133，访问网址 http：//192.168.36.133：50070/可查看效果。

（6）启动 Yarn(Yarn 也是集群的)。

执行 start – yarn.sh 命令(在 sbin 文件夹下)，如果前面没有配置 SSH 免登录，也是要输入登录密码的。执行 JPS 命令查看启动的 Java 服务，Resource Manager 已启动。

```
[root@ localhost home]# jps
4080 Jps
3121Name Node
3320SecondaryName Node
3672Resource Manager
3768NodeManager
3021Name Node
[root@ localhost home]#
```

到此配置启动完成。（**实验 15：Hadoop 的下载安装与调试**）

4.1.8　Hadoop 文件操作

4.1.8.1　使用 Hadoop 命令查看 HDFS 下文件

首先,执行命令:

［root@ localhost hadoop－2.7.3］# hadoop fs－lshdfs：//192.168.36.134：9000/

可以看到,在 secureCRT 上执行这条命令失败,再使用 netstat－nltp 命令查看监听的 9000 端口,是 127.0.0.1：9000,没有找到办法更改这个监听的 IP 和端口。

然后把 etc/hadoop/core－site.xml 配置下的 localhost 改为 192.168.36.134,保存配置重启 HDFS,使用上面的命令还是不行,重启系统后再启动 HDFS 和 Yarn,再使用上面命令就不会报错了,若命令执行后没有任何反应,则是因为没有在 HDFS 系统上存放文件。

4.1.8.2　上传文件到 HDFS 系统

在下述例子中上传/home/jdk/jdk－8u73－linux－x64.tar.gz 文件。

［root@ localhost jdk］# hadoop fs－put jdk－8u73－linux－x64.tar.gz hdfs：//192.168.36.134：9000/

上传完成后再查看 HDFS 下文件 hadoop fs－ls hdfs：//192.168.36.134：9000/或 hadoop fs－ls /。

```
［root@ localhost sbin］# hadoop fs－ls /
Found 1 items
－rw－r－－r－－ 1 root supergroup 181310701 2016－10－06 15：35 /jdk－8u73－linux－x64.tar.gz
［root@ localhost sbin］#
```

这个上传的文件就被切割成块并分别存放在 Name Node 节点上,由于都在同一台服务器上,那么文件被分成的块会在路径:/home/hadoop/hadoop－2.7.3/tmp/dfs/data/current/BP－944456004－127.0.0.1－1475724779784/current/finalized/subdir0/subdir0 下。从下面可以看到,文件被分成两块,大小分别为 134217728 和 47092973。

```
［root@ localhost subdir0］# ll
total178452
－rw－r－－r－－. 1 root root 134217728 Oct 6 15：35blk_1073741825
－rw－r－－r－－. 1 root root 1048583 Oct 6 15：35blk_1073741825_1001.meta
－rw－r－－r－－. 1 root root 47092973 Oct 6 15：35blk_1073741826
－rw－r－－r－－. 1 root root 367923 Oct 6 15：35blk_1073741826_1002.meta
［root@ localhost subdir0］# pwd
/home/hadoop/hadoop－2.7.3/tmp/dfs/data/current/BP－944456004－127.0.0.1－1475724779784/
current/finalized/subdir0/subdir0
［root@ localhost subdir0］#
```

4.1.8.3　下载 HDFS 系统文件

采用 GetHDFS 下载文件,命令格式为:

hadoop fs－gethdfs：//192.168.36.134：9000/jdk－8u73－linux－x64.tar.gz 或 hadoop fs－get /jdk－8u73－linux－x64.tar.gz

用 ll 命令查看当前文件夹,发现当前文件夹下不存在该文件:

```
[root@ localhost ~]# ll
total 4
- rw - - - - - - -. 1 root root 998 Sep 26 17：58 anaconda - ks. cfg
```
再下载：
```
[root@ localhost ~]# hadoop fs  - gethdfs：//192.168.36.134：9000/jdk - 8u73 - linux - x64. tar. gz
```
再查看，发现该文件已被下载成功：
```
[root@ localhost ~]# ll
total 177068
- rw - - - - - - -. 1 root root 998 Sep 26 17：58 anaconda - ks. cfg
- rw - r - - r -. 1 root root 181310701 Oct 6 17：24 jdk - 8u73 - linux - x64. gz
[root@ localhost ~]#
```
（实验 16：HDFS 文件操作与管理）

4.1.8.4 使用 MapReduce 算法统计单词数量

使用 MapReduce 算法统计单词数量一般是在 Java 程序中进行的，下面是直接在 Hadoop 安装目录下 MapReduce 中的 Java 例子中实验。

（1）首先切换到 MapReduce 路径：cd /home/hadoop/hadoop - 2.7.3/share /hadoop/下，会看到 hadoop - MapReduce - examples - 2.7.3. jar 文件。

（2）新建一个测试文件，并填写测试数据：vi test. data，在里面随便写入英文单词，如 Youth is not a time of life；it is a state of mind；it is not a matter of rosy cheeks，red lips and supple knees；it is a matter of the will，a quality of the imagination，a vigor of the emotions；it is the freshness of the deep springs of life. 保存后上传到 HDFS 系统中。

（3）在 HDFS 系统中新建文件夹存放测试数据。
```
[root@ localhostMapReduce]# hadoop fs - mkdir /test
[root@ localhostMapReduce]# hadoop fs - mkdir /test/testdata
[root@ localhostMapReduce]# hadoop fs - put test. data /test/testdata
[root@ localhostMapReduce]# hadoop fs - ls /
Found 2 items
- rw - r - - r - - 1 root supergroup 181310701 2016 - 10 - 06 15：35 /jdk - 8u73 - linux - x64. tar. gz
drwxr - xr - x  - root supergroup 0 2016 - 10 - 06 17：54 /test
[root@ localhostMapReduce]#
```

（4）执行单词统计操作，/test/output 为输出路径。
```
[root@ localhostMapReduce] # hadoop jar hadoop - MapReduce - examples - 2. 7. 3. jar wordcount /test/
testdata /test/output
```

（5）查看输出结果。
```
[root@ localhostMapReduce]# hadoop fs  - ls /test/output
Found 2 items
- rw - r - - r - - 1 root supergroup 0 2016 - 10 - 06 18：13 /test/output/_SUCCESS
- rw - r - - r - - 1root supergroup 223 2016 - 10 - 06 18：12 /test/output/part - r - 00000
[root@ localhostMapReduce]# hadoop fs  - cat /test/output/part - r - 00000
```
（实验 17：基于 MapReduce 编程实现爬取数据的 Wordcount 分析）

4.1.8.5　根据取样获取 pi 值

取样越多, pi 值越精确, 下面以 10X10 为例:

［root@ localhostMapReduce］# hadoop jar hadoop – MapReduce – examples – 2.7.3. jar pi 10 10

4.2　典型大数据实用技术

4.2.1　存储 HDFS 及相关技术

本节首先对 HDFS 的重要特性和使用场景做一个简要说明, 之后对 HDFS 的数据读写、元数据管理以及 Name Node、Secondary Name Node 的工作机制进行深入分析。此过程中也会对一些配置参数做一个说明。

4.2.1.1　HDFS 的重要特性

下面先明确一些基本概念, 再来了解 HDFS 的重要特性。

首先, HDFS 是一个文件系统, 用于存储和管理文件, 有统一的命名空间(类似于本地文件系统的目录树)。HDFS 是分布式的, 服务器集群中各个节点都有自己的角色和职责。

其次, HDFS 中的文件在物理上是分块存储, 块的大小可以通过配置参数(dfs. blocksize)来规定, 默认大小在 Hadoop2. x 版本中是 128 MB, 之前的版本中是 64 MB。

HDFS 文件系统会给客户端提供一个统一的抽象目录树, 客户端通过路径来访问文件, 例如, hdfs: //Name Node: port/dir – a/dir – b/dir – c/file. data。

目录结构及文件分块位置信息(元数据)的管理由 Name Node 节点承担, Name Node 是 HDFS 集群主节点, 负责维护整个 HDFS 文件系统的目录树, 以及每一个路径(文件)所对应的数据块信息(Block ID 及所在的 Name Node 服务器)。

文件的各个 Block 的存储管理由 Name Node 节点承担, Name Node 是 HDFS 集群从节点, 每一个 Block 都可以在多个 Name Node 上存储多个副本(副本数量也可以通过参数设置 dfs. replication, 默认是 3)。

Data Node 会定期向 Name Node 汇报自身所保存的文件 Block 信息, 而 Name Node 则会负责保持文件的副本数量, HDFS 的内部工作机制对客户端保持透明, 客户端请求访问 HDFS 都是通过向 Name Node 申请来进行的。

HDFS 被设计成适用于一次写入、多次读出的场景, 且不支持文件的修改, 需要频繁的远程过程调用(remote procedure call, RPC)交互, 写入性能不好。

4.2.1.2　HDFS 写数据分析

客户端要向 HDFS 写数据, 首先要跟 Name Node 通信以确认可以写文件并获得接收文件 Block 的 Name Node, 然后客户端按顺序将文件逐个 Block 传递给相应 Name Node, 并由接收到 Block 的 Name Node 负责向其他 Name Node 复制 Block 的副本(图 4 – 2)。

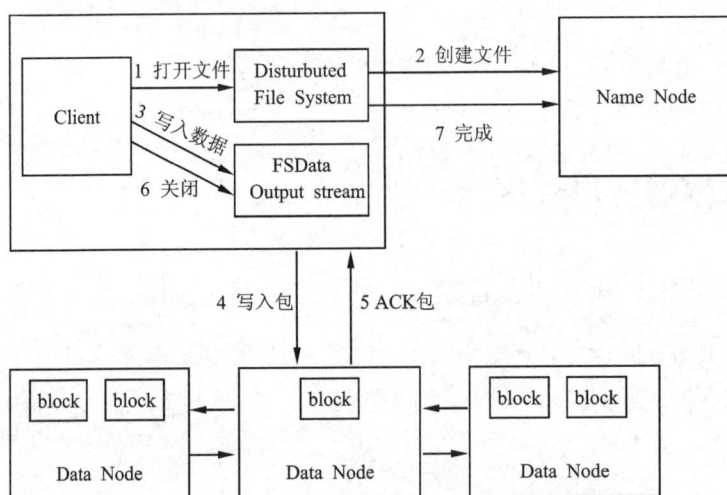

图 4 – 2   HDFS 写入数据流程示意图

1. 写数据步骤详解

(1)客户端向 Name Node 发送上传文件请求，Name Node 对要上传目录和文件进行检查，判断是否可以上传，并向客户端返回检查结果。

(2)客户端得到上传文件的允许后读取客户端配置，如果没有指定配置则会读取默认配置(如副本数和块大小默认为 3 和 128 MB，副本是由客户端决定的)。向 Name Node 请求上传一个数据块。

(3)Name Node 会根据客户端的配置来查询 Name Node 信息，如果使用默认配置，那么最终结果会返回同一个机架的两个 Name Node 和另一个机架的 Name Node。这称为"机架感知"策略。

HDFS 采用一种称为机架感知(rack aware)的策略来改进数据的可靠性、可用性和网络带宽的利用率。大型 HDFS 实例一般运行在跨越多个机架的计算机组成的集群上，不同机架上的两台机器之间的通信需要经过交换机。大多数情况下，同一个机架内的两台机器间的带宽会比不同机架的两台机器间的带宽大。通过一个机架感知的过程，Name Node 可以确定每个 Name Node 所属的机架 ID。一个简单但没有优化的策略就是将副本存放在不同的机架上。这样可以有效防止当整个机架失效时数据的丢失，并且允许读数据的时候充分利用多个机架的带宽。这种策略设置可以将副本均匀分布在集群中，有利于维持组件失效情况下的负载均衡。但是，因为这种策略的一个写操作需要传输数据块到多个机架上，从而增加了写的成本。在大多数情况下，副本系数是 3，HDFS 的存放策略是将一个副本存放在本地机架的节点上，一个副本放在同一机架的另一个节点上，最后一个副本放在不同机架的节点上。这种策略减少了机架间的数据传输，提高了写操作的效率。机架的错误远远比节点的错误少，所以这个策略不会影响到数据的可靠性和可用性。同时，因为数据块只放在两个(不是 3 个)不同的机架上，所以此策略减少了读取数据时需要的网络传输总带宽。在这种策略下，副本并不是均匀分布在不同的机架上。三分之一的副本在一个节点上，三分之二的副本在一个机架上，这一策略在不损害数据可靠性和读取性能的情况下改进了写的性能。

（4）客户端在开始传输数据块之前会把数据缓存在本地，当缓存大小超过了一个数据块的大小时，客户端就会从 Name Node 上获取要上传的 Name Node 列表。之后会在客户端和第一个 Name Node 上建立连接开始流式的传输数据，这个 Name Node 会一小部分一小部分（4 kB）地接收数据然后写入本地仓库，同时会把这些数据传输到第二个 Name Node，第二个 Name Node 也同样一小部分一小部分地接收数据并写入本地仓库，同时传输给第三个 Name Node，依此类推。这样逐级调用和返回之后，待这个数据块传输完成后，客户端告诉 Name Node 数据块传输完成，这时 Name Node 才会更新元数据信息，记录操作日志。

（5）第一个数据块传输完成后会使用同样的方式传输下面的数据块，直到整个文件上传完成。

2. 细节

（1）请求和应答是使用 RPC 的方式，客户端通过 Client Protocol 与 Name Node 通信，Name Node 和 Name Node 之间使用 Name Node Protocol 交互。在设计上，Name Node 不会主动发起 RPC，而是响应来自客户端或 Name Node 的 RPC 请求。客户端和 Name Node 之间是使用 Socket 进行数据传输的，与 Name Node 之间的交互采用 NIO 封装的 RPC。

（2）HDFS 有自己的序列化协议。

（3）在数据块传输成功后，若客户端没有在 Name Node 宕机之前告诉 Name Node，那么这个数据块就会丢失。

（4）在流式复制时，逐级传输和响应采用响应队列来等待传输结果。队列响应完成后返回给客户端。

（5）在流式复制时如果有一台或两台（不是全部）没有复制成功，不会影响到最后的结果，只不过 Data Node 会定期向 Name Node 汇报自身信息。如果发现异常，Name Node 会指挥 Data Node 删除残余数据并完善副本。如果副本数量小于某个最小值，就会进入安全模式。

Name Node 启动后会进入一个称为安全模式的特殊状态，处于安全模式的 Name Node 不会进行数据块的复制。Name Node 从所有的 Data Node 中接收心跳信号和块状态报告。块状态报告包括了某个 Data Node 所有的数据块列表，每个数据块都有一个指定的最小副本数，当 Name Node 检测确认某个数据块的副本数目达到了这个最小值时，那么该数据块就被认为是副本安全的；当一定比例（这个参数可配置）的数据块被 Name Node 检测确认是安全的之后（加上一个额外的 30 s 等待时间），Name Node 将退出安全模式状态。接下来它会确定还有哪些数据块的副本没有达到指定数目，并将这些数据块复制到其他 Name Node 上。

4.2.1.3　HDFS 读数据分析

客户端将要读取的文件路径发送给 Name Node，Name Node 获取文件的元信息后（主要是 Block 的存放位置信息）返回给客户端，客户端根据返回的信息找到相应 Name Node 逐个获取文件的 Block 并在客户端本地进行数据追加合并，从而获得整个文件（图 4 - 3）。

读取数据步骤详解：

（1）客户端向 Name Node 发起 RPC 调用，请求读取文件数据。

（2）Name Node 检查文件是否存在，如果存在则获取文件的元信息（即 Block ID 以及对应的 Name Node 列表）。

（3）客户端收到元信息后选取一个网络距离最近的 Name Node，依次请求读取每个数据

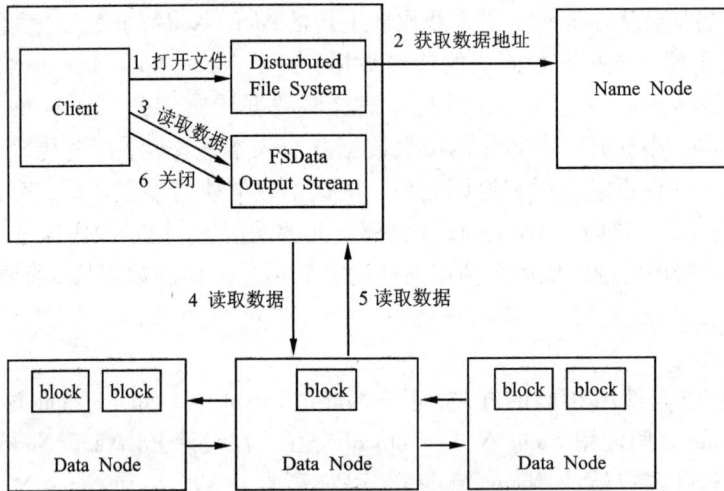

图 4 - 3　HDFS 读取数据流程示意图

块。客户端首先要校验文件是否损坏，如果损坏，客户端会选取另外的 Name Node 请求。

(4) Name Node 与客户端建立 Socket 连接，传输对应的数据块，客户端收到数据后缓存到本地，之后写入文件。

(5) 依次传输剩下的数据块，直到整个文件合并完成。

从某个 Name Node 获取的数据块有可能是损坏的，损坏可能是由 Name Node 的存储设备错误、网络错误或者软件漏洞造成的。HDFS 客户端软件实现了对 HDFS 文件内容的校验和检查。当客户端创建一个新的 HDFS 文件时，HDFS 客户端软件会计算这个文件中每个数据块的校验和，并将校验和作为一个单独的隐藏文件保存在同一个 HDFS 名字空间下。当客户端获取文件内容后，它会检验从 Name Node 中获取的数据与相应的校验和文件中的校验和是否匹配，如果不匹配，客户端可以选择从其他的 Name Node 获取该数据块的副本。

4.2.1.4　HDFS 删除数据分析

HDFS 删除数据流程相对较简单，具体步骤如下：

(1) 客户端向 Name Node 发起 RPC 调用，请求删除文件，Name Node 检查合法性。

(2) Name Node 查询文件相关元信息，向存储文件数据块的 Name Node 发出删除请求。

(3) Name Node 删除相关数据块，返回结果。

(4) Name Node 返回结果给客户端。

当用户或应用程序删除某个文件时，这个文件并不会立刻从 HDFS 中删除。实际上，HDFS 会将这个文件重命名并转移到/trash 目录。只要文件还在/trash 目录中，该文件就可以被迅速地恢复。如果用户想恢复被删除的文件，可以浏览/trash 目录找回该文件。文件在/trash 中保存的时间是可配置的，当超过这个时间时，Name Node 就会将该文件从名字空间中删除。删除文件会使得该文件相关的数据块被释放。注意，从用户删除文件到 HDFS 空闲空间的增加之间会有一定时间延迟。/trash 目录仅仅保存被删除文件的最后副本。/trash 目录与其他的目录没有什么区别，除了一点：在该目录上，HDFS 会应用一个特殊策略来自动删除文件，目前的默认策略是删除/trash 中保留时间超过 6 h 的文件。

当一个文件的副本系数被减小后，Name Node 会选择多余的副本删除。下次心跳检测时会将该信息传递给 Name Node。Name Node 便移除相应的数据块，集群中的空闲空间增加。同样，在调用 Set Replication API 结束时和集群中空闲空间增加的时间也会有一定的延迟。

4.2.1.5　Name Node 元数据管理原理分析

Name Node 的职责是响应客户端请求、管理元数据。

Name Node 对元数据有三种存储方式：

（1）内存元数据（Name System）。

（2）磁盘元数据镜像文件。

（3）数据操作日志文件（可通过日志运算出元数据）。

值得注意的是，HDFS 不适合存储小文件的原因：每个文件都会产生元信息，当小文件多了之后，元信息也就多了，会对 Name Node 造成压力。

1. 三种存储机制的进一步解释

内存元数据就是当前 Name Node 正在使用的元数据，是存储在内存中的。

磁盘元数据镜像文件是内存元数据的镜像，保存在 Name Node 工作目录中，它是一个准元数据，作用是在 Name Node 宕机时能够快速且较准确地恢复元数据，称为 FsImage。

数据操作日志文件是用来记录元数据操作的，在每次改动元数据时都会追加日志记录，如果有完整的日志，就可以还原完整的元数据。主要作用是用来完善 FsImage，减少 FsImage 和内存元数据的差距，称为 EditsLog。

2. CheckPoint 机制分析

因为 Name Node 本身的任务就非常重要，为了不再给 Name Node 增加压力，把日志合并到 FsImage 时就引入了另一个角色——Secondary Name Node。Secondary Name Node 负责定期把 EditsLog 合并到 FsImage。"定期"是 Name Node 向 Secondary Name Node 发送 RPC 请求，是按时间或者日志记录条数为"间隔"的，这样既不会浪费合并操作，又不会使 FsImage 和内存元数据有很大的差距，因为元数据的改变频率不是固定的。

每隔一段时间，会由 Secondary Name Node 将 Name Node 上积累的所有 Edits 和一个最新的 FsImage 下载到本地，并加载到内存进行合并（这个过程称为 CheckPoint）。

（1）Name Node 向 Secondary Name Node 发送 RPC 请求，请求合并 EditsLog 到 FsImage 中。

（2）Secondary Name Node 收到请求后从 Name Node 上读取（通过 HTTP 服务）EditsLog（多个滚动日志文件）和 FsImage 文件。

（3）Secondary Name Node 会根据读取的 EditsLog 合并到 FsImage 中，形成最新的 FsImage 文件（中间有很多步骤：把文件加载到内存，还原成元数据结构，合并、再生成文件，新生成的文件名为 FsImage.checkpoint）。

（4）Secondary Name Node 通过 HTTP 服务把 FsImage.checkpoint 文件上传到 Name Node，并且通过 RPC 调用把文件改名为 FsImage。

Name Node 和 Secondary Name Node 的工作目录存储结构完全相同。所以，当 Name Node 因故障退出需要重新恢复时，可以从 Secondary Name Node 的工作目录中将 FsImage 拷贝到 Name Node 的工作目录上，以恢复 Name Node 的元数据。

CheckPoint 操作的配置如下：

dfs. Name Node. checkpoint. check. period =60#检查触发条件是否满足频率, 60 s

dfs. Name Node. checkpoint. dir = file：// $ { hadoop. tmp. dir}/dfs/namesecondary

#以上两个参数做 checkpoint 操作时, 可查看 Secondary Name Node 的本地工作目录

dfs. Name Node. checkpoint. edits. dir = $ { dfs. Name Node. checkpoint. dir}

dfs. Name Node. checkpoint. max − retries = 3 #最大重试次数

dfs. Name Node. checkpoint. period = 3600#两次 checkpoint 之间的时间间隔 3600 s

dfs. Name Node. checkpoint. txns = 1000000#两次 checkpoint 之间最大的操作记录

EditsLog 和 FsImage 文件存储在 $ dfs. Name Node. name. dir/current 目录下, 这个目录可以在 hdfs − site. xml 中配置。

$ dfs. Name Node. name. dir/current/seen_txid 非常重要, 是存放 Transaction Id 的文件, Format 之后是 0, 它代表的是 Name Node 里面的 edits_ * 文件的尾数, Name Node 重启时, 会按照 seen_txid 的数字恢复。所以当 HDFS 发生异常重启时, 一定要比对 seen_txid 内的数字是不是 Edits 最后的尾数, 不然会发生重启 Name Node 时 Meta Data 的资料有缺少, 导致误删 Name Node 上多余的 Block 信息。

4.2.2 Yarn 及相关技术

4.2.2.1 Yarn 概述

1. 起源

从业界使用分布式系统的变化趋势和 Hadoop 框架的长远发展来看, MapReduce 的 Job Tracker/Task Tracker 机制需要大规模的调整来修复它在可扩展性、内存消耗、线程模型、可靠性和性能上的缺陷。在过去的几年中, Hadoop 开发团队做了一些漏洞的修复, 但是这些修复的成本越来越高, 这表明对原框架做出改变的难度越来越大。为从根本上解决旧 MapReduce 框架的性能瓶颈, 促进 Hadoop 框架更长远的发展, 从 Hadoop 0. 23. 0 版本开始, Hadoop 的 MapReduce 框架便完全重构, 发生了根本性的变化。新的 Hadoop MapReduce 框架命名为 MapReduceV2 或者 Yarn。

Yarn 是从 0. 23. 0 版本开始新引入的资源管理系统, 直接从 MRV1(0. 20. x、0. 21. x、0. 22. x) 演化而来, 其核心思想是：将 MRV1 中 Job Tracker 的资源管理和作业调用两个功能分开, 分别由 Resource Manager 和 Application Master 进程来实现。

2. 使用原因

与旧版本 MapReduce 相比, Yarn 采用了一种分层的集群框架, 它解决了旧版本 MapReduce 的一系列缺陷, 其具有以下几种优势：

(1) 提出了 HDFSFederation, 让多个 Name Node 分管不同的目录, 进而实现访问隔离和横向扩展。对于运行中 Name Node 的单点故障, 通过 Name Node 热备方案(Name Node HA) 实现。

（2）Yarn 通过将资源管理和应用程序管理两部分分开，分别由 Resouce Manager 和 Application Master 负责，其中，Resouce Manager 专管资源管理和调度，而 Application Master 则负责与具体应用程序相关的任务切分、任务调度和容错等，每个应用程序对应一个 Application Master。

（3）Yarn 具有向后兼容性，用户在 MRv1 上运行的作业，无须任何修改即可运行在 Yarn 上。

（4）对于资源的表示以内存为单位（在目前版本的 Yarn 中，没有考虑 CPU 的占用），比之前以剩余 Slot 数目更合理。

（5）支持多个框架。Yarn 不再是一个单纯的计算框架，而是一个框架管理器，用户可以将各种各样的计算框架移植到 Yarn 上，由 Yarn 进行统一管理和资源分配。目前支持多种计算框架运行在 Yarn 上，如 MapReduce、Storm、Spark、Flink 等。

（6）框架升级更容易。在 Yarn 中，各种计算框架不再是作为一个服务部署到集群的各个节点上（如 MapReduce 框架，不再需要部署 Job Tracler、Task Tracker 等服务），而是被封装成一个用户程序库（lib）存放在客户端，当需要对计算框架进行升级时，只须升级用户程序库即可。

3. Yarn 架构的组成

Yarn 的架构图如图 4 - 4 所示。

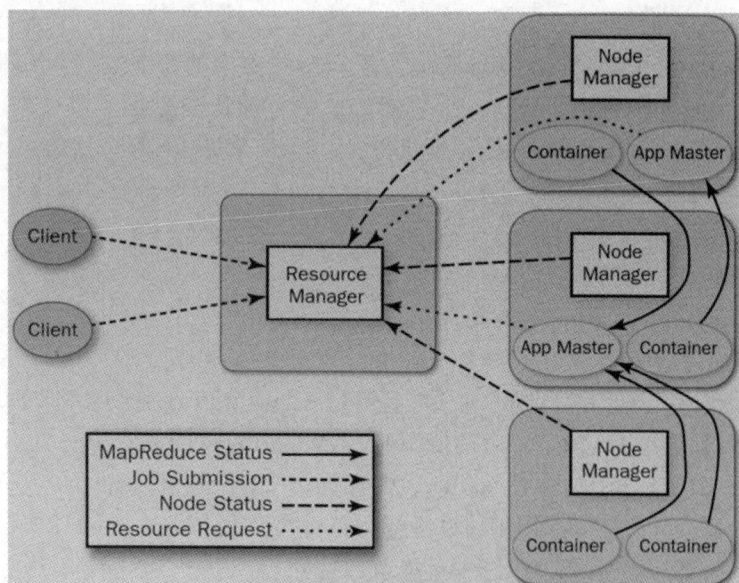

图 4 - 4　Yarn 架构图

从 Yarn 的架构图可以看出，它主要由 Resource Manager、Application Master（App Master）、Node Manager 和 Container 等几个组件构成。

（1）Resource Manager（RM）：Yarn 分层结构的本质是 Resource Manager。这个实体控制整个集群并管理应用程序向基础计算资源的分配。Resource Manager 将各个资源部分（计算、内存、带宽等)精心安排给基础 Node Manager(Yarn 的每节点代理)。Resource Manager 还与 Application Master 一起分配资源,与 Node Manager 一起启动和监视它们的基础应用程序。在此处,Application Master 承担了以前的 Task Tracker 所承担的一些角色,Resource Manager 承担了 Job Tracker 的角色。

总的来说,RM 有以下作用:

①处理客户端请求。

②启动或监控 Application Master。

③监控 Node Manager。

④资源的分配与调度。

(2)Application Master(AM):Application Master 管理在 Yarn 内运行的每个应用程序实例。Application Master 负责协调来自 Resource Manager 的资源,并通过 Node Manager 监视容器的执行和资源使用(CPU、内存等的资源分配)。请注意,尽管目前的资源比较传统(CPU 核心、内存),但未来会带来基于手头任务的新资源类型(如图形处理单元或专用处理设备)。从 Yarn 角度来讲,Application Master 是用户代码,因此存在潜在的安全问题。Yarn 假设 Application Master 存在错误或者是恶意的,因此将它们当作无特权的代码对待。

总的来说,AM 有以下作用:

①负责数据的切分。

②为应用程序申请资源并给内部分配任务。

③任务的监控与容错。

(3)Node Manager(NM):Node Manager 管理 Yarn 集群中的每个节点。Node Manager 可以为集群中每个节点提供服务,如从对一个容器的监督管理到资源监视和对节点健康的跟踪。MRv1 通过插槽管理 Map 和 Reduce 任务的执行,而 Node Manager 管理抽象容器,这些抽象容器可供一个特定应用程序使用。

总的来说,NM 有以下作用:

①管理单个节点上的资源;

②处理来自 Resource Manager 的命令;

③处理来自 Application Master 的命令。

(4)Container:是 Yarn 中的资源抽象,它封装了某个节点上的多维度资源,如内存、CPU、磁盘、网络等。当 AM 向 RM 申请资源时,RM 为 AM 返回的资源便是用 Container 表示的。Yarn 会为每个任务分配一个 Container,且该任务只能使用该 Container 中描述的资源。

总的来说,Container 有以下作用:对任务运行环境进行抽象,封装 CPU、内存等多维度的资源。运行相关的任务需要使用 Yarn 集群,首先需要一个包含应用程序的客户请求。Resource Manager 将确定一个容器所必要的资源,再启动 Application Master 来表示已提交的应用程序。通过使用资源请求协议,Application Master 协商每个节点上供应用程序使用的资源容器。执行应用程序时,Application Master 监视容器直到完成。当应用程序完成时,Application Master 从 Resource Manager 注销其容器,执行周期便完成。

通过上面的讲解,应该明确的一点是,旧版本的 Hadoop 架构受到了 Job Tracker 的高度约束,Job Tracker 负责整个集群的资源管理和作业调度。新的 Yarn 架构打破了这种约束,允许一个新的 Resource Manager 管理跨应用程序的资源使用,Application Master 负责管理作业的执行。这一更改不仅解决了这些难题,还改善了将 Hadoop 集群扩展到比以前大得多的配置的能力。此外,不同于传统的 MapReduce,Yarn 允许使用 MPI(message passing interface)等标准通信模式,同时执行各种不同的编程模型,包括图形处理、迭代式处理、机器学习和一般集群计算。

4. Yarn 原理概述

Yarn 的作业运行,主要由以下几个步骤组成(图 4 - 5)。

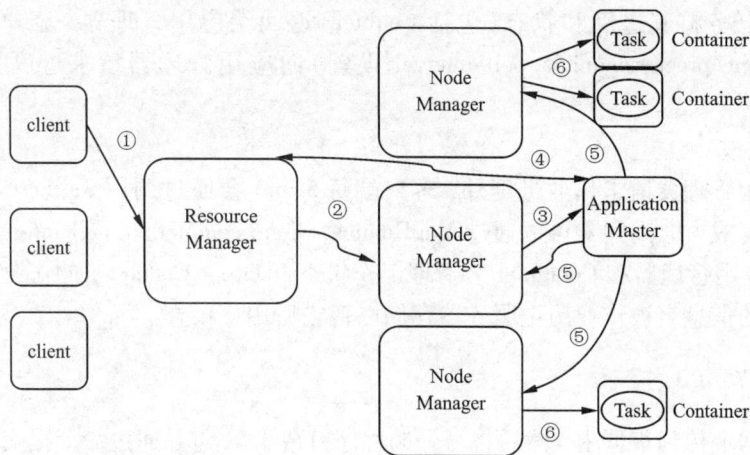

图 4 - 5　Yarn 作业处理流程示意图

(1)作业提交。

Client 调用 job. waitForCompletion 方法,向整个集群提交 MapReduce 作业(第 1 步)。新的作业 ID(应用 ID)由资源管理器分配(第 2 步)。作业的 Client 核实作业的输出,计算输入的 Split,将作业的资源(包括 JAR 包、配置文件、Split 信息)拷贝给 HDFS(第 3 步)。最后,通过调用资源管理器的 Submit Application( )来提交作业(第 4 步)。

(2)作业初始化。

当资源管理器收到 Submit Application( )的请求时,就将该请求发送给调度器(scheduler),调度器分配 Container,然后资源管理器在该 Container 内启动应用管理器进程,由节点管理器监控(第 5 步)。

MapReduce 作业的应用管理器是一个主类为 MR App Master 的 Java 应用。其通过创造一些 Book Keeping 对象来监控作业的进度,从而得到任务的进度和完成报告(第 6 步)。然后再通过分布式文件系统得到由客户端计算好的输入 Split(第 7 步)。之后,再为每个输入 Split 创建一个 Map 任务,根据 MapReduce. job. reduces 创建 Reduce 任务对象。

(3)任务分配。

如果作业很小,应用管理器会选择在自己的 JVM(Java 虚拟机)中运行任务。

如果不是小作业,那么应用管理器会向资源管理器请求 Container 来运行所有的 Map 和 Reduce 任务(第 8 步)。这些请求是通过心跳来传输的,包括每个 Map 任务的数据位置,比如存放输入 Split 的主机名和机架(rack)。调度器利用这些信息来调度任务,并尽量将任务分配给存储数据的节点,或者分配给和存放输入 Split 的节点相同机架的节点。

（4）任务运行。

当一个任务由资源管理器的调度器分配给一个 Container 后，应用管理器通过联系节点管理器来启动 Container（第 9 步）。任务由一个主类为 Yarn Child 的 Java 应用执行。在运行任务之前，首先应本地化任务需要的资源，比如作业配置、JAR 文件以及分布式缓存的所有文件（第 10 步）。最后，运行 Map 或 Reduce 任务（第 11 步）。

Yarn Child 运行在一个专用的 JVM 中，但是 Yarn 不支持 JVM 重用。

（5）进度和状态更新。

Yarn 中的任务将其进度和状态（包括 Counter）返回给应用管理器，客户端每秒（通过 MapReduce. client. progressmonitor. poll interval 设置）向应用管理器请求进度更新，展示给用户。

（6）作业完成。

除了向应用管理器请求作业进度外，客户端每 5 min 会通过调用 waitForCompletion( ) 来检查作业是否完成。时间间隔可以通过 MapReduce. client. completion. poll interval 来设置。作业完成之后，应用管理器和 Container 会清理工作状态，Output Commiter 的作业清理方法也会被调用。作业的信息会被作业历史服务器存储以备之后用户核查。

4.2.2.2　Yarn 工作流程

首先将数据上传到集群中，然后将写好的程序打成 JAR 包并通过命令提交 MR 作业。提交到集群后由集群管理者 MR 开始调度分配资源到 HDFS 读取数据并执行 MapReduce 相关进程，对数据进行计算（图 4－6）。

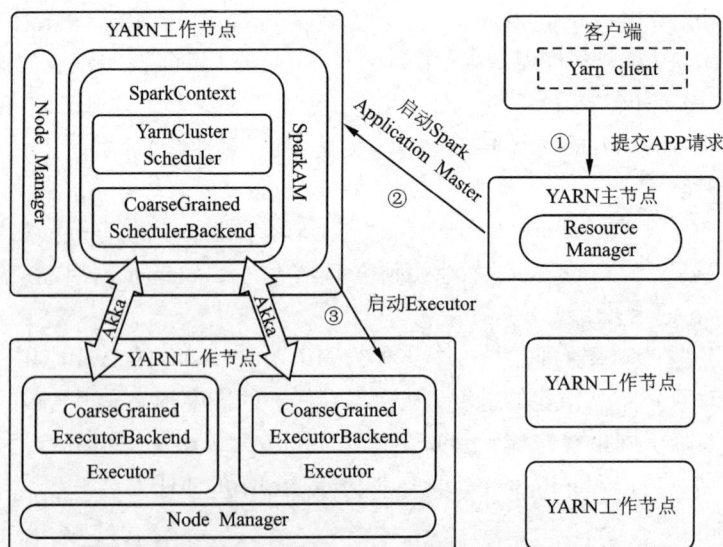

图 4－6　Yarn 整体工作流程示意图

具体流程如下：

第 1 步：Client 执行 Main( ) 函数中 Runjob( )；开启作业。

第 2 步：Client 向 RM 发送作业请求，同时 RM 将作业 ID 以及 JAR 包存放路径返回给 client。

第 3 步：Client 会把 JAR 路径为前缀、作业 ID 为后缀作为唯一存放路径，将 JAR 包写入到 HDFS 集群中，默认情况下 JAR 包写 10 份，而其他数据只写 3 份。当程序运行完后删除这些数据。

第 4 步：Client 再次将 JAR 的包存放地址（更为详细的描述）提交给 RM。

第 5 步：RM 将其放入调度器，向 NM 发送命令，NM 开启 MR APP Master 进程，MR 根据 HDFS 中 JAR 包数据量为 NM 分配任务。

第 6 步：NM 通过心跳机制接受调度器分配的任务。

第 7 步：NM 会开启内部 Yarn Child。

第 8 步：Yarn Child 根据命令到 HDFS 上检索作业资源。

第 9 步：Yarn Child 开启 Map Task 或者 Reduce Task。

第 10 步：Map 计算 Yarn Child 调度的数据。

4.2.2.3　下一代 Hadoop 计算平台——Yarn

1. Yarn 架构细化

Yarn 的详细架构如图 4 - 7 所示。

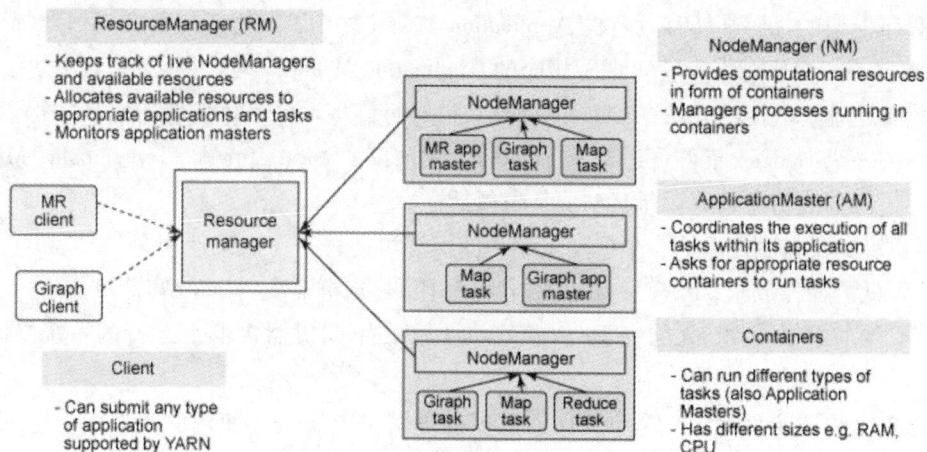

图 4 - 7　**Yarn 详细架构及各部分说明**

在 Yarn 架构中，一个全局 Resource Manager 以主要后台进程的形式运行，它通常在专用机器上运行，在各种竞争的应用程序之间仲裁可用的集群资源。Resource Manager 会追踪集群中有多少可用的活动节点和资源，协调用户提交的应用程序应该在何时获取这些资源。Resource Manager 是唯一拥有此信息的进程，所以它可通过某种共享的、安全的、多租户的方式制订分配（或者调度）决策（例如，依据应用程序优先级、队列容量、ACLs、数据位置等）。

在用户提交一个应用程序时，一个称为 Application Master 的轻量型进程实例会启动来协调应用程序内的所有任务的执行。这包括监视任务、重新启动失败的任务、推测性地运行缓慢的任务以及计算应用程序计数器值的总和。这些职责以前分配给所有作业的单个 Job Tracker。Application Master 和属于它的应用程序的任务，在受 Node Manager 控制的资源容器中运行。

Node Manager 是 Task Tracker 的一种更加普通、高效的版本，它没有固定数量的 Map 和 Reduce，却拥有许多动态创建的资源容器。资源容器的大小取决于它所包含的资源量，比如内存、CPU、磁盘和网络 IO。目前，它仅支持内存和 CPU(Yarn - 3)，未来可使用 CGroups 来控制磁盘和网络 IO。一个节点上的资源容器数量，由配置参数与专用于从属后台进程和操作系统的资源以外的节点资源总量(如总 CPU 数和总内存)共同决定。

有趣的是，Application Master 可在资源容器内运行任何类型的任务。例如，MapReduce Application Master 请求一个资源容器来启动 Map 或 Reduce 任务，而 Giraph Application Master 请求一个资源容器来运行 Giraph 任务。另外，它还可以实现一个自定义的 Application Master 来运行特定的任务。

在 Yarn 中，MapReduce 降级为分布式应用程序中的一个角色(但仍是一个非常流行且有用的角色)，现在称为 MRv2。MRv2 是经典 MapReduce 引擎(现在称为 MRv1)的重现，运行在 Yarn 之上。

2. 一个可运行任何分布式应用程序的集群

Resource Manager、Node Manager 和资源容器都不关心应用程序或任务的类型。所有特定于应用程序框架的代码都转移到它的 Application Master 之中，以便任何分布式框架都可以受 Yarn 的支持——只要有人为它实现了相应的 Application Master。

得益于这个一般性的方法，Hadoop Yarn 集群运行许多不同工作负载的宗旨才得以实现。数据中心的一个 Hadoop 集群可运行 MapReduce、Giraph、Storm、Spark、Tez/Impala、MPI 等。

单一集群方法明显具有大量优势，其中包括：

(1)更高的集群利用率，一个框架未使用的资源可由另一个框架使用。

(2)更低的操作成本，因为只有一个"包办一切的"集群需要管理和调节。

(3)更少的数据移动，无须在 Hadoop Yarn 上和在不同机器集群上运行的系统之间移动数据。

管理单个集群还会得到一个更环保的数据处理解决方案——使用的数据中心空间更少，浪费的硅片更少，使用的电源更少，排放的碳更少，这只是因为在更小但更高效的 Hadoop 集群上运行了同样的计算。

3. Yarn 中应用程序的提交

本节讨论在应用程序提交到 Yarn 集群时，Resource Manager、Application Master、Node Managers 和资源容器如何相互交互。图 4 - 8 所示为 Yarn 中的应用程序提交。

假设用户采用与 MRv1 中相同的方式键入 HadoopJar 命令，将应用程序提交到 Resource Manager。Resource Manager 维护在集群上运行的应用程序列表，以及每个活动的 Node Manager 上的可用资源列表。Resource Manager 需要确定哪个应用程序应该获得一部分集群资源。该决策受到许多限制，比如队列容量、ACL 和公平性等。Resource Manager 使用一个可插拔的 Scheduler。Scheduler 仅执行调度：它管理谁在何时获取集群资源(以资源容器的形

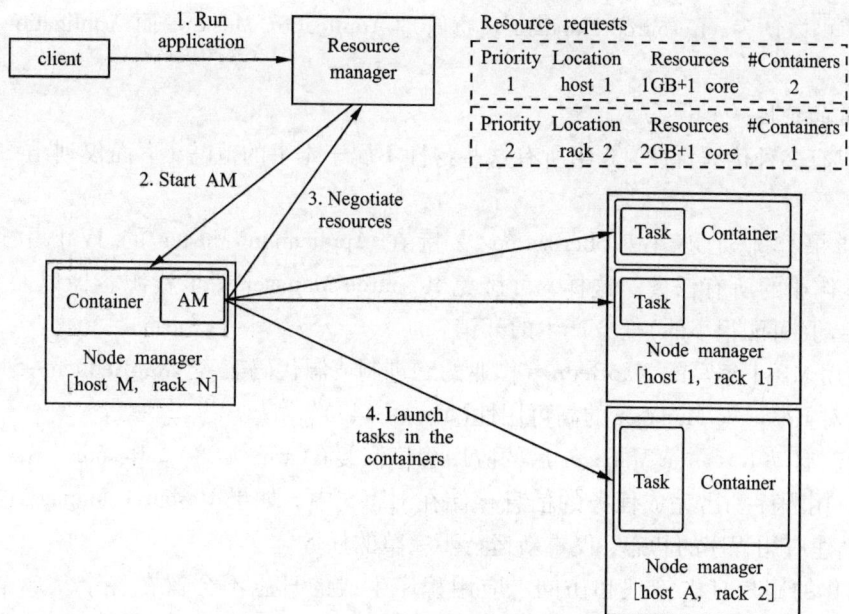

图 4 - 8 Yarn 中的应用程序提交

式)，但不会对应用程序内的任务执行任何监视，所以它不会尝试重新启动失败的任务。

在 Resource Manager 接受一个新应用程序的提交时，Scheduler 制订的第一个决策是选择用来运行 Application Master 的资源容器。在 Application Master 启动后，它将负责此应用程序的整个生命周期。首先也是最重要的是，它将资源请求发送到 Resource Manager，请求运行应用程序的任务所需的资源容器。资源请求是对一些资源容器的请求，用以满足一些资源需求，例如：

(1)一定量的资源，目前使用 MB 内存和 CPU 份额来表示。

(2)一个首选的位置，由主机名、机架名称指定，或者使用"∗"来表示没有偏好。

(3)此应用程序中的一个优先级，而不是跨多个应用程序。

如果可能的话，Resource Manager 会分配一个满足 Application Master 在资源请求中所需求的资源容器(表达为资源容器 ID 和主机名)。该资源容器允许应用程序使用特定主机上给定的资源量。分配一个资源容器后，Application Master 会要求 Node Manager(管理分配资源容器的主机)使用这些资源来启动一个特定于应用程序的任务。此任务可以是在任何框架中编写的任何进程(如一个 MapReduce 任务或一个 Giraph 任务)。Node Manager 不会监视任务，它仅监视资源容器中的资源使用情况。例如，如果一个资源容器消耗的内存比最初分配的更多，它会结束该资源容器。

Application Master 会竭尽全力协调资源容器，启动所有需要的任务来完成它的应用程序。它还监视应用程序及其任务的进度，在新请求的资源容器中重新启动失败的任务，以及向提交应用程序的客户端报告进度。应用程序完成后，Application Master 会关闭自己并释放自己的资源容器。

尽管 Resource Manager 不会对应用程序内的任务执行任何监视，但它会检查 Application

Master 的健康状况。如果 Application Master 失败，Resource Manager 可在一个新资源容器中重新启动它。可以认为，Resource Manager 负责管理 Application Master，而 Application Master 负责管理任务。

4. Yarn 的特性

Yarn 具有多种优秀特性，介绍所有这些特性不属于本书的范畴，下面仅列出一些值得注意的特性：

（1）如果作业足够小，Uberization 支持在 Application Master 的 JVM 中运行一个 MapReduce 作业的所有任务。这样，可避免 Resource Manager 请求资源容器以及要求 Node Managers 启动（可能很小的）任务产生的开销。

（2）与用 MRv1 编写的 MapReduce 作业的二进制或源代码兼容（MapReduce - 5108）。

（3）针对 Resource Manager 的高可用性（Yarn - 149）。

（4）重新启动 Resource Manager 后的应用程序恢复（Yarn - 128）。Resource Manager 将正在运行的应用程序和已完成任务的信息存储在 HDFS 中。如果 Resource Manager 重新启动，它会重新创建应用程序的状态，仅重新运行不完整的任务。

（5）简化的用户日志管理和访问。应用程序生成的日志不会留在各个从属节点上（像 MRv1 一样），而是转移到一个中央存储区，如 HDFS。在以后，它们可用于调试或者用于历史分析来发现性能问题。

（6）Yarn 是一个完全重写的 Hadoop 集群架构。

（7）与旧版本 Hadoop 中经典的 MapReduce 引擎相比，Yarn 在可伸缩性、效率和灵活性上具有明显的优势。小型和大型 Hadoop 集群都从 Yarn 中受益匪浅。对于最终用户（开发人员，而不是管理员），这些更改几乎是不可见的，因为可以使用相同的 MapReduce API 和 CLI 运行未经修改的 MapReduce 作业。

（8）没有理由不将 MRv1 迁移到 Yarn 上。最大型的 Hadoop 供应商都同意这一点，而且为 Hadoop Yarn 的运行提供了广泛的支持。如今，Yarn 已被许多公司成功应用在生产中，比如 Yahoo、eBay、Spotify、Allegro 等。

（实验 18：基于 Yarn 编程实现爬取数据的 WordCount 分析）

4.2.3 Spark 及相关技术

4.2.3.1 Spark 分布式计算引擎概述

Spark 是继 Hadoop 之后的下一代分布式内存计算引擎，于 2009 年诞生于加州大学伯克利分校的 AMPLab 实验室，现在主要由 Databricks 公司进行维护（公司创始员工均来自 AMPLab）。

1. Spark 出现的背景

一般来说，Spark 比 Hadoop 的 MR 计算要好，主要表现在以下几方面：

（1）高效。

①相对于 Hadoop 的 MR 计算，Spark 支持 DAG，能缓存中间数据，减少数据落盘次数。

②使用多线程启动 Task，更轻量，任务启动快。

③高度抽象 API，其代码仅为 MR 的 20% ~ 50%，甚至更少，开发效率高。

（2）多框架整合。

相对于过去使用 Hadoop + Hive + Mahout + Storm 解决批处理、SQL 查询和实时处理和机器学习场景的大数据平台架构，其最大的问题在于不同框架使用的语言不同，整合复杂，同时也需要更多的维护成本。

而使用 Spark 在 Spark Core 的批处理基础上，建立了 Spark SQL、Spark Streaming、Spark Mllib、Spark GraphX 来解决实时计算、机器学习和图计算场景的问题，这不仅方便将不同组件功能进行整合，而且维护成本小。

图 4 - 9 所示为 Hadoop 与 Spark 的技术框架比较。

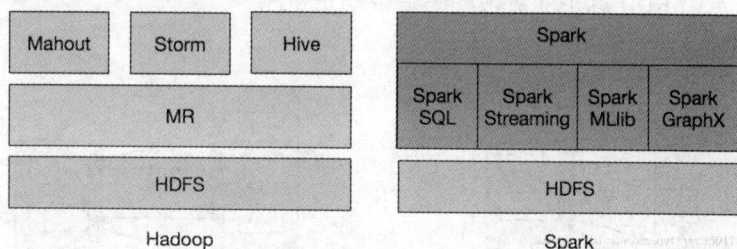

图 4 - 9 Hadoop 与 Spark 的技术框架比较

图 4 - 9 体现了 Spark 的 One Stack to Rule then All 的设计目标，即在一套框架内完成前述各种大数据的分析任务。

2. Spark 的核心

Spark 的核心是弹性分布式数据集（resilient distributed datasets，RDD），它是对数据的高度抽象概念，弹性可理解为数据存储弹性，可内存，可外存；分布式可理解为数据分布在不同节点。

RDD 是分布式数据的逻辑抽象，其物理数据存储在不同的节点上，但对用户透明，用户不需要知道数据实际存储于哪台机器中。RDD 包含的内容如图 4 - 10 所示。

图 4 - 10 RDD 包含的内容示意图

只读分区集合：它保证了 RDD 的一致性，在计算过程中更安全可靠，此外 RDD 可能包含多个分区，数据分布在不同分区中，这些分区可能在不同的机器上。

对数据计算的函数：RDD 包含了对所表示数据的计算函数，也就是得到这个 RDD 所要经过的计算。

计算数据的位置：对用户而言不需要知道数据在哪里，这些信息隐含在 RDD 的结构中。

分区器：对数据分区所依赖的分区算法，如 Hash 分区器。

依赖的 RDD 信息：该 RDD 可能依赖的父 RDD 信息，用于失败重算或计算的 DAG 划分。

(1) RDD 的计算分为 Transformation 和 Action 两类。

Transformation 有 Flat Map、Map、Union、Reduce By Key 等。

Action 有 Count、Collect、Save As Text File 等表示输出的操作。

RDD 的计算是惰性的，Transformation 算子不会引发计算，只是逻辑操作，Action 算子才会引发实际的计算。

(2) RDD 算子的宽窄依赖。

图 4-11 所示为 RDD 算子的宽依赖与窄依赖示意图。

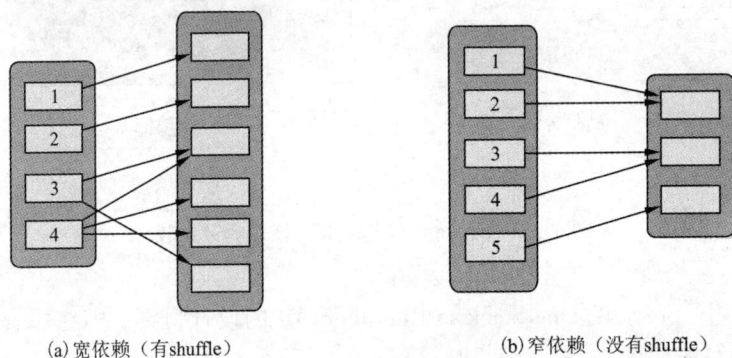

(a) 宽依赖（有shuffle）   (b) 窄依赖（没有shuffle）

图 4-11   RDD 算子的宽依赖与窄依赖示意图

图 4-11(a) 是宽依赖，父 RDD 的 4 号分区数据划分到子 RDD 的多个分区(一分区对多分区)，这就表明有 Shuffle 过程，父分区数据经过 Shuffle 过程的 Hash 分区器(也可自定义分区器)划分到子 RDD 中。

图 4-11(b) 是窄依赖，父 RDD 的每个分区的数据直接到子 RDD 对应的一个分区(一分区对一分区)，例如，1~5 号分区的数据都只进入子 RDD 的一个分区，这个过程没有 Shuffle。Spark 中 Stage 的划分就是通过 Shuffle 来划分的。其中 Shuffle 可理解为数据从原分区打乱重组到新的分区。

明白了 Spark 分布式计算的核心是 RDD 之后，接着来看 Spark 是如何实现分布式计算的。

4.2.3.2   Spark 分布式计算过程

开始学习 Spark 时肯定是一知半解，只有理解 RDD 的内涵，才能理解 Spark 分布式计算的过程。

图 4-12 是一个 Spark 的 Word Count 例子，根据上述 Stage 的划分原则，将 Job 划分为两个 Stage，代码有三行，分别是数据读取、计算和存储过程。

仅看代码，用户体会不到数据在后台是并行计算的。从图 4-12 可以看出数据分布在不

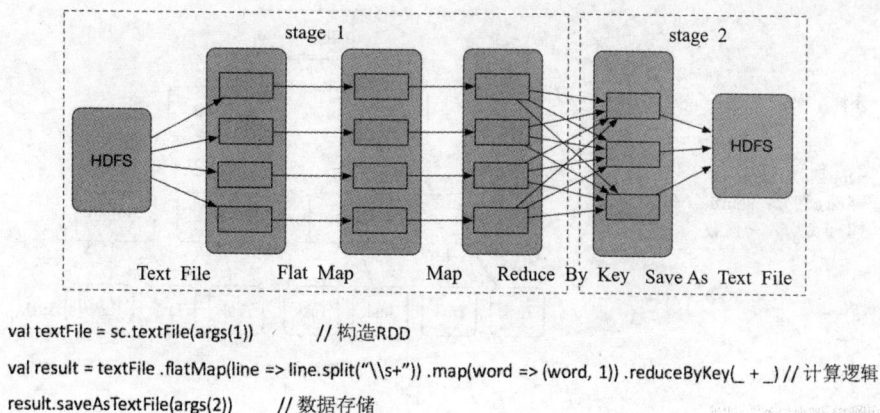

```
val textFile = sc.textFile(args(1))          // 构造RDD
val result = textFile .flatMap(line => line.split("\\s+")) .map(word => (word, 1)) .reduceByKey(_ + _) // 计算逻辑
result.saveAsTextFile(args(2))          // 数据存储
```

图 4-12　基于 Spark 的 Word Count 实例计算示意图

同分区（也可以理解在不同机器上），数据经过 Flat Map、Map 和 Reduce By Key 算子在不同 RDD 的分区中流转（这些算子就是上面所说的对 RDD 进行计算的函数）。

　　Spark 的运行架构由 Driver（可理解为 Master）和 Executor（可理解为 Worker 或 Slave）组成，Driver 负责把用户代码进行 DAG 切分，划分为不同的 Stage，然后把每个 Stage 对应的 Task 调度提交到 Executor 进行计算，这样 Executor 就并行执行同一个 Stage 的 Task。图 4-13 为 Spark 中 Driver 与 Executor 传递过程示意图。这里 Driver 和 Executor 进程一般分布在不同机器上。图 4-14 所示为 Spark 的作业划分层次示意图。

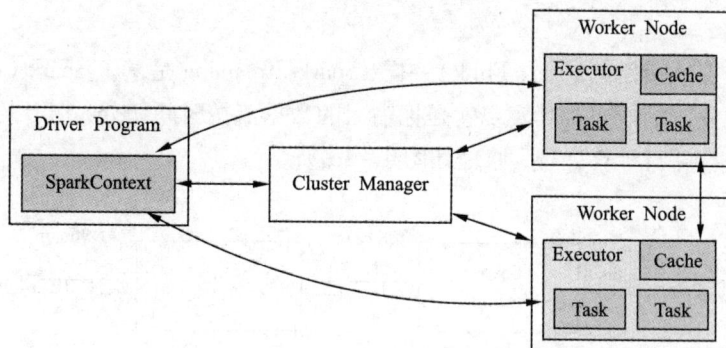

图 4-13　Spark 中 Driver 与 Executor 传递过程示意图

　　Application 就是用户提交的整体代码，代码中又有很多 Action，Action 算子把 Application 划分为多个 Job，Job 根据宽依赖划分为不同的 Stage，Stage 内划分为许多（数量由分区决定，一个分区的数据由一个 Task 计算）功能相同的 Task，然后将这些 Task 提交给 Executor 进行计算执行，把结果返回给 Driver 汇总或存储。这体现了 Driver 端总规划→Executor 端分计算→结果最后汇总回 Driver 的思想，也就是分布式计算的思想。

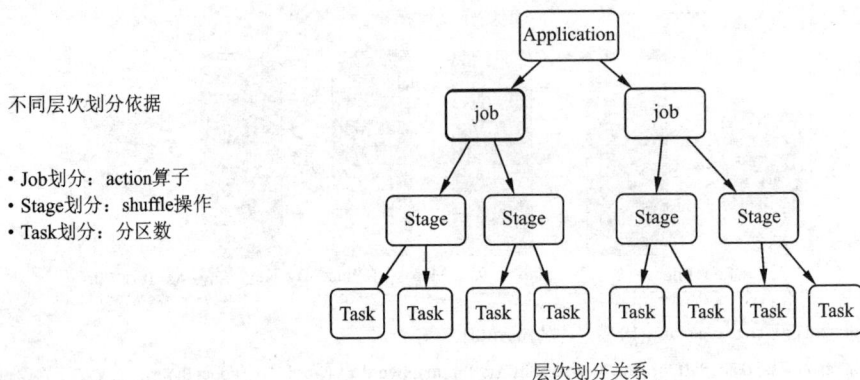

不同层次划分依据

· Job划分：action算子
· Stage划分：shuffle操作
· Task划分：分区数

层次划分关系

图 4 – 14　**Spark 作业划分层次示意图**

4.2.3.3　Spark Streaming 实时计算实例

一般来说，大公司直接或间接使用 Spark。中小公司大多已经采用 Spark，并逐渐从 MR 计算迁移到 Spark 计算。

Spark 在生产上可以通过 Zeppelin 提供 Adhoc（即席查询）服务。

Spark SQL 可以替代 Hive 的 ETL 工作，但需要对 Generic UDF 和 UDAF 进行重写。

可以基于 Spark 搭建特征工程平台和机器学习平台。

Spark Streaming 实时计算延迟是秒级，支持 Exactly Once 要求的数据消费，可以做实时 ETL，也可以结合 Spark MLlib 处理来做实时机器学习。

1. 概述

与其他大数据框架（如 Storm、Flink）一样，Spark Streaming 是基于 Spark Core 基础之上用于处理实时计算业务的框架。其实现就是把输入的数据流按时间切分，切分的数据块用离线批处理的方式进行并行计算处理，原理如图 4 – 15 所示。

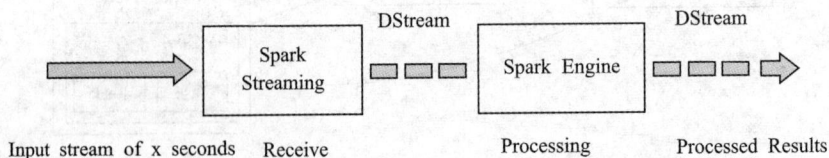

· 以时间为单位将数据流切分成离散的数据单位
· 将每批数据看作RDD，使用RDD操作符处理　　　　　连续问题离散化处理
· 最终结果以RDD为单位返回

图 4 – 15　**Spark Streaming 计算处理流程示意图**

输入的数据流经过 Spark Streaming 的 Receiver，数据切分为 DStream(类似 RDD，DStream 是 Spark Streaming 中数据流的逻辑抽象)，然后 DStream 被 Spark Core 的离线计算引擎执行并行处理。

简言之，Spark Streaming 就是把数据按时间切分，然后按传统离线处理的方式计算。从计算流程角度看就是多了数据收集和时间切分。

2. Spark 实时计算原理流程

下面将从更全面的架构角度看 Spark Streaming 的执行原理，这里先回顾一下 Spark 框架的执行流程(图 4 - 15)。

Spark 计算平台有两个重要角色——Driver 和 Executor，不论是 Standlone 模式还是 Yarn 模式，都是 Driver 充当 Application 的 Master 角色，负责任务执行计划的生成和任务的分发及调度；Executor 充当 Worker 角色，负责实际执行任务的 Task，计算的结果返回 Driver。

图 4 - 16 为 Driver 和 Executor 的执行流程。

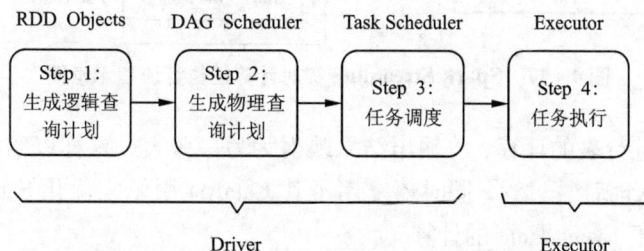

图 4 - 16　**Driver 和 Executor** 的执行流程示意图

Driver 负责生成逻辑查询计划、物理查询计划和把任务派发给 Executor，Executor 接受任务后进行处理，离线计算也是按这个流程进行的。

图 4 - 17 为 Spark Streaming 实时计算的执行流程。

从整体上看，实时计算与离线计算一样，主要组件是 Driver 和 Executor。不同的是多了数据采集和数据按时间分片的过程，数据采集依赖外部数据源，这里用 Message Queue 表示。数据分片则依靠一个内部时钟 Clock，按 Batch 来定时对数据分片，然后把每一个 Batch 内的数据提交处理。

Executor 从 Message Queue 获取数据并交给 Block Manager 管理，然后把元数据信息 Block ID 返给 Driver 的 Receiver Tracker，Driver 端的 Job Generator 对一个 Batch 的数据生成 Job Set，最后把作业执行计划传递给 Executor 处理。

3. 实时计算框架——Structure Streaming

目前的 Spark Streaming 计算逻辑是把数据按时间划分为 DStream，当前问题在于：框架自身只能根据 Batch Time 单元进行数据处理，很难处理基于 Event Time(即时间戳)的数据，很难处理延迟、乱序的数据。流式和批量处理的 API 还是不完全一致的，两种使用场景中，程序代码还需要一定的转换。端到端的数据容错保障逻辑需要用户自己小心构建，且难以处理增量更新和持久化存储等一致性问题。基于以上问题，提出了 Structure Streaming。

Structure Streaming 将数据抽象为 Data Frame，即无边界的表，通过将数据源映射为一张

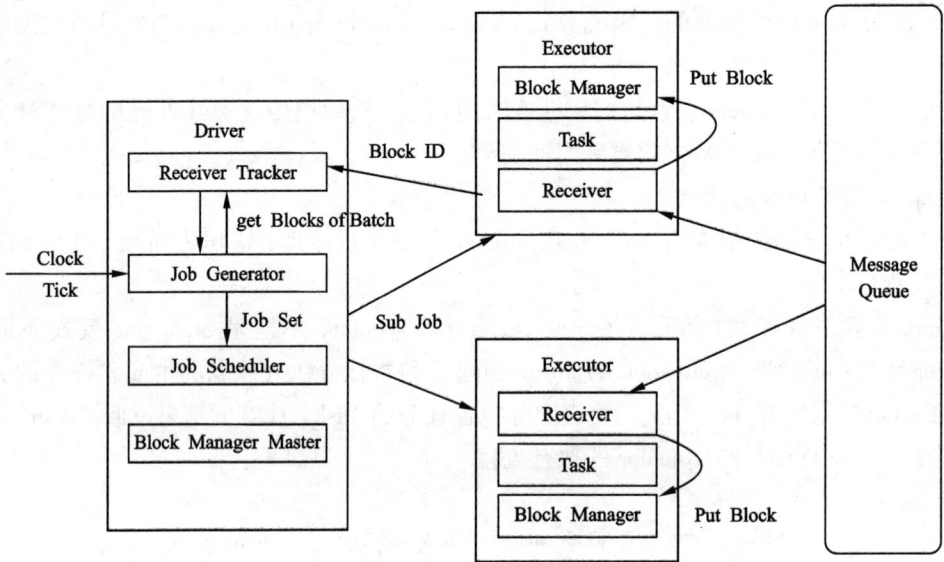

图 4 – 17　Spark Streaming 实时计算的执行流程示意图

无界长度的表, 再进行表的计算, 将输出结果映射为另一张表。这样以结构化的方式去操作流式数据, 简化了实时计算过程, 同时还复用了其 Catalyst 引擎来优化 SQL 操作。此外还能支持增量计算和基于 Event Time 的计算。

图 4 – 18 为 Structure Streaming 逻辑数据结构图。

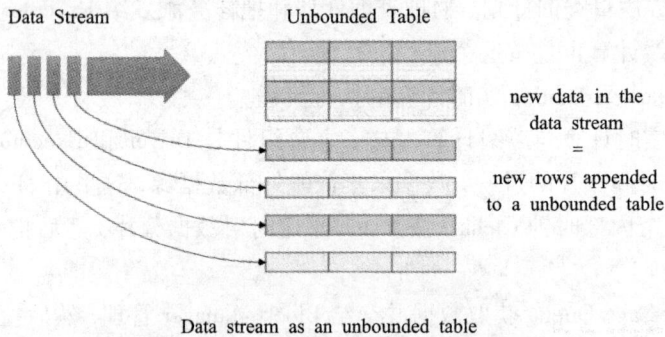

图 4 – 18　Structure Streaming 逻辑数据结构图

输入的实时数据按照先后作为 Row 添加到一张无界表中。

以 Word Count 为例的计算过程如图 4 – 19 所示。

图 4 – 19 中 time 横轴是时间轴, 随着时间的推移, 在 1 s、2 s、3 s 分别输入数据, 再进入 Word Count 算法计算聚合, 输出结果。

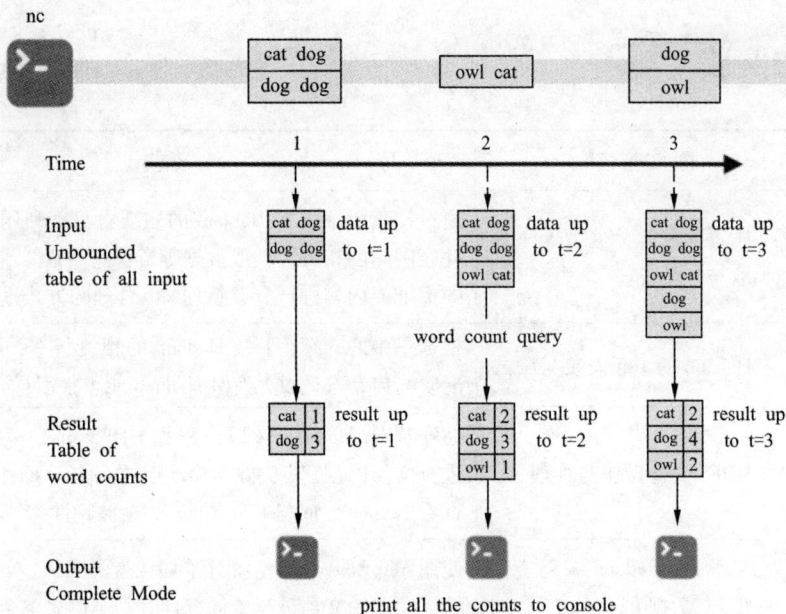

图 4 – 19　实例 Word Count 计算过程示意图

4.3　本章小结

本章主要讲述大数据相关的技术环境与主要的技术体系。其中以 Hadoop 为例，对其特点与核心架构进行了简述，重点讲述了 Hadoop 的安装、配置及启动服务等。并对其中的文件操作与应用 MapReduce 具体进行 Word Count 的分析计算进行了讲述。本书还以相关的实验让读者来进行深入的操作体验与知识巩固。

典型大数据实用技术包括存储 HDFS、Yarn 及 Spark。本书对存储 HDFS 的重要特性与读、写、删的数据流程进行了详细介绍；对 Yarn 的工作流程及计算特性进行了介绍；介绍了 Spark 的分布式计算引擎与具体计算过程；以实例的形式对实时计算进行了详细分析。

本章虽然对大数据分析的典型环境与工具、典型实用技术进行了简单的介绍，但如果读者能结合其中的实例与实验进行操作或验证，一定会获得较好的体验。

思考题

1. 基于 HDFS 的文件操作与基于 Windows 的文件操作有什么异同？

2. Big Table 与数据库中的 Table 有什么异同？

3. 为什么要采用 MapReduce 这种计算方式？其与一般的高级语言直接读/写数据计算相比，有何优缺点？

4. 简述 Name Node 中为什么要有元数据管理，数据库系统中有元数据管理吗？

5. 简述 Yarn 与 Hadoop 的区别与联系。

6. 简述 Spark 与 MapReduce 的区别与联系。

本章相关的实验

序号	对应章节	实验名称	要求
14	4.1.4	Hadoop 社区资源访问、爬取与分类管理	通过搜索引擎查找 Hadoop 的主要社区，利用网络蜘蛛对社区网站的相关文档或数据等资源进行爬取，并根据其中的标准或内容进行分类整理，以合理的方式进行存储
15	4.1.7	Hadoop 的下载安装与调试	根据书中的介绍，下载 Hadoop 的相关版本，并进行安装、配置与启动等调试，确保 Hadoop 能正常运行
16	4.1.8	HDFS 文件操作与管理	在安装 Hadoop 的基础上，根据 HDFS 的读、写、删的流程进行文件的创建、删除、移动或重命名等操作，通过工具查看 Name Node 与 Data Node 的存储特性
17	4.1.8	基于 MapReduce 编程实现爬取数据的 Word Count 分析	使用 MapReduce 算法统计单词数量的介绍，实现将 Hadoop 社区爬取的文档进行单词统计分析，建立整个分析的文件与数据架构，输入分析结果
18	4.2.2	基于 Yarn 编程实现爬取数据的 Word Count 分析	基于 Yarn 架构，编程实现单词统计方法，将 Hadoop 社区爬取的文档进行单词统计分析，建立整个分析的文件与数据架构，输入分析结果

第5章 大数据应用系统

本章主要介绍两个典型的大数据应用系统及实用技术展示，包括医疗大数据、交通大数据等具体应用实例，进一步强化大数据相关技术。同时融入部分相关项目立项时的一些文档内容，如医疗大数据主要参考《医疗大数据应用技术工程实验室》《医学大数据协同创新中心》《数据科学与大数据技术专业》等申报材料；交通大数据主要参考《大联合交管中心系统》的初步设计、详细设计、技术报告及用户手册等文档，可供大家将来参与类似项目时需要整理有关申请材料报告书或初步设计、详细设计时参考。

5.1 医疗大数据

5.1.1 医疗大数据背景

大数据是当今时代的最主要特征之一，利用大数据来服务我国的经济建设、政治建设、文化建设和社会建设，是我国政府当前的一个工作重心。党的十八届五中全会公报中明确指出：实施国家大数据战略，推进数据资源开放共享。这是大数据第一次写入党的全会决议，标志着大数据战略已经正式上升为国家战略。

目前，我国医院信息化程度不断提升，医疗健康水平有了明显的进步。但是，个人医疗健康服务需求以及行业发展需求的快速增长，也导致了一系列问题和矛盾的凸显。2018年2月27日，根据全国老龄办公布的数据，截至2017年底，我国60岁及以上老年人口2.41亿人，占总人口的17.3%。其中去年新增老年人口首次超过1000万人。据统计，亚健康人群占比已超过70%。这表明，我国老龄化和亚健康问题日趋严重。尽管我国卫生总费用和人均卫生费用在2004—2014年的10年间增长近4倍，但与美日等发达国家相比仍处于较低水平，健康医疗服务供不应求的矛盾加剧。同时，由于医疗资源分布不均、过度医疗等问题，也导致医患矛盾日益突出。医院需要寻求新的发展途径和着力点来提高患者就医水平和就医质量，从而突破现有的医疗服务瓶颈。此外，药企、险企、医疗硬件厂商、互联网平台等企业在用户需求和行业竞争不断提升的市场环境下，急需开拓新的应用模式以降低成本并提升经营利润，实现长远持续发展。面对医疗卫生和健康养老等方面的巨大压力，国家正在加大力度推进新一轮医疗体制改革，提出"到2020年实现'人人享有基本医疗卫生服务'"的战略目标，破除以药养医，解除看病难、看病贵的难题，而大数据技术在健康医疗领域的应用将成为其中的关键支撑。医疗大数据应用的发展将带来健康医疗模式的深刻变化，有利于激发深化医药卫生体制改革的动力和活力，提升健康医疗服务效率和质量，有利于培育新的业态和经济增长点。因此，建立医疗大数据应用技术国家工程实验室，为国家在医疗卫生领域的"十百千万"工程建立统一信息支撑平台，有利于加快大数据科学与医学的相互融合，推动大数据技术在医疗卫生健康领域的深入应用，对贯彻实施人人拥有健康档案，推动医生自由执业，提供普惠医疗服务，实现三医结合（医保、医疗、医药）、医养结合、个性化医疗、梯级医疗、均衡医疗资源分布等国家中长期卫生政策具有极为重要的意义；有利于拓宽和深化医学研究领域，提高研究质量和效率，催生重大医学成果；可为政府提供实时、客观和真实的灾害疫情、疾病谱、国民健康状态数据，优化政府对医疗机构监管模式，提高决策水平；支撑引领健康产业发展。可见，平台的建立对实现国家战略目标、满足国家重大需求具有重大意义。

目前大数据相关理论和技术在医疗领域大规模应用还存在着诸多的挑战，其主要表现在以下几方面。

1. 医疗数据标准不一，数据集成共享困难

医疗领域不仅数据量巨大，数据类型也极其复杂。根据相关报告显示，到 2020 年，医疗数据将增至 35 ZB，相当于 2009 年数据量的 44 倍。然而，我国医疗卫生信息化建设起点低，长期处于低水平重复和无序发展的状态，产生了大量异源异构的信息系统和大量缺乏标准规范、难以交换共享的数据。最近几年来国家投入了大量资金用于健康档案的区域卫生信息化建设，但收效不尽如人意。一方面，由于经济社会发展不平衡，各地医疗机构普遍存在大量各自独立的异源异构信息系统，缺乏合理的接口，难以集成；医院间、医院内数据互不开放，难于共享，信息孤岛林立。目前，我国 95% 医院的电子病历尚未全院流通，电子健康档案与电子病历也仅有 20% 实现了互通。另一方面，医疗子行业间数据割裂严重。医疗服务机构数据、药店数据、医药研发数据、商业保险数据等系统接口均未实现互联互通，不能形成数据闭环。

随着医疗信息化建设的持续投入，数据融合是发展的必然趋势。因此，医疗大数据的发展，需要解决现有异源异构信息系统的集成和标准不一的数据共享问题；需要扩大数据源，增加组学数据，特别是增加基于移动互联网产生的医患主动数据和基于生物传感器的实时监护数据等；需要协同政府相关部门和医疗卫生机构打破行政壁垒，协同创新医疗数据资源的整合共享机制；需要完善和加强卫生信息标准和规范的建立，把纸质的信息标准和规范落实为具体的信息技术产品，以有效推进医疗大数据源建设的标准化进程。

2. 医疗大数据分析能力欠缺，基础理论与技术需要创新

医疗数据具有复杂性高、数据量大、处理的实时性和精准性要求高等特点。医疗数据的复杂性在形式上表现为由结构化数据、半结构化数据和非结构化数据混合而成。在内容上，有医疗文本数据、组学数据、卫生经济数据、健康档案数据、医学文献数据等。在学科背景上，涉及计算机科学与技术、软件工程、基础医学、临床医学、数理统计、人工智能等理论和技术。医疗数据的规模，表现为用户主动数据、医学影像数据、组学数据和生命体征电信号数据的数据量极大。医疗大数据用于疾病诊疗和生命救治，其处理和分析算法的时效性和正确性至关重要，稍有延误和闪失，就可能导致医疗风险和事故的发生。传统数据处理技术只能适应结构复杂的小规模数据或结构简单的大规模数据，对结构复杂、种类繁多、数据量巨大的医疗大数据，是数据处理领域尚待攻克的难题，需要汇聚大量人力、财力、物力，进行协同创新攻关和关键技术突破，解决医疗大数据环境下的医学自然语言处理、医疗数据分析、

医疗数据融合、医疗数据可视化、医疗数据管理与安全等技术问题。

3. 医疗大数据应用机制和模式落后，成果转化困难

医疗卫生及其相关领域的各项活动对数据的依赖度越来越高，大数据的有效利用对这些活动具有举足轻重的作用。尽管医疗大数据的行业需求不断提升，但是大数据技术在医疗健康领域的应用还十分有限。现有的关于医疗大数据的研究普遍存在基础医学脱离临床实际应用、科研成果难以向临床转化的问题。目前国内外针对大数据技术在诸如慢性病管理、疾病辅助诊断及预测、公共卫生监管等方面的应用已经开展了大量的探索，但受到医疗数据融合、数据质量以及数据分析技术等方面的诸多限制，也大多局限于样本小，覆盖率低，实用性不足。要充分利用医疗数据资源，拓宽和深化医疗研究领域，实现成果转化，迫切需要建立相关工程实验室，联合相关机构，共同开展应用研究。同时，还需要打破管理以及运营模式上的壁垒，从数据源头开始治理卫生信息化建设的无序状态，逐步解决信息流程混乱、业务流程繁杂、基层数据重复输入负担过重和数据质量过低、区域信息化建设投入高、产出低、行政决策能够依赖的信息量小等问题。

5.1.2　医疗大数据应用技术研究中心

医疗大数据是国家重要的基础性战略资源，其规模及运用能力已成为衡量一个国家医疗健康水平乃至综合国力的重要标志。我国是医疗数据产出大国，组建医疗大数据应用技术研究中心是国家安全与发展的迫切需要。该项目将实现并建立以政府为主导、市场为导向、产学研相结合的技术创新体系，成为衔接基础研究和产业研发的桥梁，把原始创新、集成创新与引进消化吸收再创新结合起来，加大对医疗大数据应用技术关键问题的攻关力度，大力推动政府健康医疗信息系统和公众健康医疗数据互联融合、开放共享，为打造健康中国、促进我国医疗卫生事业以及健康产业的持续发展提供有力支撑。此外，医疗大数据应用技术研究中心也将成为实现多学科交叉融合、凝聚创新团队和培养适应医疗行业发展新形势需要的高层次技术人才的又一重要基地。

1. 主要技术突破方向

(1) 研究中心将建设四大研发平台，攻克 16 项核心关键技术(图 5-1)。

(2) 解决相关的关键共性技术问题，推出系列医疗大数据应用技术。

(3) 医疗大数据标准化技术。

(4) 医疗大数据自动化智能化采集。

(5) 医疗大数据预处理与数据质量优化技术。

(6) 医疗大数据安全与隐私保护技术。

(7) 医学文书自然语言处理技术。

(8) 医疗大数据智能分析技术。

(9) 多组学数据分析与高效挖掘技术。

(10) 医疗数据可视化与可视分析技术。

(11) 融合多组学数据与临床数据的精准医疗技术。

(12) 公共卫生政策评价体系。

(13) 面向医疗保险的大数据深度利用关键技术。

(14) 新型医疗服务产品核心技术。

建立四大研发平台：开发十六项核心关键技术：

医疗大数据集成与共享关键技术	→	1. 医疗大数据标准化技术 2. 医疗大数据采集技术 3. 医疗大数据预处理与数据质量优化技术 4. 医疗大数据安全与隐私保护技术 5. 医疗文书的自然语言处理技术 6. 医疗大数据智能分析技术 7. 多组学数据分析与高效挖掘技术 8. 医疗大数据可视化与可视分析技术 9. 疾病风险预测技术 10. 疾病诊断辅助决策支持技术 11. 融合多组学数据与临床数据的精准医疗技术 12. 新型医疗服务产品核心技术 13. 面向医疗保险的大数据深度利用技术 14. 基于大数据的药品定价、研发与管理关键技术 15. 基于移动健康管理的医疗信息服务平台关键技术 16. 医院服务评价及卫生政策评估技术
医疗大数据应用支撑技术		
医疗大数据临床应用技术	→	
基于医疗大数据的创新服务平台核心技术	→	

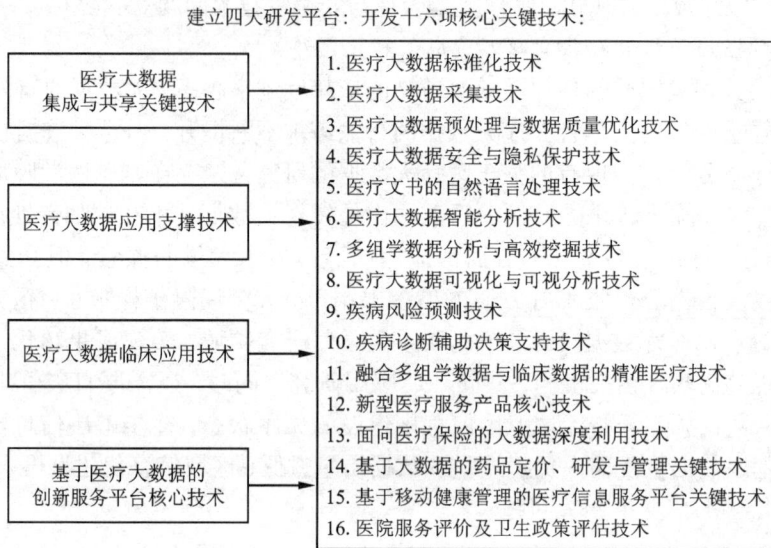

图 5 - 1　医疗大数据应用技术研究中心拟进行技术突破的方向

2. 主要研究内容

（1）医疗大数据集成与共享关键技术。

重点针对医疗大数据的采集、表示建模与标准化，预处理与质量优化的数据源建设各环节和医疗数据安全与隐私保护关键技术展开研发，结合医疗大数据的实际特点，形成系列医疗大数据相关标准、医疗数据表示模型、医疗大数据预处理与数据质量优化算法、安全与隐私保护机制为建立医疗大数据平台提供技术保障，为医疗大数据应用和服务提供支撑。

（2）医疗大数据应用支撑技术。

重点针对医疗数据类型多样、数据关系复杂、多源异构等特点，突破医学文书自然语言处理、医疗数据智能分析、多组学数据分析与高效挖掘、医疗大数据可视化与可视分析、医学语料库自动构建等关键技术瓶颈，建设完备、实用的中国医学语料库和术语库，建立先进完善的医疗大数据应用支撑技术体系。

（3）医疗大数据临床应用技术。

重点针对疾病风险预测、临床决策支持和个性化医疗等，突破多组学数据、影像数据和临床数据整合的壁垒，研发有效的融合机制，突破高危疾病的早期预警、临床诊断、个性化的健康管理及个性化的精准疾病靶点预测等关键技术，建立基于医疗大数据的临床应用验证平台，为临床诊疗辅助决策系统的技术验证、技术开发提供支撑。

（4）基于医疗大数据的创新服务平台核心技术。

鉴于目前国内外新型医疗产品业务相对单一、功能相对固化、成本相对较高的状态，实验室将融合透明计算核心技术，重点解决新型医疗产品中程序可流式执行的核心环节，实现新型医疗产品可支持多种业务及多个功能（只要流式替换程序），成本相对合理（无须更换硬件部分，软件也是组件化拷贝进入执行的），使具有医疗服务功能的新终端产品能快速服务用户，快速形成满足广大用户医疗需求的各类服务平台，如慢病管理服务平台、医药信息服务平台、用户医疗自助服务平台、远程医疗服务平台等。

5.1.3　医疗大数据应用关键技术

5.1.3.1　医疗大数据集成与共享关键技术

信息技术经过 60 余年的发展，已经渗透到国家治理、经济运行的方方面面，政治、经济中很大一部分的活动都与数据的产生、采集、传输和使用相关。随着网络应用日益深化，大数据应用的影响日益扩大。根据麦肯锡发布的全球医疗机构分析报告，到 2020 年，医疗大数据分析市场将为全球节约 1900 亿美元，但还需要解决一系列有关医疗信息采集、信息安全、数据整合以及分析方法等方面的重要问题。根据 IDC（国际数据公司）的监测统计，全球数据总量正在以每年 58% 的速度快速增长，预计到 2020 年，全球医疗数据总量将超过 35 ZB，相当于 2009 年数据量的 44 倍。换句话说，近两年产生的数据总量相当于人类有史以来所有数据量的总和。医疗大数据由于人体系统的复杂性高、人类个体数量巨大、人类行为复杂、人类健康与环境气候的强相关性，体现出大数据固有的体量大、速度快、模态多、辨识难和价值大、密度低等特点外，还表现出难于全面采集、数据标准多样、数据难于建模表示和质量评估、安全与隐私保护风险大等特征与挑战。因此，全面采集各类医疗数据，构建完善的医疗数据标准等技术成为了医疗数据是否可以在临床医疗优化、个人健康管理、国家科学卫生健康政策制订、优化医疗保险决策与个人健康方案、卫生舆情科学管控等方面被成功应用的关键条件之一。（**实验 19：分类统计重症肌无力诊疗数据库中的首发症状类别及与年龄的关联关系**）

1. 医疗大数据标准化

数据是信息化业务的核心，是信息化建设中的基本元素。数据元标准化定义对于信息共享和数据交换具有重要意义。只有最小的数据单元进行了标准化定义，才能够使不同用户看到数据元，产生对数据元相同的理解，防止产生语义歧义等问题。

医学术语的标准化描述可有效减少语义歧义，而医学本体知识库进一步提供了标准化且一致的医学本体词汇来描述医学概念和概念之间的关系。通过使用医学术语和本体知识库，复杂、异构的医疗数据之间可以相互交流，使后续的科学分析与应用得以进行。

在国际上，术语标准化一直是各重要医疗信息服务机构的研究重点，且已形成了大量的标准术语集和概念体系，在基础、临床、预防等医学科学研究及应用领域被广泛认可和应用。在美国，常用的医学术语和医学本体知识库包括"国际疾病分类""CPT 医疗服务（操作）编码系统""医学系统命名法 - 临床术语"以及"检测指标标识符逻辑命名与编码系统"等。一体化医学语言系统是美国国立卫生研究院经过 20 年的积累和开发完成的一个大型医学本体知识库。它集成了大部分常用的医学术语词典和本体库（137 个），是医学信息学领域最广泛使用的医学本体知识库之一。

国内医学术语标准化工作起步相对较晚，现有《医学主题词表》《临床检验项目分类与代码》《中国中医药学主题词表》《中医药临床术语集》等术语体系，但缺乏适合于医疗大数据处理的完整术语系统，给医疗数据的处理带来了很大的困难。

近年来，国内外不少研究者开始注重知识库系统的智能性，从文献型知识库到知识集成型的专题知识库，再到具备知识发现功能的智能决策型知识库，是知识库的发展路径。目前，以文献知识库为代表的医学知识库广泛服务于临床研究机构和临床医生，包括"中国医院知识总库""中国生物医学知识库"和"中国疾病知识总库"。文献研究表明,我国现代医学领域内已建立的知识库类型不一,主要有病历知识库、专科专病知识库及基于临床路径电子化开发的知识库等;现有的中医知识库主要包含医案、症候及中药处方等几类专题。当今世界已进入"大数据"时代,知识库要能真正服务于临床实践,如何利用好蕴藏着丰富医学知识的临床诊疗信息,将这些信息从数据化到知识化,成为未来数年内医学知识库构建和应用的重点发展方向。

在数据建模与表示方面,数据元的标准化是对数据元的概念、描述、定义、表示、分类和注册等制定统一的标准,并加以贯彻实施的过程。一个完整的数据元是由数据元概念和表示类相结合而构成的。在建设一个信息集成的系统过程中,面对大量复杂的信息源,应该从信息中选择合适的概念作为定义数据元的基础,从数据元具备的概念特性中选择可以继承作为派生的通用数据元特性。基于元数据建模,制订统一的标准,根据标准规则,对现有数据进行收集、整理和分析,从而实现不同地区、不同部门、不同系统间数据的共享和信息的交换。这在很大程度上避免了信息的重复采集,减少了资源的浪费,实现了数据的一次采集和多次重复利用。为了有效地组织数据和表示数据,从 HTML 到 XML 通过标记语言来组织 Web 信息,各行各业各领域都基于特定需求扩展自己的信息表达体系,比如可扩展商业报告语言;医疗大数据的价值正在被人类所关注,然而要跨越医学不同领域构建一个用户高度友好可用的大数据需要新的方法。

美国医疗信息和管理系统协会和北美放射学会共同组织了医疗健康信息集成规范(IHE),从流程角度规范临床信息系统(CIS)。HL7(医疗信息交换标准 HL7)、IHE、DICOM(医学图像通信标准)构成整个医疗行业信息化的基本框架,代表了国际医院信息系统(HIS)的发展方向。

我国国务院办公厅于 2016 年 6 月 24 日正式印发了《关于促进和规范健康医疗大数据应用发展的指导意见》(以下简称《意见》),规范和推动政府健康医疗信息系统和公众健康医疗数据互联融合开放共享。因此,通过基于元数据建模构建数据集成框架,利用简单对象访问协议(SOAP)、表述性状态传递(REST)等技术设计数据交换接口,可以根据需要实现多种数据同步交互策略,如即时式、定时式和触发推送式,使用模型驱动架构(MDA)和可扩展标记语言(XML)描述来实现数据导入和导出的模型解析。

面向复杂的医疗大数据,急需从逻辑上基于本体构建术语库与知识库,通过元数据建模完成医疗数据集成,通过国际、国内标准和规范,构建医疗数据相互通信和交互的标准,达到共享一致的目标。利用面向服务的实现技术形成开放服务接口,为医疗数据共享互通提供技术支持,从而构建一个高质量、高可用的医疗大数据源,为各种应用个性化服务提供支撑。

在医疗信息化以及医疗数据互联互通方面,诸多医疗机构虽然都拥有众多的信息系统和庞大的用户数据信息,相互之间却并不开放,不同系统之间难以实现互联,数据无法互通共享。如何建立医疗数据互联互通及共享机制,推动医疗卫生行业在大数据市场的合作共赢,也是医疗卫生亟待解决的问题。医疗大数据的互联互通存在的问题有很多,包括数据的开放、数据信息孤岛、数据归属权以及数据隐私的保护等。建立实用共享的医疗大数据共享系统,整合资源,加强数据标准化和公共服务信息平台建设,逐步实现统一高效、互联互通,是医疗大数据应用过程中需要解决的具体技术问题。

2. 医疗大数据采集

医疗大数据来源非常广泛，主要包括三大类：第一类为医疗机构各类临床相关信息系统获得与产生的数据，如医院信息系统(HIS)数据、检验信息系统(LIS)数据、医学影像存档和传输系统(PACS)数据和电子病历(EMR)数据；第二类为个人健康与公共卫生数据，包括各类移动智能终端和智能可穿戴设备对人体进行各种健康监测所获得的数据，还包括现在移动互联网产生的医患主动数据，还包括各类个人身体健康检查、健康普查等数据；第三类为各类生物样本和各类组学数据。多种来源的数据导致医疗数据的种类多样，既包含数值型数据为主的生化检查数据，也包含医疗文本、医学影像、文献信息、生物信息等类型的数据，形成了多态非结构化医疗大数据，同时对于医疗数据采集也提出了多源性的需求。

医院临床过程中产生的各类数据是医疗大数据的重要数据源。各医疗机构都通过建设各类信息管理系统应用于医疗临床治疗和管理之中，形成了大量的临床医疗数据，由于我国长期以来医疗信息化建设缺少统筹管理，各医院都各自为政，建设过程中缺少标准的支持，信息系统都成了数据孤岛；医院之间甚至医院各个部门之间的医疗信息系统相互隔离，数据的组织和存储形式存在着差异，使得数据的统一收集十分困难。目前，HL7 已经成为从异构非标准化医疗信息系统采集数据的重要基础，成为医疗机构生产系统和医疗大数据中心数据传输的桥梁。基于云计算的数据采集代理通过云端数据采集中间件，整合各个医院的医疗信息系统，统一收集异构临床信息，为各种医学应用提供数据支持，其可分为数据采集代理和数据加载中心服务器两部分。数据采集代理分布在各个医院，负责从医疗信息系统中"采集"数据；数据加载中心服务器则负责统一管理各地的数据采集代理，并将数据采集代理收集到的数据加载到医疗大数据中心。在数据采集过程中，采用 HL7 标准作为数据交换协议，通过 HL7 消息中间件，将异构的临床数据转换成符合 HL7 标准的数据格式，数据加载中心服务器则统一收集 HL7 消息格式的数据。目前中南大学已经研发了湘雅医疗数据采集中间件系统，前端部署在湘雅系 5 个附属医院，汇聚端部署在医疗数据中心，形成了比较完备的临床数据采集体系。该中间件系统通过医疗信息系统提供的访问权限，进行有限制的查询操作，保证了医疗数据使用的安全性，并利用空闲时间执行数据导入作业，减轻医疗信息系统的负荷。

居民在日常生活、学习和工作中所处的特定环境(自然环境和社会环境)、健康知识、健康意识、个人行为方式(饮食、锻炼、出行)、国家或地方的法律法规、政策方针和日常生活管理模式都会一定程度上影响个体的健康，增加或降低个体发病和死亡的风险，这些信息构成了公共卫生信息的数据来源。目前，中央和地方政府已建立一些居民健康档案、疾病监测系统、突发公共卫生事件报告系统、传染病网络监测系统、行为监测系统、特定人群的常规体检(如基本公共卫生服务包涉及的老年人、孕产妇等)以及其他与健康相关的国家和地方部门组织的大型调查所收集的数据(如国家卫生服务调查、国家癌症抽样调查、国家膳食营养调查、居民健康素养调查)，这是患者院外数据的重要来源，与患者院内数据及其他相关数据整合，为疾病预防和公共卫生政策的制订和评价提供重要参考。这类数据还包括个人体检数据的采集，通过各类系统授权从而完成数据的采集，并且进行实时更新。

人们对健康问题日益关注，通过个人健康管理来引导健康的生活方式可以预防冠心病、高血压、糖尿病等各种疾病也逐步成为了人们的共识，健康管理呈现智能化、移动化状态，借助移动互联网、物联网技术可实现对人们健康数据的全方位采集。这需要通过智能穿戴设备感知采集人体健康数据，利用移动互联网完成数据传输，在医疗大数据平台汇聚各种数据服务，其中的连接设备、网络、系统均是异构的，因此需要研发统一的接口实现各方的数据与服务的互联互通。利用可穿戴设备实现人体健康数据的采集与传输已经成为移动健康管理的关键一环，因此可穿戴技术的无线接入已经成为移动健康监控系统的数据采集关键接口之一。利用无线连接技术实现可穿戴设备与智能手机的互联，借助近场通信（NFC）技术，人们可以从可穿戴设备中获取数据（如消耗的卡路里、心率等），并将数据传送到终端节点智能手机或者医疗大数据系统云端。还可以借助 WiFi 和蜂窝网络对消费者定位，提供更多的时空场景以适应的新的医疗服务。目前可穿戴设备医疗健康应用最常见的形式是在运动健康领域，常见应用是利用可穿戴设备运用物联网、移动互联网等技术，将传感器、无线通信、多媒体等技术嵌入到手环、手表、眼镜、鞋、服装等人们平常穿戴的服饰中，从而可通过传感器采集血糖、血压、心率、血氧含量、体温、呼吸频率等人体体征信息。由于可穿戴设备采取无创连续监测技术，使人们可以在无创情况下实现体征信息连续监测，从而得到完整体征信息，利于疾病的发现及诊断。

通过智能可穿戴设备进行健康数据采集还涉及个人隐私保护、无线射频泛滥等问题，中南大学在透明计算理论的支持下研发了透明手表及其他可穿戴设备，具有安全、高效等特征，现在已在部分实际系统进行使用，未来有望广泛推广应用。

在生物样本数据方面，通过标准化收集、处理、储存和应用健康和疾病生物体的生物大分子、细胞、组织和器官等样本（包括人体器官组织、全血、血浆、血清、生物体液或经处理过的生物样本（即 DNA、RNA、蛋白等）以及与这些生物样本相关的临床、病理、治疗、随访、知情同意等资料，从而为医疗研究提供支持。目前，生物样本库存在着建设力量分散、信息共享不足、资料残缺不全的现象。中南大学正在全面收集临床、教学、科研等各环节使用过的残存生物样本。建设标准化样本收集、处理与保存规范，同步建立样本基本资料数据，同时通过中间件采集到医疗大数据中心，创建样本数据共享窗口，扩大样本的使用范围与使用价值，为医学研究，尤其是转化医学的发展提供强有力的支撑。在建立了生物样本库及其对应的相关临床数据库后，在利用这些生物样本进行基础科研实验时，又会产生大量的基础科研数据，如基因组、转录组、蛋白质组、代谢组、交互作用组等，随着实验技术的进一步发展，组学数据的获取日趋容易。中南大学还建立了一个生物样本对应的基础科研数据采集系统，收集与人类重要疾病相关的全基因组或靶向测序、转录组（包括 RNA 测序）、SNP 和表达芯片、核型分析等各类基因组分析数据；并进一步发掘出与人类疾病相关的各类基因组、转录组、蛋白组等组学数据的变异情况；建立测序与变异数据库，为基因治疗和基于基因组知识的治疗、基于基因组信息的疾病预防、疾病易感基因的识别、风险人群生活方式、环境因子的干预、个体化的药物治疗奠定基础。

完备的数据采集是医疗大数据建设的基础，我国医疗卫生信息化建设起点低，长期处于低水平重复和无序发展的状态，产生了大量异源异构的信息系统并缺乏标准规范，难于采集汇聚形成统一的医疗大数据，交换共享则更是难上加难。最近几年来，国家和医疗机构投入了大量资金，同时高度重视标准化建设工作，同时我国的信息技术不断提升，在基于标准的临床医疗数据采集中间件、基于移动互联网和物联网的数据采集、可穿戴移动以及高性能计算、超大规模存储等领域的组学数据生成和采集领域都取得了令人瞩目的成绩，全面数据采集的技术条件基本满足。在数据采集使用方面，中南大学建立了医疗大数据中心，研发了基于云计算的数据采集中间件系统，以及透明移动终端并开始投入使用，形成了初步完善的医疗数据采集方案。随着技术的发展和医疗需求增强，医疗数据采集的范围还将不断扩大，需要借助快速发展信息技术实现医疗大数据源全面采集，完成新的数据的接入。同时开发更多的基于物联网和移动互联网的移动智能传感与采集终端，完成数据的自动化智能采集，从而构建数据完备的医疗大数据源，奠定医疗大数据应用的基础。

3. 医疗大数据预处理与数据质量优化

海量的、多种类、异构的数据处理对当前的存储、计算技术带来了巨大挑战。虽然采集端本身会有很多数据库和异构的数据源，但是要对这些海量数据进行有效的分析，应该将这些来自前端的数据导入到一个集中的大型分布式数据库，或者分布式存储集群，进一步在导入基础上做数据的预处理工作，才能使得采集的数据可用。

数据预处理主要是接受并理解用户的发现要求，确定发现任务，抽取与发现任务相关的数据源。根据背景知识中的约束性规则，对数据进行检查，通过清理和归纳等操作生成供挖掘核心算法使用的目标数据。数据预处理一般包括数据清洗、数据集成、数据变换和数据归约。数据清洗指去除源数据集中的噪声数据和无关数据，处理遗漏数据和清洗脏数据，去除空白数据域的知识背景上的空白噪声，考虑时间顺序和数据变化等，主要包括处理噪声数据、处理空值、纠正不一致数据等，进一步还需要数据去噪，去除因随机错误或偏差产生的一些不正确的数据，主要采用分箱技术、聚类技术、计算机和人工结合、线性回归等方法。除了噪声数据外还有空值数据，常见的有设备故障，与其他记录数据的不一致而导致被删除，数据因为被误解而未被输入，某些数据在输入的时刻被认为是不重要的，等等。可以采用忽略元组、人工填写空值、使用属性的平均值填充空缺值、使用与给定元组同类样本平均值填写空值、使用最可能的值填充空缺数据等方法。

医疗大数据采集自多个实际系统，存在着异构数据转换的问题。同时，多个数据源的数据之间还存在许多不一致的地方，如命名、结构、单位、含义等，需要自动或手工地加以规范。当然有了医疗大数据标准，则可以依照数据标准调整成具有相同格式的结构或过程，可以通过对整个数据集进行排序，并将规范化处理后的数据记录进行两两比较，再根据模糊的策略合并两两比较的结果。

医疗大数据最终需要将多个来源进行合并处理，将多个数据源中的数据结合起来存放在一个一致的大数据平台中，一般通过模式集成、数据复制以及两者结合的综合方法。原始的数据由于各种系统或者采集过程中没有依据医疗有关的逻辑进行取值，因此为了能准确表达语义，需要与医学专家沟通进行数据转换。对于数据变换则通过线性或非线性的数学变换方法将数据转换或统一成适合挖掘的形式，具体包括平滑变换，如用分箱技术、聚类技术、线性回归方法去除噪声；采用聚集变换对数据进行汇总和聚集，通过属性构造形成新的属性；利用数据泛化，使用概念分层，用高层概念替换低层或"原始"数据；通过最大规范化、z-score 规范化和按小数定标等规范化方法将属性数据按比例缩放，使数据能进行特定区间归类。预处理需要在利用数据规约减少数据存储空间的同时尽可能保证数据的完整性，从而获得比原始数据小得多的数据。对规约后的数据进行处理所耗费的系统时间和资源会明显减少，分析的效率也会更高，主要包括维归约、数据压缩、数值规约等方法。

由于数据来源不同，医疗大数据的预处理和数据质量优化的实际采用方法各不相同。部分信息服务提供商都形成了自己对于数据预处理和优化的系列工具，但是目前为止尚未出现成熟的针对医疗大数据应用的工具。中南大学下辖的湘雅 5 个附属医院，目前已经启动了医院各信息管理系统的数据采集，汇聚到数据中心进行统一存储，数据的预处理与质量优化工作正在有序进行，并初步提供了全数据的综合查询等服务。

4.医疗大数据安全和隐私保护

用户数据安全与隐私保护是医疗大数据中最重要的问题之一，目前大数据在收集、存储和使用过程中面临着诸多安全风险，大数据所导致的隐私泄露为用户带来严重困扰，虚假数据将导致错误或无效的大数据分析结果。大量事实表明，大数据未被妥善处理会对用户的隐私造成极大的侵害。隐私保护进一步分为位置隐私保护、标识符匿名保护、连接关系匿名保护、个人信息匿名保护等。传统经验认为经过匿名处理后，信息不包含用户的标识符，就可以公开发布了。但事实上，在大数据环境下，由于各类数据存在各种关联关系，仅通过匿名保护并不能很好地达到隐私保护目标；同时，目前用户医疗数据的收集、存储、管理与使用等均缺乏规范，更缺乏监管，主要依靠各医疗机构、服务公司的自律。用户无法确定自己隐私信息的用途。在医疗场景中，用户的隐私保护完全被交给了医生和医院，无法决定自己的信息如何被利用，不能实现用户可控的隐私保护。

完全意义上的安全解决方案是通过加密所有数据来完成，但是在大数据环境下其实现的难度太大。数据安全的风险是普遍存在的，在获取与采集阶段，数据来源多样，与隐私紧密相关，尤其通过移动终端采集，当下场景极易泄露。匿名技术在数据采集中得到应用，在确保所发布的信息数据公开可用的前提下，隐藏公开数据记录与特定个人之间的对应联系，从而保护个人隐私。因匿名技术得到不断地改进，形成了静态匿名技术和动态匿名技术两大类，前者包括 k-匿名、l-多样化匿名、t-邻近匿名以及以它们的相关变形为代表的匿名策略，后者包括支持新增的数据重发布匿名技术、m-不变性匿名技术、基于角色构成的匿名等支持数据动态更新匿名保护的策略。在数据传输、存储过程中，可能会被恶意的第三方截取、偷窥甚至篡改，容易被未被授权用户访问。目前主要采用了数据加密技术，使用传统的 DES、AES 等对称加密手段，能保证对存储的大数据隐私信息的加解密速度，但密钥管理过程较为复杂，难以适用于有着大量用户的大数据传输、存储系统；使用传统的 RSA、Elgamal 等非对称加密手段，虽然其密钥易于管理，但算法计算量太大，不适用于对不断增长的大数据隐私信息进行加解密，因此，应根据实际情况将两种方法结合起来使用。同时，还需要对数据进行审计，确保数据不会被云服务提供商篡改、丢弃，并且确保在审计的过程中用户的隐私不会被泄露。分析挖掘阶段则容易利用大数据的数据关联、聚类、分类、全景建模等手段从匿名信息中分析出个人隐私。大数据中的隐私保护数据挖掘依旧处于起步阶段，大数据的种种特性给数据挖掘中的隐私保护提出了不少难题和挑战：对于大规模数据集而言，还没有有效并且可扩展的隐私保护技术；分布式存储环境下，如何有效地对用户信息进行隐藏，还没有合适的解决方法；大数据背景下，如何快速、有效地区分不同数据挖掘应用的领域背景存在一定的困难，而不同应用对于隐私保护的要求也是不同的。因此，在医疗大数据分析阶段的安全与隐私保护，成为当下研究的重点。在数据使用阶段，容易泄露人物、时间、空间、事件等上下文隐私信息。授权的大数据访问控制是实现数据受控共享的有效手段，但也存在难以预设角色、难于实现角色划分，也难以预知每个角色的实际权限的弊端。由于大数据场景中包含海量数据，安全管理员可能缺乏足够的专业知识，无法准确地为用户指定其所可以访问的数据范围。而且从效率角度讲，定义用户所有授权规则也不是理想的方式。在医疗领域，医生为了完成其工作可能需要访问大量信息，但对于数据能否访问应该由医生来决定，不应该需要管理员对每个医生做特别的配置。但同时又应该能够提供对医生访问行为的检测与控制，限制医生对病患数据的过度访问。当前授权访问控制主要有基于角色和基于属性两类访问控制方法，并将传统的访问控制技术，如自主访问控制、强制访问控制扩展到云计算环境中。

使用有效的安全与隐私保护方法则是通过对医疗大数据各环节采用对应保护措施，需要从系统的层面全方位地设计安全与隐私保护方案，确保在整个医疗数据的流转周期中都是安全的。中南大学长期进行医学信息安全的相关研究，针对医疗信息的信息隐藏、版权保护、隐私保护、身份认证等积累了大量经验和取得了较好的成果，针对湖南省医疗信息共享平台的信息安全和隐私保护提出了科学的解决方案，实现并部署在湖南省远程区域医疗系统中，采用的混沌数字水印进行版权保护的方法和信息隐藏方面取得了多项国家发明专利成果。

5.1.3.2 医疗大数据应用支撑技术

1. 医学文书自然语言处理技术

据统计，医院各种医学记录文书主要包括入院出院、输血、手术、妇产科专用记录等 4 大类。其中入院出院包含如入院证、各种知情告知医疗文书、终末住院病历评分表等 18 个小类，其他类别也分别有 6 个、16 个及 13 个不等的小类，共计为 53 个小类，这些文书主要由医师、护士填写。医学文书的电子化就是电子病历的来源，随着医院信息化技术的发展，门诊的问询记录及各类检查的结果等都形成了电子化的记录方式，这也是电子病历的一个主要来源。

一方面，医学文书自然语言处理解决了文书电子录入时存在的技术问题。长期以来，无论是医生还是患者，都习惯用自然语言进行交流表达，因此医学文书记录的大都是自然语言，即使是电子病历中可以选择填报的部分，也都是采用医学语料进行筛选，让医护人员从中选择以便实现快速录入并相对准确又规范地表达。但关键问题是如何建立准确而丰富的语料库，疾病、科室、医生护士角色等不同，表达或理解疾病的语言就存在差异，因此语料库的建立是相对复杂的过程与技术。目前采用的主要技术包括首先建立基础的医学术语库，通过使用过程中不断增加及筛查比对，逐步稳定一个科室相对固定的完整医学术语库即科室语料库。另一种更有效的方式是通过电子病历的分词处理与医学语法分析，由人工筛查形成语料库，此方法技术含量高、计算复杂，但周期短、效果明显。

另一方面，医学文书自然语言处理解决了电子病历结构化时存在的技术问题。前面提到的医学文书自然语言数据录入，用户在输入记录的时候，不必改变使用习惯，但当病历录入计算机系统后，需要将自然语言转化为结构化数据，因为计算机是不懂人类自然语言的。只有在转化为结构化数据后，计算机才能够进行识别、理解和处理，才有助于之后的数据分析和搜索，这其中最关键的技术是对录入的自然语言句子进行分析，即电子病历语义化技术，处理其中包含的各种医学信息。

电子病历语义化技术，就是将以自然语言为载体的临床记录，加工成计算机可以直接处理和计算的语义数据，也就是进行语言分析的目标，它包括语义标注技术和术语加工平台。实际的语义标注过程可以理解为：通过语义识别技术，将自然语言录入的临床表述识别为语义化的临床表述。通过术语标注技术，用标准临床术语体系中的概念和关系来表示临床表述中的词汇，而此处需要通过定位连接，建立好语义化数据与自然语言临床表述的联系。而术语加工平台的存在，就是为了对医学术语资料库进行维护管理的，它利用一系列工具对此加以维护，使之不断扩充更新，为临床术语标注技术提供数据基础，同时根据不同的术语体系，建立相应的标注规则。

经过数十年的发展，国际上形成了一个独特的研究方向——医学语言处理（medical language processing, MLP），其主要研究内容包括医学文本中实体的识别、医学文本的语义分析等。目前，国外拥有专门的医学文本研究小组，开展医学文本处理与挖掘的研究，取得了良好的成果。国内医学文本处理尚属起步阶段，而且中文医学文本还将面临词语切分等问题。因此，电子病历普及之后，医学文本处理的研究将是医学信息处理领域的重点问题之一。国内需要集中研究的是医学文书的自然语言处理技术，建立中国医学语料库和术语库，进行医学文书的智能分析与处理。

医疗大数据自然语言处理是数据分析与处理的重要组成部分。如何准确、智能地识别医学自然语言的正确含义，提高医疗大数据的信息处理的能力，将是医疗大数据自然语言处理研究的长期任务。对于医疗大数据自然语言处理来说，有效地提高各类医学文本的语义信息处理精确性，从而实现快速、准确的医学语言识别显得尤为重要。

随着深度学习在诸多领域的突破性进展，深度学习在自然语言处理领域也越来越受到重视，并逐渐应用于自然语言处理的各种任务中。基于深度学习的自然语言处理的一个重要特点是其具有自动特征学习的能力。有效的特征提取是各类机器学习方法共同的基础要素。面向医疗大数据，医疗语言的智能化分析是实现各类医疗数据特征自动提取，为医疗大数据的处理提供准确的信息分析基础。

2. 医疗大数据智能分析技术

医疗领域不仅数据量巨大，数据类型也极其复杂，呈现出多样性、非精确性、高噪声和不完整性。医疗数据通常由结构化数据、半结构化数据和非结构化数据混合而成，包含有医疗文本数据、组学数据、卫生经济数据、健康档案数据、医学文献数据、医学影像数据和生命体征电信号数据等。面对复杂多样的医疗数据，如何分析医疗数据的隐藏特征和各类数据的关联性，实现医疗数据的综合挖掘与利用，对医疗健康事业的发展起到重要的作用。

从医疗文本数据、组学数据、健康档案数据到医学影像数据和生命体征电信号数据等不同层次、不同类型的复杂医疗数据都不是孤立存在的，而是彼此之间存在着复杂的关联关系。目前，医疗信息的处理能力远远低于医疗数据的获取能力。现有的医疗数据分析技术，主要针对单一类型的数据，没有考虑各类医疗数据的协同处理要求和各类数据之间的强关联性。医疗数据分析技术与数据获取能力之间出现了严重的失衡。从医疗数据到知识转化方面明显不足，对医疗大数据的利用率极低。由于大量堆积的医疗数据得不到有效利用，海量的数据长期占用有限的存储空间，将造成某种程度上的"数据灾难"。如何充分分析各类医疗数据信息、挖掘隐藏的数据特征和分析各类数据的关联性，显得极为迫切，这也是医疗数据分析领域的难题之一。

进行医疗大数据分析，首先必须对数据间的相似性和相异性进行度量，从而实现各类数据间的关联性综合分析。目前，人们对这方面的研究还非常少，许多问题还处于空白状态。在医疗大数据中，同一疾病或相似疾病数据存在着大量的冗余性和相似性。大量研究表明，在许多疾病研究中，差异很大的疾病之间也具有明显类似的致病机理。目前的分析方法，主要是利用线性和非线性等统计学方法分析数据，按照一定规则对数据集分类，分析数据间及数据类别间的关系。面对复杂的医疗数据，现有的分析方法已无法对其进行及时有效的分析，多元医疗数据之间的高度关联性在现有方法中也没有得到有效分析。如何进行多层次、多类型医疗数据的高度关联性智能分析、建立各类数据的关联关系，是医疗大数据中亟待解决的问题。

医疗大数据的价值不在其海量，而在其对疾病治疗、医疗卫生、医疗管理等方面多方位、多层次的全面反映，在于隐藏在医疗大数据背后的各种知识（医学健康知识、管理与经济知识等）。医疗大数据利用的终极目标在于对医疗大数据中隐藏知识的挖掘。目前，人们主要从数据降维和分布式集群计算等方面展开大数据的分析与处理研究。由于高维数据的分析越来越困难，人们提出了许多数据降维方法，主要有线性降维、非线性降维、无监督降维、有监督降维、半监督降维、全局保持降维、局部保持降维和全局与局部保持一致降维等。通过采用这些方法进行数据降维，可以找出数据内在的相互关系，非常有利于数据分布规律的分析，降低后期大数据分析的复杂度。虽然在医疗大数据中降维方法还相对较新，但已显出光明前景。随着医疗大数据分析技术的发展，医疗大数据会变得更大和更复杂多样，降维方法可能成为一种必不可少的数据处理方法。

面对各领域中的复杂数据，传统的单机系统和分布式系统难以进行数据分析与处理。目前，以集群方式构建的多机系统再加上以互联网相连的分布式计算平台已成为大数据的有效计算平台之一。近几年，美国 Google、IBM 公司还有中国的曙光、联想等大公司相继推出了用于处理大数据的各种集群式计算机系统或分布式计算系统。但是，基于集群式计算机系统或分布式计算系统的大数据分析平台具有执行的不确定性、负载平衡、容错能力、功耗、编程性以及通信开销等一系列问题。这同样对医疗大数据的分析与处理提出了挑战。

近年来，以深度学习为代表的机器学习技术在健康医疗领域的深度应用也成为了人们关注的焦点之一。对于医疗大数据而言，机器学习是不可或缺的。而且，对于机器学习而言，数据越多，模型的精确性就会越高。经过证明，各种学习算法在输入的数据达到一定数量级后，都会得到相近的高准确度。虽然机器学习仅仅是医疗大数据分析的一种方法，但是二者结合将产生巨大的价值。研究表明，将深度学习应用到电子健康病历中，可以得到患者表征，这些表征可以有效地改善临床预测。例如，西奈山伊坎医学院的研究人员提出了一种新的无监督深度特征学习方法，用于捕捉西奈山数据仓库中 70 万患者聚合电子健康病历中的层次规律性及依存关系。它可以从电子健康病历数据中获取一个通用的患者表征，从而让临床预测性建模更加方便。其结果显著优于其他使用了基于原始电子健康档案数据表征的研究方法以及其他特征学习策略。生物大数据公司 Deep Genomics 利用机器学习的方法，预测了基因组上的变化会对人体的特征、疾病、表型产生怎样的影响。首先通过确定与某个特征、疾病、表型相关的基因易感位点，然后以这些易感位点作为输入变量，相关的特征、疾病、表型为响应变量，训练机器学习模型。微软公司就把机器学习技术应用于糖尿病的管理，实现智能监测模式，把数据实时动态地传到云端，通过机器学习分析、预测血糖数据及影响因素，为患者提供个性化控糖方案。此外，神经网络和决策树等机器学习算法应用于癌症等疾病的检测与诊断已有近 20 年的历史。然而，将机器学习运用于疾病预测和预后等方面则是一个全新的研究领域。机器学习在疾病预测和预后中的运用是朝着个人化、预测性医疗发展这个日渐盛行的趋势的一部分。

在医学信息知识爆发的背景下，医疗大数据智能化分析的重要性愈发突显。如何利用人类已有的线索，去解开复杂的新知识，这正是大数据科学家所面临的最大挑战，而机器学习技术无疑在其中扮演了最重要的角色。

针对医疗大数据的分析与处理，非常有必要研究适应于医疗大数据的智能分析方法和平台。通过医疗数据的智能化分析，并根据各类医疗数据的特征和关联性，优化分布式计算机系统和相关大数据处理软件平台，从医疗数据中挖掘出相关特征信息，实现医疗数据到知识的转变，为医疗大数据的分析及处理提供系统的科学分析方法。

3. 多组学数据分析与高效挖掘技术

近年来，随着基因组、蛋白质组、代谢组等多组学技术的迅猛发展，在一些重大疾病的分子表型及致病机理的研究上有了一些重大突破。目前，一些重大疾病和不同组学数据之间的关联性已经有了一系列的研究。

重大疾病往往和细胞的生长、增殖、分化及凋亡等基因表达有着紧密的联系。目前，基因组学在重大疾病的病理过程、治疗方案等方面有着广泛的应用。由于基因组学数据隐藏了大量的生物学信息，信息科学的数据挖掘和机器学习算法在基因组学数据的分析和信息提取研究上起到了重要的作用。目前，在基因组学的研究中，研究者多依据先验知识，通过机器学习算法来建立预测模型，从海量基因数据中提取病理相关信息。在基因组和生物信息学领域，马尔科夫链主要用于做序列的模式提取。例如，隐马尔科夫学习模型被用来预测每一个基因位置上的核染色体的状态；回归、分类器已经被用来学习 RNA 的表达和效率，随机森林算法被应用于识别出遗传疾病原因的破坏前信使 RNA 剪接的外显区域；人们还利用不同的机器学习算法(随机森林、朴素贝叶斯方法等)对结核分枝杆菌基因表达进行训练分类。

蛋白质是细胞中关键的功能实体，是构成一切细胞和组织结构必不可少的成分，它是生理功能的执行者，也是生命现象的直接体现者。随着人类基因组等大量生物体全基因组序列的破译和功能基因组研究的展开，生命科学家越来越关注如何用基因组研究的模式开展蛋白质组学的研究。蛋白质组学指在一个特定的细胞或组织或个体中的全部蛋白质表达图谱，研究的内容包含蛋白质结构、功能以及相互作用。目前，研究人员已经提出了许多方法来挖掘蛋白质组学数据中的信息，其中包括预测蛋白质结构和功能、预测和评估蛋白质相互作用、识别关键蛋白质、识别蛋白质复合物和功能模块、寻找致病候选基因以及标记物等。

基于计算的蛋白质功能预测可以用来指导实验室的实验优先级，也可以用于合理的药物设计或分子进化的研究。目前，研究者们基于氨基酸序列、推断的进化关系和基因组上下文、蛋白质相互作用网络、蛋白质结构数据、微阵列或数据类型的组合，采用支持向量机、贝叶斯网络、随机森林等机器学习方法或无监督方法来预测蛋白质功能。蛋白质相互作用参与了许多重要的生物过程，如催化代谢反应、激活或抑制别的蛋白质、信号传导、DNA 修复、DNA 转录等。蛋白质相互作用可以通过酵母双杂交(Y2H)、亲和纯化 – 质谱(TAP – MS)等高通量实验技术检测。但由于高通量实验技术的局限性，蛋白质相互数据存在着不完整性以及噪音。因此，通过从已知的蛋白质相互作用数据中学习相互作用的蛋白质的序列特征、结构特征以及在蛋白质相互作用网络中的拓扑特征等，用计算的方法预测新的蛋白质相互作用以及减少假阳性数据成为实验技术的有效的补充手段。

关键蛋白质对维持生物体生命活动是必不可少的，没有了它们生物体将不能存活或生长。关键蛋白质的研究对合成生物学的基础研究、设计新的抗菌药物有很重要的帮助。由于生物实验费时、低效并存在物种局限性，因此，用高可靠高效率的计算方法来识别关键蛋白质变得非常重要。目前，已有的关键蛋白质识别计算方法可以分为两类，一类是基于拓扑特性的方法，另一类是融合其他生物信息的方法。另外，一些机器学习的方法也用来识别关键蛋白质，比如，基于树的决策分类器、基于基因表达编程的进化算法等。但是，用于其他物种时，这些有监督的机器学习方法的性能会受到训练物种和预测物种之间差异的影响。

蛋白质并不是独自发挥它的功能，它往往通过与其他蛋白质相互作用形成蛋白质复合物来参与细胞中的功能。识别蛋白质复合物对理解和揭示细胞生命活动和蛋白质功能非常重要。目前，除了通过观察已知复合物的拓扑特性、功能特性以及亚细胞定位信息提出的稠密子图、层次聚类等无监督或半监督算法，全监督的机器学习算法、蚁群算法等人工智能算法也被陆续提出来。

代谢组学是效仿基因组学、转录组学和蛋白质组学的研究思想，对生物体内所有代谢物进行定量分析，并寻找代谢物与生理病理变化的相对关系的研究方式。代谢组学被定义为：以动物的体液和组织为研究对象，研究生物体对病理生理刺激或基因修饰产生的代谢物质的质和量的动态变化，其研究对象是内源性小分子代谢物。代谢组学通过采用高通量化学分析技术如核磁共振谱（NMR）和质谱（MS）等多种高分辨率、高灵敏度的现代仪器分析手段，定性定量检测生物体液中尽可能多的内源性代谢物，并在不同时间、多方位定量检测其代谢变化。肿瘤是环境与宿主内外因素交互作用的结果，这些环境因素所导致的肿瘤相关基因和蛋白的变化，最终会反映在肿瘤代谢组的变化上，因此代谢组反映了基因组和蛋白质组变化所引起的共同"终点"代谢型小分子的变化。代谢组学通过测定整个机体的系统代谢图谱来揭示生物内源性代谢物质在特定时间、环境下的整体功能状态及其对内因和外因变化应答规律。代谢组学的研究，可以是从海量数据中筛选出差异性变量即潜在生物标记物，并深度挖掘其生化意义以指导相关生理病理机制的阐释。代谢组学经过近 20 年的发展，其方法和技术体系日趋成熟，目前已成功渗透到医药领域研究的各个方面和阶段，包括药物药效与毒性评价、药物个体化治疗等，尤其是在重大疾病如肿瘤等的发病机理研究中应用广泛。

目前，不同组学数据之间融合分析的研究开始受到关注。研究者通过基因组学和蛋白组学数据融合以研究重大疾病的病理特征。例如，混合蛋白质组学/基因组学方法被用来研究丙型肝炎病毒感染，发现线粒体蛋白高度参与丙型肝炎病毒感染并且特征化 bgcn 同源基因内的病毒核心蛋白和宿主蛋白之间的相互作用。人们还通过分析结肠癌和直肠癌的蛋白组和基因组融合表征，提供功能上下文来解释基因异常。蛋白组和基因组被有效融合研究，结果发现 MCT1 和 GLUT1 蛋白可能是肺腺癌潜在的预后标志和鳞状细胞癌的成药的目标。此外，研究者也把蛋白质组学数据和代谢组学数据融合以研究重大疾病。代谢和蛋白质组数据分别被应用到心脏病和乳腺癌的研究中，发现起搏诱导心脏衰竭基板供应和需求之间的不匹配系统，谷氨酸和 12 – HETE 与 CA15 – 3 的组合可能是反映肿瘤负荷的有用的生物标志物等。

基因组学、蛋白质组学、代谢组学、转录组学等分别从不同角度帮助科学家研究和理解疾病的发生发展。基于多组学大数据分析能更好地分析人类疾病的发病机制或治疗措施，不仅有助于发现可用于临床的分子标记物，还可以在试验环境下探索多种疾病的发病机制。以基因组学信息和临床大数据为基石，根据病种的需要整合其他组学信息，形成生物医学研究知识网络，可以针对某个特定疾病建立多组学图谱。目前，多组学大数据分析技术已经应用于癌症研究，尤其是用于剖析肿瘤不同生物学特点以发现生物标记物、增进对发病机制的认识、发现治疗方法等方面。多组学大数据分析与医学临床数据相结合，将成为未来针对患者的精确诊断和精确治疗的必然趋势。

4. 医疗大数据可视化与可视分析技术

可视化在医疗中的应用由来已久。医学影像可视化技术的发展对临床诊断的进步起到了关键推动作用。随着数据采集能力的提高，医疗数据的数量、种类和复杂程度急剧增长，可视化和可视分析技术遇到了新的挑战。

传统医学影像数据来源广泛，包括 X 光、CT、MRI、超声波成像和显微镜成像等。为此，业界提出了图像分割、三维重建、面绘制和体绘制等多种可视化技术和可视化开发工具。随着影像采集技术的进步，影像数据的精度和广度大为提高。具体的表现有：采集速度加快；分辨率提高；从孤立的二维断层图像发展成三维图像；从静态的单帧影像发展为动态四维影像。数据量的激增，要求发展面向大数据的计算方法，以满足实时可视化应用的需求。数据形式的拓展则要求开发新的影像数据可视化方法。中南大学对表意式的体绘制方法、体绘制中的传输函数设计、软组织变形等关键技术进行了深入的探索，获得了多项国家发明专利成果，并形成了用于虚拟手术的原型系统，在基于 VTK（visualization tookit）医疗数据的可视化开发上积累了丰富的经验。

虚拟现实、增强现实和混合现实等技术的发展为医疗大数据可视化注入了新的动力。在沉浸式的场景中观察虚实融合的医学影像数据并与之交互，将使临床手术、教学培训、医患沟通等场景的体验得到极大地提升。具体的应用包括手术前的方案设计与演练、术中的辅助信息增强、术后的手术过程还原、远程手术、协同手术、虚拟手术教学，以及手术方案的医患沟通等。当前，低价通用虚拟现实设备（如 VR 眼镜）的研发受到了业界的广泛关注。就医疗大数据虚拟现实应用而言，实时的数据采集与显示、三维位置定位与追踪、虚拟手术刀等专用虚拟现实输入设备的研制、远程交互与协同交互的交互机制的探索以及面向具体场景的虚拟现实应用平台开发，是当前需要突破的关键技术。

数据可视分析在电子病历、体征监控数据、基因组数据等更广泛意义的医疗大数据分析中将占据独特而重要的地位。相对于自动化的数据挖掘方法，可视分析专注于增强分析模型的可理解性和可解释性，为分析者打开自动化方法的"黑盒子"。一方面，对于海量、复杂、异构的数据，可视化有助于用户感知数据的全貌，发现潜在的模式，而这样的模式往往是经典模型难以准确描述的，另一方面，用户可通过对数据的交互表达对数据进行分析、推理和决策，可视分析过程与数据挖掘过程紧密结合，互为补充。虽然可视分析被普遍认为是提高可理解性与可解释性的有效方法，但它还未广泛地在医疗数据分析中普及。在电子病历大数据的可视分析方面，马里兰大学的 Ben Shneiderman 教授研究组进行了探索工作，发现可用于诊疗流程的评估、异常发现和流程改善。这项工作作为美国健康信息技术战略计划的一部分，得到了医院的好评。中南大学在高维数据、复杂网络结构的可视分析，以及面向具体领域的可视分析集成方案等方面进行了多方探索，为医疗大数据可视分析平台的开发建立了良好的基础。

在我国"十三五"规划纲要中，可视化是大数据战略中的核心关键技术之一。可视分析工作者深入到应用领域中去，与领域专家更紧密地合作，是当前可视分析领域的发展趋势。与医疗业务结合，与医学专家结合，用可视分析方法帮助分析、改善诊疗和研究方法，是将来的工作重点。

5.1.3.3　医疗大数据临床应用技术

医疗大数据作为临床决策的重要参考资源，在疾病风险预测、疾病的辅助诊断、疾病治疗决策优化等方面具有十分重要的作用。

1. 疾病风险预测技术

疾病风险预测是一种有效的鉴别高危人群的方法，用于描述和评估某一个体或者群体未来发生某种特定疾病或者因为某种特定疾病导致死亡的可能性。疾病风险预测与评估也是健康评估的重要内容之一，它可以帮助评估对象发现某些病的患病可能性和程度，积极采取措施。国务院办公厅日前印发《关于促进和规范健康医疗大数据应用发展的指导意见》，部署通过"互联网 + 健康医疗"探索服务新模式、培育发展新业态，努力建设人民满意的医疗卫生事业，为打造健康中国提供有力支撑。建立适应国情的健康医疗大数据应用发展模式，初步形成健康医疗大数据产业体系，使人民群众得到更多实惠。

疾病风险预测是健康医疗大数据的最重要的应用发展模式之一，它通过所收集整理的个人健康信息，分析并建立生活方式、环境、遗传等危险因素与健康状态之间的量化关系来进行可能性预测，帮助预测对象发现某些病的患病可能性和程度，从而针对患病概率比较大的项目采取积极有效的预防措施，或者到相关医疗机构做进一步的临床检查和预防性治疗，以便最大限度地预防或延缓患病的发生。例如，对恶性肿瘤患者进行早期预测，避免错过最佳治疗阶段；对脑卒中高风险患病人群，通过进行长期有效的体检数据监控，可提前预警其身体状况的变化。从个人角度，预测模型有助于患者更清楚地了解自己的发病风险，认识自己疾病的危险等级，提高对疾病危险因素防治的认知，建立"综合危险干预"的防治理念，从而更好地依从药物治疗或生活方式性干预。而从社会的角度，可以通过高危人群的筛查，使有限的卫生资源得以合理化应用，降低疾病的发病率和死亡率。

早期的疾病预测主要以心血管疾病为主，1998 年，美国的弗明翰率先提出了心血管病预测模型。之后，不同的心血管病发病风险预测模型相继发表，用以建立针对世界上不同国家和区域人群的准确性更高的模型。我国也提出了适用于我国人群的 10 年缺血性心血管病风险预测模型。

过去的 30 年中，预测模型在公共卫生领域和临床医学领域不断发展，除了最初的心血管疾病外，癌症、高血压、糖尿病等其他疾病研究领域也都开始了对预测模型的探索。Mealiffe 等人从妇女健康临床试验数据库的临床试验数据中抽取了 3000 多例实际案例，对乳腺癌的患病风险进行了研究；Fialho 等对 MIMICII 数据库中 ICU 患者的实际监测数据记录进行分析，对 ICU 患者重新入院的风险进行了预测；吴雁翔等人随机抽取 2 型糖尿病住院患者完整病历资料 200 例，从中提取患者特征，对 2 型糖尿病的风险预测指标进行了分析；北京大学肿瘤医院王宇昭等近期分析了 525 位 70 岁以上肺癌切除手术患者的临床数据，通过对美国麻醉协会分级、肺病种类、肿瘤大小、肿瘤位置和手术方式五个风险因子进行分析，建立了预测模型，实验证明该模型对于预测高龄肺癌患者施行切除手术的疗效很有帮助。

目前疾病的风险预测主要从两个方面展开，一是对高危疾病的早期预测，通常基于临床试验结果、生命体征、医嘱和电子病历等数据进行分析，以建立相关疾病的风险预测模型，帮助医生进行早期预测和辅助决策。目前多数临床决策支持应用研究包括疾病诊断、危险因素或复发与否等预测。例如，心力衰竭诊断标准的制订、阿尔兹海默病进展预测、心肺骤停或死亡事件发生预测以及传染病症状监测系统的创建等。二是针对慢性疾病和医疗保健进行远程实时监控和预测。通过远程医疗设备对患者的服药情况、病症表现、健康状况等进行远程监控，并结合体检数据，进行及时的预警和早期处理，建立一个良好的医疗健康管理网络。例如，清华大学设计研究的心电血压远程监护网系统，新南威尔士大学等研究机构建立的一套健康监控和评价系统。

2. 疾病诊断辅助决策支持技术

临床医学属于经验学科，医务人员经验对医疗质量、患者安全起着至关重要的作用。由于经验不足或人为疏忽引起的疾病误诊、漏诊现象并不罕见。随着计算机技术与信息处理技术的快速发展，人们希望借助疾病诊断决策支持系统(disease decision support system, DDSS)来解决这一问题。DDSS 将健康观察与健康知识联系起来，可以有效解决医务人员知识的局限性，提高临床诊断效率和质量，减少医疗失误，从而提供保证医疗质量和患者安全。

国外有代表性的 DDSS 包括 Isabel、DXplain、PKC 等，国内在这一方面虽然有研究，但投入实际应用的系统非常少。现有的这些 DDSS 主要以预先编制的知识库为基础，知识库中知识主要涉及症状以及具有特色症状、体征和检验结果的疾病，系统基于患者数据和知识库知识进行推理，为医务人员提供诊断决策支持。这些系统所考虑的决策因素、决策模型相对简单，主要考虑症状、体征及实验室检查，通过 Bayes 逻辑和模式匹配来提供概率性诊断建议。而现代医学模式的转变，加上医学技术(如数字化影像技术、基因诊断技术等)的不断发展，使得疾病诊断需要考虑的因素变得更为复杂多样，现有的 DDSS 已经难以适应当代临床诊断医学的需要。

针对现有疾病诊断决策支持系统的不足，国内外学者在以下几个方面进行了长期探索：

(1)知识获取、表达技术。疾病诊断知识(规则、模型)的获取仍然是疾病诊断支持系统的关键技术之一，由人工抽取转变为求助于机器学习已成为大势所趋。利用医疗历史数据，通过现代计算方法，从中形成疾病诊断知识，可以克服人工抽取知识困难、一致性差等缺点。在将自然语言处理、人工神经网络、遗传算法、模糊聚类算法、认知计算以及基于数据仓库的数据挖掘等技术应用于疾病诊断知识抽取方面，许多学者开展了深入研究，但结合医疗大数据进行研究并进行工程应用尚处于起步阶段。IBM 发布的 WATSON 就是其中的代表之一，它有超强的认知计算能力，能够理解自然语言和精确回答问题，可以询问患者的病征、病史。在人工智能技术、自然语言处理和分析技术的支持下，它可以从医疗大数据中自动获取知识，给出诊疗意见。中南大学在疾病诊断知识获取技术上进行了大量的研究，包括医学文本自然语言处理、医学图像自动分析识别等，取得了良好的成果。另外，对于疾病诊断知识的表达也在不断演变中，针对医学知识的复杂性，疾病诊断知识表达已经不仅仅是产生式规则，而是更为复杂的知识网络、知识框架或其他复杂的知识模型。

(2)疾病诊断知识融合技术。随着医疗信息化的普及与深入，可用于疾病诊断决策的数据越来越多，类型、结构越来越复杂，例如，医学文本、医学影像数据、基因组学数据等，利用这些数据可以抽取有用的疾病诊断知识。基于单一或几种数据抽取知识所构建的决策支持系统不利于疾病综合因素的考虑，容易导致决策失误。将这些因素融合起来，为疾病诊断决策提供综合性知识支持，是 DDSS 模型架构的发展趋势。这方面目前主要通过综合决策支持系统来解决。在临床诊断决策支持系统设计上，中南大学提出了基于多智能体的临床诊断支持系统模型，该模型综合考虑了各种的数据异构性、多样性，能够融合不同类型的疾病诊断知识，具有分布性、并行性和可扩展性，可有效适应未来疾病诊断决策支持系统的要求。

（3）人机交互技术。人机交互性是 DDSS 能否走向实际临床应用的关键所在。随着临床业务数字化水平的提高，人机交互技术的核心已经转变成如何将 DDSS 与临床业务信息系统无缝对接的问题。对接的关键在于患者数据的输入（捕获）和结果的解释与展示。对于患者数据的输入（捕获），可以通过两种技术来实现对接，一种是数据标准化技术，即从临床业务信息系统中获取数据，并按统一的约定转换成 DDSS 的输入，这种方式基础性工作大，质量难以控制；另一种则是智能数据接口技术，即通过学习，形成数据接口，这种数据接口能够理解从临床业务信息系统中获取的数据，并转换成 DDSS 所需要的数据而实现输入，这种方式可以适应各种临床业务信息系统，但受学习效果的影响。随着机器学习技术的不断成熟，这种方式将逐步成为主流。对于结果的解释与展示，主要在于实现决策流程、决策结果的可视化。通过可视化，可以使复杂的决策过程、决策建议通过简单的图形化信息展示给用户，便于理解和接收。同时，用户可以跟踪查询决策的过程，以便于掌握决策建设的可信度。由于新技术所获取知识的复杂化，可视化技术在 DDSS 已显得越来越重要。

随着医疗大数据建设的推进、信息分析技术的快速进步，以医疗大数据为基础，利用现代计算方法获取疾病诊断知识，实现交互界面的智能化、可视化，是 DDSS 发展的必然趋势。

3. 融合多组学数据与临床数据的精准医疗技术

近年来，生物信息学中基因组学、蛋白质组学、代谢组学等领域基础理论和关键技术的研究得到飞速的发展，给复杂疾病的研究带来了前所未有的机遇和挑战。多组学数据和临床数据的融合成为复杂疾病研究的必然趋势。2015 年，美国总统奥巴马宣布了"精准医学"计划之后，中国也将"精准医疗"纳入"十三五"规划重大战略中，从国家层面来推动我国医疗水平的发展。而所谓的精准医疗是应用现代遗传技术、分子影像技术、生物信息技术结合患者生活环境和临床数据来实现精准的治疗与诊断，制订具有个性化的疾病预防和治疗方案。它是以个体化医疗为基础，随着基因组测序技术快速进步以及生物信息与大数据科学的交叉应用而发展起来的新型医学概念与医疗模式。其本质是通过基因组、蛋白质组等组学技术和医学前沿技术，对于大样本人群与特定疾病类型进行生物标记物的分析与鉴定、验证与应用，从而精确寻找到疾病的原因和治疗的靶点，并对一种疾病的不同状态和过程进行精确分类，最终实现对于疾病和特定患者进行个性化精准治疗的目的，提高疾病诊治与预防的效益。

近年来，精准医疗已成为全球医学界研究的热点。尤其是 2015 年 1 月 20 日，美国总统奥巴马在国情咨文中提出"精准医学"计划，更促进了精准医疗研究的发展。精准医疗是一种以个体化医疗为基础的医疗模式，通过结合基因组学、蛋白质组学、转录组学、代谢组学、表观遗传学等相关多组学数据，采用前沿的医疗技术，旨在为患者提供准确可靠的个性化治疗方案，以期达到治疗效果最大化和毒副作用最小化的目的。

目前，基因组学、蛋白质组学、转录组学、代谢组学、表观遗传学等每个组学的研究都得到了长足发展。然而，精准医疗离不开各大组学数据的融合分析，不同组学数据之间融合分析的研究开始受到关注。除了多组学数据以外，作为最重要的诊断数据源之一的医学影像数据起着至关重要的作用，多组学数据和生物医学影像数据之间的融合也开始引起高度重视。医学影像能够直观地提供患者分子和组织层面功能性结构性的信息，为多组学数据的表象特征提供了宏观的证据。通过多组学数据和医学影像数据之间的融合，可以从不同尺度不同特征表达建立医学影像与多组学数据的关联性，为研究重大疾病的产生机制和发展模型提供确切的证据。

分子靶向药物，即精准药物设计，是实现"精准医疗"的前提。在分子靶向药物设计领域，首先要识别出能够和疾病有关的活性蛋白，然后通过结构生物学获取其靶点的特定结构，运用结构生物学和计算生物学方法发现对标靶有亲和力的配体，进而通过筛选、结构优化等手段找出具有临床开发前景的候选药物，在临床中评价候选药物对特定疾病不同状态和分型的效力，最终实现疾病和特定患者的个性化精准治疗。

在传统医学中，医生更多的是关注疾病，即对于同一种病，一般不会考虑患者的体质、性别、年龄等差异，都是采用同一类型药物和同一剂量进行治疗。然而，这种不考虑患者差异的治疗往往会导致用药剂量不够或者药物的超量使用。因此，需要充分考虑患者的差异性选择合适的给药剂量以及制订个体化的给药方法，其治疗效果往往优于传统的药物治疗。特别是随着多组学大数据分析技术和医疗大数据分析技术的发展，为针对患者的精确诊断和精确治疗带来了前所未有的机遇。近年来，随着生物医疗行业海量数据的迅速积累，大数据处理关键技术的突破、数据共享等契机的发展，大数据将在促进"精准医疗"行业发展中发挥重要的作用。随着大数据时代的开启以及基因组学、蛋白质组学和代谢组学的发展，包括白血病、肺癌、乳腺癌、神经胶质瘤等癌症的生物标志物或关键致病基因的研究取得了实质性的进展，目前在临床上可以根据患者个体基因组信息来制订针对个体的治疗方案，现有的分子靶向治疗药物是一个很有说服力的证据，通过个体基因组变异进行合理的用药指导。这些进展，都离不开对人类基因组和生物医学大数据的智能分析和解读，如何科学解读大数据成为精准医疗发展的基础。在未来，随着基因测序技术的革新、生物医学技术的进步以及大数据智能分析技术的发展，"精准医疗"必将突破层层阻碍，实现为患者提供更精准、高效、安全和适宜的诊断及治疗手段。

5.1.3.4 基于医疗大数据的创新服务平台核心技术

随着大数据、云计算、移动互联网技术向医疗行业的渗透，新型医疗服务模式与服务平台在国内外呈井喷之势。首先为了有效解决大数据医疗平台的数据采集与数据深度利用难题，出现了大量既方便使用又便于收集数据、推送数据的可穿戴设备及透明终端设备。其次出现了基于移动健康管理概念的平台型产品，如医疗网络平台和社区，同时还出现了与药品直接关联的众多医药电商平台。随着医疗大数据的深度应用，医疗保险欺诈与反欺诈也有了深度的解读，医院服务评价及卫生政策评估有了全新的手段与评估平台。

1. 新型医疗服务产品核心技术

（1）可穿戴设备。

可穿戴设备，确切地说，是智能可穿戴计算机，指采用独立操作系统，并具备系统应用、升级和可扩展的、由人体佩戴的、实现持续交互的智能设备。可穿戴设备已经对生活、感知带来了很大的转变。一方面通过设备的网络功能方面收集用户各类与健康相关的数据，真正实现数据的自生长、自传送与自组织，从而使得医疗大数据更加完整，另一方面可以推送医疗大数据的分析结果，使得用户可以借鉴或享受相关的信息。

可穿戴设备多以具备部分计算功能、可连接手机及各类终端的便携式配件形式存在，主流的产品形态包括以手腕为支撑的手表类（包括手表和腕带等产品），以脚为支撑的鞋类（包括鞋、袜子或者将来的其他腿上佩戴产品），以头部为支撑的眼镜类（包括眼镜、头盔、头带等），以及智能服装、书包、拐杖、配饰等各类非主流产品形态。

可穿戴设备主要有五大关键技术。第一是语音识别：可以由机器实现话音和文本的相互转换，是人机自然交流的基础功能。声控可穿戴设备使用语音识别来完成诸如网络搜索、语音拨号、听写文本消息等操作。当前，这一技术面临的最大挑战在于各地区、各国家本地语种需求的快速增长。第二是自然语言处理：能够把计算机数据转化为自然语言，也能够把自然语言转化为计算机程序更易于处理的形式。自然语言处理技术需要强大的计算能力，云处理是这类"大数据"的自然选择。在可预见的将来，厂家倾向用混合方式，即一些数据保存在设备本地，允许在没有网络连接的情况下使用可穿戴设备的功能。第三是用户分析：包括用户信息收集，并据此为用户兴趣、喜好、上下文和意图建模。用户分析是可穿戴设备提供个人信息、对话、推荐的基础。新的用户分析技术不局限于数字内容跟踪，将从眼球跟踪、键盘跟踪、温度跟踪中收集信息。第四是搜索和推荐；第五是增强现实：指在真实环境之上提供"信息性和娱乐性的覆盖"，如将图形、文字、声音及超文本等叠加于真实环境之上，提供附加信息，从而实现提醒、提示、助记、注释及解释辅助功能。可穿戴设备为增强现实技术提供了有效的应用平台。

可穿戴技术是 20 世纪 60 年代，美国麻省理工学院媒体实验室提出的创新技术，利用该技术可以把多媒体、传感器和无线通信等技术嵌入人们的衣着中，可支持手势和眼动操作等多种交互方式。从 20 世纪 70 年代起就在使用可穿戴计算机辅助视力的加拿大科学家史蒂夫·曼恩，被誉为"可穿戴计算机之父"。在他看来，中国人千百年前就把算盘挂在胸前——这在某种意义上也可以算是可穿戴计算机。眼镜、手表、衣服、鞋是可穿戴设备当前的主要方向。产品类型相对集中，以智能腕带、手表设备为主。2012 年因谷歌眼镜的亮相而被称作"智能可穿戴设备元年"。在智能手机的创新空间逐步收窄和市场增量接近饱和的情况下，智能可穿戴设备作为智能终端产业下一个热点已被市场广泛认同。

（2）透明终端设备的推广应用。

透明终端设备是基于透明计算概念产生的系列产品，除上述的透明手表外，产生了系列产品。首先，透明计算是一种用户无须感知计算机操作系统、中间件、应用程序和通信网络的具体所在；只须根据自己的需求，通过网络从所使用的各种终端设备（包括固定、移动以及家庭中的各类终端设备）中选择并使用相应服务（如计算、电话、电视、上网和娱乐等）的计算模式，是解决医疗远程或移动服务用户端有效的技术方案。

透明计算系统由终端设备、服务器和连接终端设备与服务器的网络组成。在透明计算平台下，把透明计算系统中所使用的终端设备称为透明客户机或透明客户端，把其中的服务器称为透明服务器，并把连接终端设备和服务器的网络系统称为透明网络。透明客户机可以是没有安装任何软件的裸机，也可以是装有部分核心软件平台的轻巧性终端。

透明服务器是带有外部存储器的计算装置，如 PC 机、PC 级服务器、高档服务器、小型机等。透明服务器存储用户需要各种软件和信息资源，同时还要完成透明计算系统的管理与协调，例如，各种不同操作系统核心代码的调度、分配与传输，各种不同软件服务往透明客户机上的调度、分配与传输等过程的管理。

2. 面向医疗保险的大数据深度利用

在中国现有的医疗保险管理体制下，基本医疗保险仍然以政府为主导，各地分散管理。商业医疗保险作为政府基本医疗保险的补充，市场规模有限。2013 年，3 种基本医疗保险的筹资总额已经超过 1 万亿元，而商业健康险的保费收入为 1123.5 亿元，仅为前者的 10% 左右。

随着政策的推动和市场潜在需求的释放，商业健康险业大有商机，将在不久的将来成为我国医疗保障系统中不可或缺的重要组成部分。而商业保险机构自身精细化经营管理水平将是决定市场竞争力的一大关键。由于包括市场结构限制在内的种种历史原因，我国的医疗保险行业在业务经营管理等方面均存在明显的不足：①产品同质化现象普遍，缺乏对客户需求及医疗风险的准确把握；精算定价基础薄弱，缺乏对疾病治疗费用的深度分析数据及对参保群体医疗费用风险的科学评估。②理赔运营管理缺乏对医疗服务临床合理性的判断，从而漏失对大部分欺诈、不合理医疗行为的监测。③技术手段落后，缺乏对医院医疗质量及费用的合理评估，因而难以设定执行科学有效的支付方案与激励机制，粗线条的总额控制导致控费效果欠佳。④缺乏以数据为基础的客观分析，未能对企业理赔数据进行深入挖掘，以分析结果支持指导市场销售，并据此为客户量身定制相关增值产品，导致市场竞争停留于价格上的竞争，压低整个行业的收益回报。

随着国家医疗保障体系的健全、商业医疗保险的发展及整个行业对于控制医疗费用过快增长的重视，通过大数据技术的融合和应用来指导决策的制订、开拓新的医疗保险商业模式并实现精细化管理，无疑将成为医疗保险行业发展的必然趋势。

医疗大数据的深度挖掘分析对于医疗保险经营的各个领域均有着极为重要的价值，其主要体现在：

(1)通过对疾病理赔数据的分析，结合患者和医生的相关调研信息，能提高对实际医疗费用的估算把控能力，从而实现在保障设计及精算定价方面有据可依，促进医疗保险产品的创新并提升产品的竞争力。

(2)在医疗保险理赔运营管理中至关重要的一个环节是及时发现欺诈、浪费、滥用等费用风险。医疗保险理赔欺诈虽案例不多，但常涉及较大金额；浪费与滥用属于过度医疗与不合理医疗，单笔金额也许不高但是数量庞大，很难根据经验判断。通过医疗大数据分析可以帮助找出一些典型的理赔费用风险问题，例如，分解住院、不合理医疗检查项目或者不合理高值医用耗材、诊断和处方药品指征不匹配、药品剂量超标等，从而帮助医疗保险机构的理赔审核部门快速找出潜在问题案例及其明细信息，提高理赔处理的效率并降低赔付率。此外，医疗保险机构也可以针对这些问题的根源和相关医疗机构进行沟通，寻求从根本上降低费用和提高运营水平的机会。

(3)医疗大数据精细化分析可以应用于科学合理的评估医疗费用及质量，使政府医保机构与商业保险公司能有效对医疗机构进行综合管理，同时支持包括总额控制、单病种付费、按绩效付费等各类支付方式改革的实施，真正达到在保证质量的基础上控制费用的目的。这也正是医疗保险在产品服务缺乏标准化、信息高度不对称的医疗领域中的重要价值之一。

(4)对于商业医疗保险机构的市场而言，如何获得新客户和保留既有客户是核心内容。通过大数据分析可以剖析客户参保人群的费用驱动因素及健康情况，可以深度分析结果报告作为业务洽谈的基础，增进与客户的沟通，赢得客户对保险公司专业水平的信赖，并据此为客户量身定制相关增值服务。

(5)除了平衡风险之外，医疗保险最重要的核心价值在于保证医疗质量的前提下有效控制医疗费用。大数据分析可以为医疗保险找出费用的关键驱动因素，以此作为战略决策的依据，可以使决策者有针对性地制订措施、解决问题。

综上所述，虽然大数据技术在医疗保险领域日益广泛深入应用，还面临着诸多挑战，随着医疗保险经营的进一步专业化、市场化，其对以医疗大数据分析为基础的精细化管理的需求将日渐突出，面向医疗保险的大数据深度利用将发挥关键性作用。

3. 基于医疗大数据的药品定价、研发与管理

鉴于医疗卫生行业的巨量数据存量以及每天的新增数据规模，医疗大数据分析能力显得尤为重要，医药行业是医疗行业的重要组成部分，面对医疗大数据现状，充分利用各类数据来推动业务发展和创新，提升竞争力也自然成为当前最迫切的任务。同时，医疗大数据在医药行业释放出的巨大价值吸引着诸多医药行业人士的兴趣和关注，特别是医疗大数据对药品定价、药品研发、医药企业管理等所带来的挑战和机遇。

药品定价能力是医药行业的核心竞争力之一，大数据在医药定价中的应用核心就是如何从海量医疗大数据中分析出有价值的信息。医药行业通常利用历史数据，分析各类影响医药价格的因素来定价。传统的这些过程中，一般只涉及所掌握数据的很小一部分，但为了获得更大的市场空间，医药行业有必要利用大数据来获得定价的比较优势，获得更大的市场空间。具体而言，通过借助科学的医疗大数据分析方法，能够发现长期被医疗行业忽视的一些数据特征，最终能够揭示出潜在客户群以及医药产品的价格，并且能够确定是哪些因素左右了医药客户群价值。这样一来，医药企业就可以通过医疗大数据对不同客户群制订相应的价格策略。

面对医疗大数据，医药行业可有效利用各类数据，使制药公司更好地识别潜力备选药物，并将其更快地开发为有效且高回报的药物。医疗大数据提供了医疗健康方面的各类数据。对于制药企业来说，医疗大数据的价值体现在各类数据能够用来辅助研发过程、分析药效、提升药物销量等。制药公司的医疗大数据分析能力决定着新的药物发现技术和分析技巧。随着生物制药工业的发展，药物的预测模型变得越来越复杂。基于医疗大数据的分析，可通过各类数据的关联性预测来帮助识别那些具有很高可能性被成功开发为药物的备选新分子。基于医疗大数据分析，把实验数据和临床数据关联起来，还能自动识别化合物的相关应用，也能为药物安全性和有效性提供依据。另外，制药公司可能需要将被试患者的基因数据与临床试验数据的结果联系起来，以期找到方法辨认那些应答良好的被试病患。医疗大数据能帮助制药公司解密一种疾病的生物衍生物或者一种药物的作用原理，也可用来正确匹配药物和患者人群。基于对医疗大数据的分析，制药公司可识别哪些人群对于某些特定的药物反应最强烈。

对于医药企业来说，从医疗大数据中了解医药行业的市场构成、细分市场特征、消费者需求和竞争者状况等众多因素，提出更好的解决问题的方案和建议，可保证企业品牌市场定位独具个性化，提高企业品牌市场定位的行业接受度。基于医疗大数据的市场数据分析和调研是企业进行品牌定位的第一步。面向医疗大数据，借助数据分析和挖掘技术，不仅能给医药企业带来足够的样本量和数据信息，还能基于大数据的分析实现对未来市场进行预测。

医疗大数据已成为医药行业市场营销的利器。如何基于医疗大数据制订有针对性的营销方案和营销战略是医药企业发展的重要的渠道之一。以医药行业在对顾客的消费行为和趣向分析方面为例，如果医药企业可基于医疗大数据挖掘出消费者消费行为方面的信息数据，如消费者购买产品的花费、选择的产品渠道、偏好产品的类型、产品使用周期、购买产品的目

的、消费者家庭背景、工作和生活环境、个人消费观和价值观等。医药企业可分析掌握消费者的消费行为、兴趣偏好和产品的市场口碑现状，再根据这些总结出来的行为、兴趣爱好和产品口碑现状制订有针对性的营销方案和营销战略，投消费者所好，那么其带来的营销效应是可想而知的。

另外，医疗大数据支撑了医药行业的收益管理。收益管理作为实现收益最大化的一门理论学科，近年来受到医药行业人士的普遍关注和推广运用。基于医疗大数据的分析，可实现收益管理的需求预测等分析，实现企业收益最大化目标。传统的数据分析大多是对医药企业自身的历史数据来进行预测和分析，容易忽视整个各类医学信息数据，因此难免使预测结果存在偏差。基于建构的医疗大数据分析平台，采取科学的预测方法，通过建立数学模型，使企业管理者掌握和了解医药行业潜在的市场需求，未来一段时间每个细分市场的产品销售量和产品价格走势等，从而使企业能够通过价格的杠杆来调节市场的供需平衡，并针对不同的细分市场来实行动态定价和差别定价，为企业收益管理工作的开展提供更加广阔的空间。

4.基于移动健康管理理念的新型医疗信息服务平台

目前正值移动互联网大发展的时期，移动互联网除了改变人们的日常娱乐生活，对于医疗以及生命健康管理也带来了巨大的变革，催生了移动医疗和健康管理产业，并取得快速发展。目前已经有诸多专业的移动医疗软件(如糖医生、好大夫、春雨掌上医生等)，切实解决了病患的诸多问题。移动医疗软件作为基于移动终端的医疗类应用软件，它使得智能手机用户可以利用该类软件实现健康管理、疾病诊断等功能。

移动医疗实现了多维数据整合，包括生活方式和资料库的累积。现在只要输入与患者相关的个人身份信息，那么这个患者所有的数据资料都可以调取出来，包括家族史、过敏史等。患者在没有进入诊疗室之前，这些重要的数据信息已经呈现在医生面前，这是医生可以更精确地判断诊疗的关键点。同时也可以根据患者的居住地的气候、饮食习惯等分析这类病症的情况，帮助患者做好预防。

典型的移动医疗平台——糖医生。糖医生是一款针对糖尿病患者的移动医疗软件，对接了患者和医生，搭建了一个线上平台，使得糖尿病患者不必到医院现场排队。糖尿病属于慢性病，通常需要后续的调理，有了糖医生可以很好地解决患者的看病难题。

移动医疗和健康管理平台的发展为医疗数据的采集和汇聚提供了便利，使医疗大数据的广泛、深入应用成为可能。但是反过来，移动医疗和健康管理平台的发展也离不开医疗大数据及其相关技术的支撑。移动医疗和健康管理平台本身并不能增加健康医疗资源的供给，而是借助云平台和大数据的技术，建立以患者为中心的临床医疗服务大型数据库，更充分地利用现有资源，提高医疗效率，避免医疗资源浪费。

医疗大数据的分析挖掘是对医学本身和医疗服务的二次发现和感知，其对移动医疗和移动健康管理具有重要的价值。一方面，移动医疗平台或健康管理平台可以掌握大量的医疗数据，利用大数据相关技术实现对医疗数据的深度分析，可以为医生在诊治过程中提供有价值的参考，为医生提供良好的临床决策支持，同时也可以为慢病管理以及疾病预防提供支持。另一方面，移动医疗和健康管理平台将为药企和科研机构提供更加全面精准的科研数据。通过对医疗大数据的挖掘，药企或医疗器械的厂商可以根据某类病症的数据反映，定向地研发和定量地生产，避免资源浪费，科研机构的研发也将更具针对性。充分地发挥医疗数据巨大的潜在价值，最终通过数据来产生和拓展新的商业盈利模式，已成为移动医疗和移动健康管理未来的发展方向。

　　总之，移动医疗和健康管理的需求非常广泛，再加上未来移动终端和移动网络的不断升级，用户的体验和具体的操作都已经成为可能。未来构架在移动医疗产业链的各个环节都将成为推动移动医疗产业发展的重要力量，也将创造更多的价值。

　　中南大学湘雅三医院作为首批通过卫生计生委互联互通标准成熟度四级测评并发行居民健康卡的医院之一，在大数据环境下结合湘雅专家的优势资源建立了慢病自我管理平台。该平台对慢性病的有效预警和干预管理具有重要意义，同时也推进了大数据科学与技术在医学领域的应用。2014 年 8 月，中南大学湘雅医院推出手机 APP"掌上湘雅"。"掌上湘雅"作为湘雅医院"移动医疗服务平台"，为患者提供"智能分诊、手机挂号、取报告单、健康教育"等多种套餐服务，能有效减少就医环节的等待时间，让患者享受到更快捷的医疗服务，是医院实现医疗资源信息化、医疗服务模式多元化的新尝试。

　　5. 医院服务评价及卫生政策评估研究与应用

　　尽管我国的医疗卫生服务体系在过去的几十年里取得了巨大进步，但受多种因素的影响，医疗卫生服务体系的服务能力与社会公众不断上升的医疗卫生服务需要和需求相比仍有不小差距，直接导致了"看病难、看病贵""医患纠纷"等一系列社会问题的产生。为此，我国政府在过去几十年内先后启动了多轮医疗卫生体制改革。尤其是目前的医疗卫生体制改革正逐渐步入"深水区"，党中央和国务院高度重视，先后出台了多项文件引导医疗卫生体制改革的全面推进。

　　《"健康中国 2030"规划纲要》是贯彻落实党的十八届五中全会精神、保障人民健康的重大举措，对全面建成小康社会、加快推进我国医疗卫生事业的发展具有重大指导意义，也是我国积极参与全球健康治理、履行我国对联合国"2030 可持续发展议程"承诺的重要举措。国家卫计委强调利用大量的健康管理数据和临床监测数据服务医院服务活动评价和卫生政策评估。

　　医疗服务评价受到人们越来越多的关注，但是诊疗标准和服务规范的缺失导致评价的客观性没有准绳。要对医院和医生做出评价，不仅其服务态度的好坏，更重要的是其服务能力的高低和诊疗的准确性。服务评价体系的建立是增强分级诊疗、缓解医患矛盾和提升疗效管理所必需的手段。要想在医疗服务评价上获得突破，首先还是要建立规范的临床路径指引和全国性的支付标准。只有有了这两个客观的标准，对于医疗负担评价才能称得上客观有效，也才能被医患双方所认可。

　　此外，医疗服务评价还须依赖第三方评价独立标准的建立。如果第三方的评价服务是基于任何人都可以填写的，在中国这样的市场，患者不容易得到真实的信息。因此，医疗服务评价更多的是应该采取由第三方公司单独以问卷形式对就诊之后的患者来展开。比如，美国的 Press Ganey 是位于印第安纳州南本德的一家医疗服务评价咨询公司，负责将患者满意度问卷发给在医院就诊的患者，收集其中的数据进行分析从而得出最后得分。其中进行调查的不仅仅是医生，还有护士、助产士等医护人员。为了数据的有效性，每位医护人员必须在过去的 1 年半里收到超过 30 份问卷才能进行评分。只有构建了完整有效的第三方评价标准，才能真正去推动医疗服务评价在我国的发展。但现在这些还处在过于早期的阶段。

政府干预医疗卫生事业发展的主要手段是制定医疗卫生政策，然而一个政策的好坏、是否起到了原本设想的作用，一方面需要政策执行过程中的有效监管，另一方面需要有大量数据作为支撑的政策评估。政府公共卫生政策制定的核心目标是改变社会行为和社会预期，而医疗大数据恰恰提供了理解人们需求和偏好的工具，能够帮助政府更好地理解各种政策对医疗卫生各方面产生的潜在影响。因此，通过充分发挥医疗大数据的效用，能够帮助政府的政策制定者更好地理解哪些刺激行为、什么样的环境以及哪些政策和监管的改变会更加现实、合法和有效。在这种情况下，"卫生政策评估"作为政府卫生政策研究模式中的重要环节，其内涵、功能和模式在这种全新的技术变革背景下必然需要重新审视。基于医疗大数据的卫生政策评价环节呈现出的新趋势，与传统医疗样本数据参与政策评价的过程相比，医疗大数据对卫生政策评价的作用在本质上是相同的。由于医疗大数据本身的特点及其对医疗行业所带来的变化，卫生政策评价趋于更加科学化、民主化和客观化。医疗大数据要求对相关的所有数据进行分析，使对卫生政策方案所做出的评价更加接近事实本身。在卫生政策方案评估时，通过容忍、接受医疗大数据的复杂性、不精确性，并运用分类或聚类的方法分析复杂数据，对备选方案的经济、政治、社会、行政、风险方面做出大概判断，从而可以快速判断备选方案的大概情况。

目前，传统医院服务评价及卫生政策评估方法的研究存在一些问题：①信息采集相对受限、成本高、质量存在一定问题；②缺乏系统和客观的医疗服务质量评价研究；③卫生政策分析与评价研究分割、缺乏标准的测评手段；④不同部门的数据采集标准不统一，无法共享；⑤卫生政策分析与评价缺乏连贯性，无法动态、系统、及时反映医疗卫生改革的效果和潜藏问题。

伴随着大数据的出现，未来的医院服务质量评价和卫生政策评估将会呈现以下特点：①实现多种数据的兼容并储；②多部门数据的共享使用；③实现动态、即时、低成本、客观地采集数据；④基于大数据和算法开发及时、准确度高的医院服务质量评价体系；⑤基于大数据围绕卫生政策的产生、实施、调整的整个过程实现政策评估的全程化、动态化，为决策部门提供即时、客观的证据。

5.1.4　引领未来的关键共性技术

通过以上的比较分析发现，我国医疗大数据应用领域数据开放共享不足、产业基础薄弱、缺乏顶层设计和统筹规划、创新应用领域不广等问题。相应地建立面向医疗大数据集成与共享、医疗大数据应用支撑技术、医疗大数据临床应用、医疗大数据创新服务平台的技术体系，可有效解决我国医疗大数据应用领域的一系列难题，对该领域相关技术的发展和应用的深化具有引领作用。

5.1.4.1　医疗大数据集成与共享关键技术

医疗大数据来源广泛、数据类型多样、数据结构异构，构建高质量的医疗大数据源成为医疗大数据应用的关键，全球各医疗大数据项目对此部分工作进行了大力投入。西方国家如加拿大，以及一些欧洲国家由于国家医疗保险体系完善，因此在国家对医疗方面的大力投入下实现了多个医院的互联互通、数据共享，同时也为数据获取与集成提供了便利条件，建成了以临床医疗为主的医疗大数据。在美国，一些医疗机构则形成了联盟也建成了相应的医疗大数据源。我国目前尚未建成真正的医疗大数据，中南大学在此方面进行了大力投入和积极探索。目前已将中南大学下辖的 5 家附属医院的各类医疗信息系统的数据采集完毕，并研发完成了系列医疗数据标准；独立研究基于元数据和元网络模型的医疗数据对象以及对象间相互关系的建模表示，开发了系列医疗数据清洗、预处理和质量优化的方法和工具，完成了部分数据源的建设。同时，通过区域医疗项目的建设完成了医疗数据的安全可靠传输、可信授权访问、完善的个人隐私保护的机制与系统，为医疗大数据的应用提供了基础支撑。

5.1.4.2　医疗大数据应用支撑关键技术

针对医疗大数据，在医学文书自然语言处理、医疗数据智能分析和挖掘、医疗数据可视化等方面受到了广泛的关注，但是相关的研究才刚刚起步，许多关键方法和技术亟待解决，比如，医学文书的智能分析与处理；医疗数据隐藏特征的分析与挖掘；医学各类数据的智能关联性分析；多组学数据的融合分析与应用；医疗大数据虚拟现实应用等。长期以来，中南大学在医疗信息处理、复杂生物数据处理、基因组学、蛋白质组学以及数据可视化方面开展了大量研究工作，成果内容涉及医学信息处理，多元数据融合分析，不同类型数据的复杂关联分析等，取得了一些原创性技术成果。中南大学在高维数据、复杂网络结构的可视分析，以及面向具体领域的可视分析集成方案等方面进行了多方探索，为医疗大数据可视分析平台的开发建立了良好的基础。因此，在已有研究的基础上，完全有希望通过深度整合医疗数据资源，在医疗大数据应用等方面突破一批关键共性技术。

5.1.4.3　医疗大数据临床应用关键技术

临床决策支持系统是利用医疗大数据辅助临床业务决策的关键。临床决策支持系统应用于临床业务诸多方面，主要涉及疾病风险预测、疾病辅助诊断、疾病个性化治疗。通过临床决策支持系统可以有效减少医疗失误，提高临床工作效率。目前有众多临床决策支持系统的研究，但要走向实际应用，需要解决与临床业务信息系统的无缝对接的技术验证，需要临床应用评价的试验场。中南大学在这一方面开展了大量相关工作，取得了良好的成果，内容涉及医疗大数据平台建设、人工智能技术应用、医疗数据处理与分析技术、医学信息融合技术等。

5.1.4.4　基于医疗大数据的创新服务平台核心技术

在医疗大数据的相关应用与研究中，基于大数据的新型医疗服务产品与平台的应用具有广泛的用户需求、广阔的应用前景与巨大的社会经济效益。如前所述，国内外围绕可穿戴设备、透明医疗终端、移动互联网医疗医药及社区平台等产品已有了大量的研究及相关产品的研发与广泛应用。信息技术与医疗技术相结合形成了系列产品，如透明手表、流式血糖仪、透明计算机胶片自助打印系统及"掌上湘雅"、慢病管理等，无一不是大数据与相关技术及医疗领域相结合的产物。

5.1.5 医疗大数据软硬件环境

医疗大数据由于数据体量大、来源复杂、类型众多而应用要求高等原因,设计技术架构时要求考虑的因素多,因此具有较大的挑战性。其总体设计原则如图5-2所示。

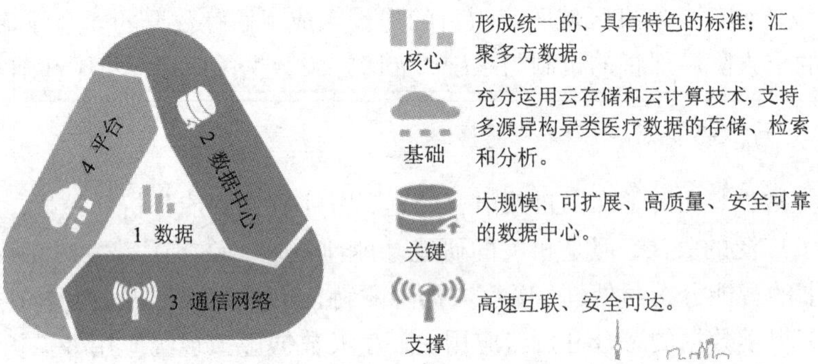

图5-2 医疗大数据平台总体架构设计原则示意图

在总体设计原则指导下,形成了如图5-3所示的物理架构。

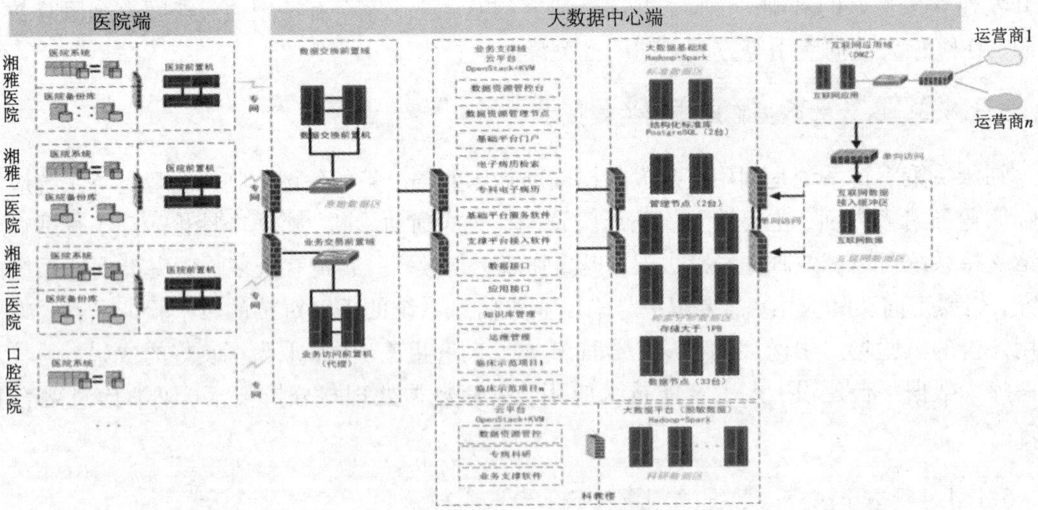

图5-3 医疗大数据物理架构图

医疗大数据物理架构包括医院端与大数据中心端两个大的部分,两部分通过前置处理包括数据交换前置、业务交易前置及业务访问前置等。由于医院的业务系统为实际业务运营系统,必须24小时保障性能,而数据中心的数据可以允许延迟到达,为了既保障医疗业务系统的正常运营,又保证数据能完整提取到大数据中心来,同时考虑传输过程中的可靠性控制机制,因此设计了如图5-3所示的架构图。平台实施后,形成如图5-4所示的医疗大数据IDC,形成了完整的IDC体系,上百台机架服务器组成大数据存储平台,总容量大于4 PB。

医院与学校千兆以上光纤直连，平台内部万兆网络，多运营商互联网接入。设立 DMZ 区，划分互联网安全域和内部数据安全域；数据存储传输加密，数据共享脱敏。

图 5 – 4　医学大数据 IDC

在总体设计原则指导下，形成了如图 5 – 5 所示的软件架构。

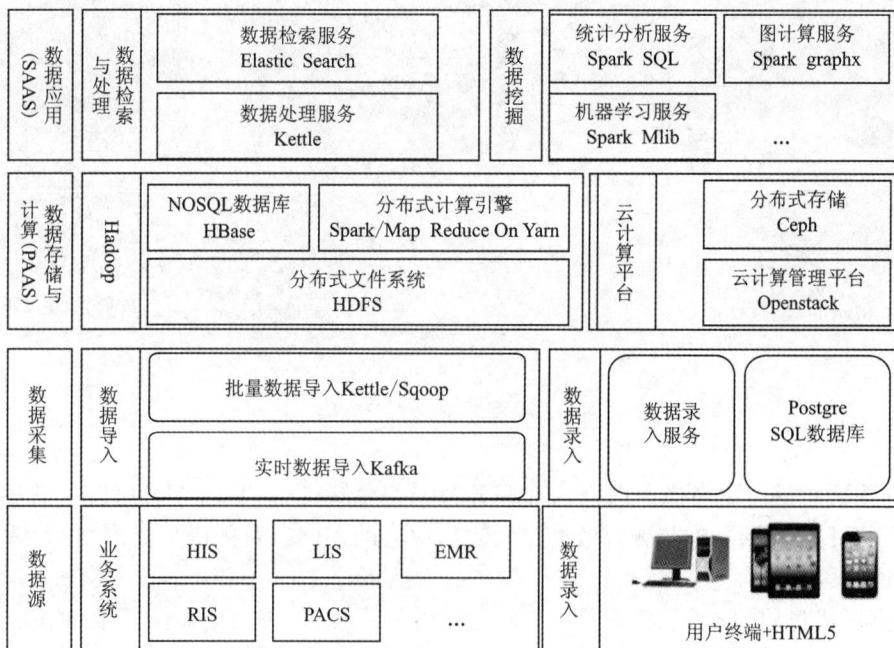

图 5 – 5　医疗大数据软件架构图

其中主要采用的技术与软件及项目等说明如下：

(1) 数据检索服务采用 Elastic Search 实现，为大数据平台提供全文检索功能。

(2) 数据处理服务采用 ETL 工具 Kettle 实现，负责数据清洗转换。

(3) 数据挖掘相关服务采用 Spark 的 SQL、Graphx、Mlib 实现，为科研人员进行数据挖掘提供基础软件包和计算环境。

（4）基于 Hadoop 构建分布式数据存储平台，并且采用 Spark、MapReduce 分布式计算框架和资源调度服务 Yarn 组合作为平台的计算引擎。

（5）数据服务管理平台，为在大数据平台上做数据分析的科研人员提供权限管理和访问控制，确保数据安全。

（6）基于 Openstack 搭建云计算平台，分布式存储系统 Ceph 为云计算平台提供块、对象的存储服务，为数据应用提供计算资源（虚拟服务器）。

（7）医院业务系统产生的数据通过批量或实时的方式导入到 Hadoop 平台。

（8）用户终端录入的数据服务管理进行数据录入服务，保存到 PostgresQL 数据库，然后同步到 Hadoop 平台。

（9）数据来源主要来自医院的业务系统和医护人员的录入。

（10）数据录入通过用户终端和 HTML5 实现。

在总体设计原则指导下，形成了如图 5-6 所示的数据区域划分方案。

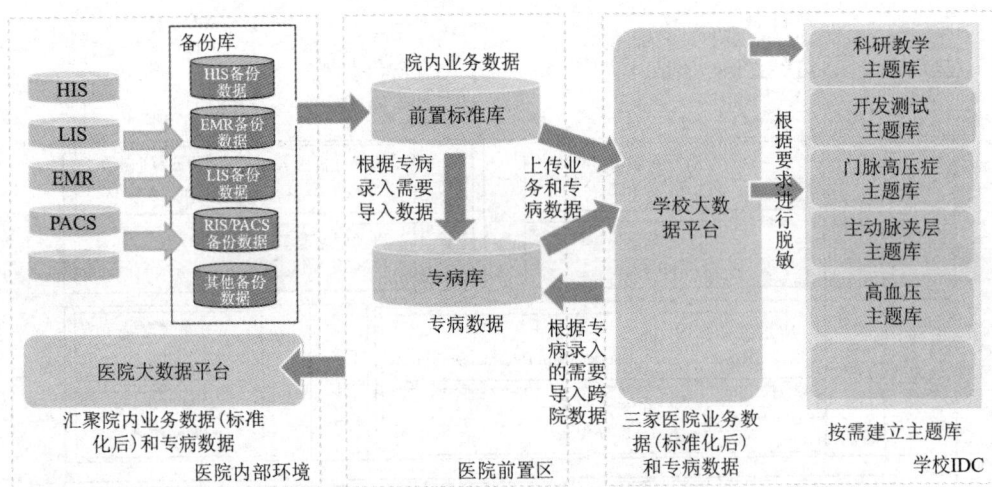

图 5-6　数据区域划分方案

图 5-6 所示的方案考虑了医疗内部业务数据的存储特点，设计了各医院的数据或业务的前置处理存储、原始数据与融合数据在大数据中心的存储以及脱敏后面向教学、科研、社会服务等的主题数据存储。

大数据形成过程中，数据汇聚是一个非常关键的步骤，考虑了医院业务数据的实际特征后，形成了面向不同业务系统的数据汇聚方案，总体如图 5-7 所示。

其中数据汇聚过程如下：

（1）医院信息科建设医院信息系统（EMR、HIS、LIS、PACS 等）备份库，大数据平台从备份库采集数据，避免数据采集影响医院正常业务。

（2）前置库系统定时从备份库采集数据，按照标准转换，然后保存到标准数据库中。专病数据库在标准数据库基础上，扩展了 PI 项目额外需要录入的数据项。

（3）标准数据库和专病数据库产生的数据实时同步到学校的大数据平台，同时复制到医

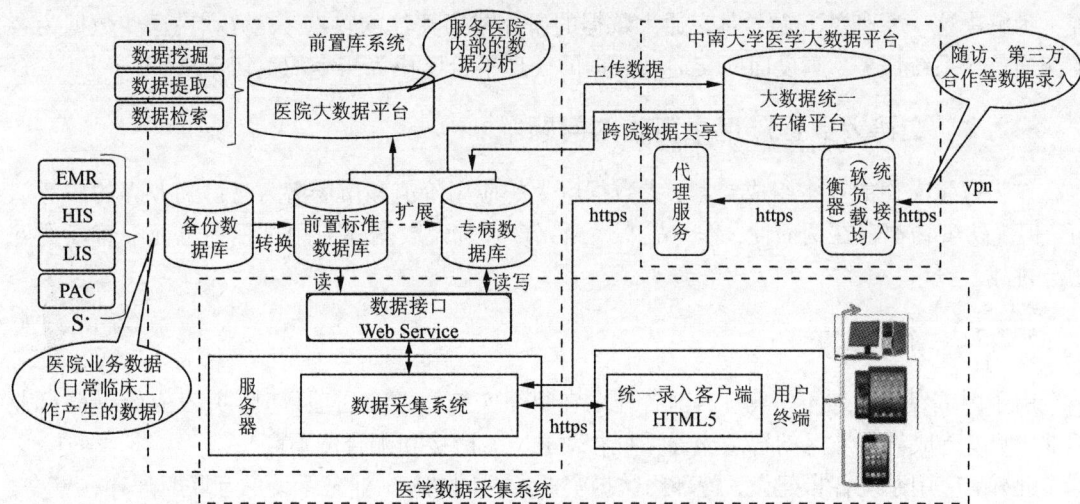

图 5 – 7　数据汇聚方案示意图

院大数据平台；医院大数据平台主要服务于院内的数据分析，包括数据挖掘、数据提取、数据检索等。

（4）基于标准数据库、专病数据库和学校的大数据平台开发统一的数据接口，PI 项目录入的数据保存到专病数据库中。

（5）"医学数据采集系统"基于"数据接口"实现数据录入功能，支持多种录入终端，为数据录入提供安全保障。

（6）学校的大数据平台为 PI 项目提供跨院数据共享功能，为科研人员进行数据分析提供医学数据和计算环境。数据共享机制由学校统一发布。

（7）"医学数据采集系统"除了可以从医院内部网络访问外，还允许互联网用户使用；为了保证数据安全，互联网用户采用 VPN 的方式连接到学校大数据平台的"统一接入"服务器，然后采用 HTTPS 协议访问采集系统。

5.2　交通大数据

5.2.1　交通大数据背景

交通大数据包括结构化、非结构化的各类交通数据，包括交通工具 GPS 地理位置、线圈、微波、智能卡、视频、电子地图、路网、调度资料、基础设施、班次、航班、地铁、气象、从业人员资料等数以千计的数据类别，每日以 GB 级别增长，海量、动态、实时是其重要特征。而不同群体对数据的诉求又体现出不同要求，例如，交通主管部门关注交通拥堵状况、车辆异常集结、行业性平均收入等宏观数据；企业关注车辆调度准确、经营收入等关乎运营收入数据；大众关注交通运输的服务是否便利、交通是否顺畅，以及能够随时随地获取交通信息等；研究部门希望获得多样化的交通数据，构筑立体的城市交通分析模型等；城市应急处理部门更希望得到事故地点的交通情况以便组织应急救援；公安部门需要从交通视频获得办案证据等。为解决这一系列的问题，对交通大数据的研究成为关注的热点。充分利用这些数据为各类交通信息系统服务、建设面向交通大数据的处理平台已成为当今的迫切需求。

5.2.2 交通大数据应用中面临的问题

作为智慧交通的基本组成要素，大数据巨大的应用价值和市场潜力已得到业界的广泛认可，但一切事物都存在两面性，作为战略性新兴产业，大数据在应用过程中也面临着新的问题与挑战。

5.2.2.1 行业标准

由于区域经济发展不平衡，当前各地区在组织实施智慧交通项目时，并没有统一的行业标准，所以造成许多地区的智慧交通系统相对独立，衔接和配合度不高。

此外，应用系统各自建设，跨部门数据资源的协同共享、业务系统的互联互通存在壁垒，形成信息孤岛。并且，用于数据采集的前端传感器产自于不同的企业，有些行业之间也没有建立统一的接口标准，这就造成了即使在一个城市，其不同系统之间的数据也很难实现互联互通。

5.2.2.2 数据质量

要想充分发挥大数据所蕴含的资源优势，前提是必须拥有准确、可靠的高质量数据，只有从高质量数据中提取隐含的、有用的信息，才能做出更加精准、更加符合市场需求的决策，否则大数据的优势将不存在。

就目前智慧交通系统运行的现状来看，可供使用的数据采集方式有很多，但效率最高、应用最为广泛的则要属视频图像采集方法，如电子警察、交通事件视频监测、违法停车监测以及公交专用车道违法监测等。受到早期硬件设备的限制，已建系统往往健壮性不足，难以自行判断数据质量，从而使得海量数据的完整性、准确性存疑，无法将数据本身蕴藏的价值充分发挥出来。

5.2.2.3 数据安全

智慧交通中大数据的收集、传输、存储、分析过程都是依靠云计算平台和互联网传输进行的。而云存储、云计算等作为一门新兴的信息处理技术，在数据安全方面还存在一定隐患，使用过程中，非法用户和合法用户难以做到明确区分。如何防止用户信息遭遇非法篡改或窃取，则又是当下面临的一个严峻挑战。

5.2.2.4 协同共享

当下智慧交通的大数据系统包含了运营、路政、交警、养护等多部门离散的管理数据和交通情报信息的各个方面。就目前各地区的使用情况来看，尚未实现跨部门、跨行业数据资源的协同共享及业务系统的互联互通。各个系统之间仍为各自独立的状态，没有形成紧密的配合和良好的互动，没有真正实现理想中一体化的智慧交通体系。

5.2.3 交通大数据数据特点及数据来源

5.2.3.1 前端感知层数据流

前端感知层设施包括：高清电子警察摄像机、路面高清网络视频监控球形摄像机、制高点高清网络视频监控球形摄像机、全景鱼眼监控摄像机、违法停车自动抓拍摄像机、智能交通信号控制器以及配套无线地磁检测器、三级分控中心岗亭监控摄像机、单兵无线图传送设备、采集工作站、交通流断面信息采集设备(无线地磁检测器、微波检测器、视频检测器)、视频事件检测器以及停车场管理系统等设备。以上外场设施通过点对点光纤直连、汇聚传输或无线传输的方式，向公安局交通警察支队中心机房分别传输以下数据：①高清电子警察摄像机：过车图片、过车视频、违法图片、违法视频、交通信息检测数据。②路面高清网络视频监控球形摄像机：实时视频。③制高点高清网络视频监控球形摄像机：实时视频。④全景鱼眼监控摄像机：实时视频。⑤违法停车自动抓拍摄像机：实时视频。⑥智能交通信号控制器：路口信号灯状态信息、配时方案信息以及路口交通信息检测数据。⑦智能交通信号控制器配套无线地磁检测器：向控制器发送路口交通信息检测数据。⑧三级分控中心岗亭监控摄像机：实时视频。⑨单兵无线图传送设备：现场执法照片、现场执法视频、多方视频会议语音与视频。⑩采集工作站：执法记录仪采集的现场执法照片、现场执法视频。⑪交通流断面信息采集设备(无线地磁检测器、微波检测器、视频检测器)：路段交通流信息检测数据(流量、速度、时间占有率等)，其中视频检测器还能够回传实时视频。⑫视频事件检测器：实时视频。⑬停车场管理系统：车辆出入抓拍照片、车牌数据、停车泊位数据。

以上数据虽然源自不同业务子系统，但根据数据内容与格式，可归纳为视频数据、图片数据以及文本数据。

5.2.3.2 交通大数据的来源途径

就智慧交通大数据的结构来看，按照不同的标准可以分为多种类型，常见的有结构化数据、非结构化数据、交通基础数据、交通图像数据和交通流量数据等。目前我国交通大数据的采集主要通过以下几种途径。

1. 业务局及有关单位的业务数据

包括高速公路联网收费系统；各地方公路局的普通公路收费系统；运政管理系统；地方交管部门的机动车注册信息，包括变更、过户、检验等业务信息，截至2015年底，已达2.83亿条；驾驶人登记信息，包括增驾、补换证、审验等业务信息，截至2015年底，已达3.48亿条；历年交通违法信息等。

2. 基于视频监控的数据

目前全国已设立开通5万多个公路卡口，借助卡口的监控系统，每天可采集数十亿条车辆轨迹数据；同时，借助遍布全国各地主要路段的百万量级的电子警察，每天可采集海量的非结构化数据。

3. 基于路口交通信号控制的数据

目前全国有近十万个信号灯控路口，每天可采集大量的配时方案数据。

4. 基于 GPS 监控的定位数据

为了对交通实施动态管理,各地交管部门配备了近十万辆带有 GPS 定位功能的警车,此外,部分地区还对重点车辆进行动态监管,这些定位数据为交通管理的智慧化提供了支撑和保障。

5. 其他

包括地方海事局的签证业务系统、运输管理局的公路客运站联网售票系统和航道局的船闸收费系统及航道交通量系统等。

5.2.3.3 交通大数据分类别来源

交通大数据来源广泛,城市交通网每天产生的各类交通数据不计其数。按照类型,交通大数据的来源大致可以分为来源于人的数据、来源于交通工具的数据、来源于行业监管的数据和来源于其他方面的数据几类。以下将分别就这几类数据来源作简要说明。

1. 来源于人的数据

人作为道路交通的主要参与者,汽车驾驶员的驾驶轨迹、交通警察所在路口的位置、公交车乘客的刷卡记录以及行人的行走轨迹等都是交通参与者的重要数据来源。目前,基于公共交通的电子收费数据已经有了丰硕的研究成果。针对该类数据的工作也是目前学术界交通大数据的研究重点之一。

2. 来源于交通工具的数据

车是城市交通中的主体,按照功能群体可以大致分为公交车、私家车、出租车和网约车四类。每种类型的车都有各自的特点:公交车路线固定,而且能够直接获得乘客的刷卡数据,得到乘客的上下车地点等信息;私家车涉及的数据相对来说难以获取,该类数据涉及驾驶人的个人隐私,但同时也是最为有价值的一类数据;出租车没有固定路线,但是却有相对固定的活动范围;网约车是最近几年兴起的一类新兴群体,通过应用平台私家车主可以利用空闲时间提供服务,缓解高峰期打车难等问题。

此外,基于物联网、车联网等数字终端设备的传感器采集的车辆信息也是交通大数据的重要组成部分。

3. 来源于行业的监管数据

很多特殊行业,如危险品运输、快递服务业、货运公司等行业都会对相应的业务有一定的监管数据,该类数据虽然有一定局限性,但是数据准确性、可靠性非常高。

4. 来源于其他方面的数据

除了上述提到的几类数据之外,城市道路本身以及天气等客观因素其实也属于交通大数据的一部分。城市各个主干分支路线的拥堵程度以及天气对路况的影响会在一定程度上决定该段道路的拥堵程度,如果能够及时掌握这类数据,通过适当的算法分析以及调配,可以在很大程度上缓解交通压力。

5.2.4 交通大数据融合技术

5.2.4.1 数据汇聚

交警内部数据统一汇集至交通管理基础数据库,进行统一存储,交警支队、交通管理情报信息平台负责基础数据库的数据资源管理与数据维护。

通过工具软件，如 ETL 工具、分布式聚合工具、实时数据同步系统、数据集成系统等从交管内部业务系统的各种数据源采集数据（包括人员信息、车辆信息、道路与环境信息、警务装备信息等），接入方式分为批量定期采集、实时采集。

1. 汇集数据源

交警内部数据按照人、车、道路与环境、警备信息划分如下。

（1）人员信息。

①全市机动车驾驶人员相关信息，如驾驶证类型、驾驶证审验、登记住址分布、年龄、性别、交通违法、记分、交通事故等基础数据。

②驾校学员数据。

③驾考人员构成、报名、考试、通过率等基础数据。

④重点车辆驾驶人员相关信息：具有危爆车、渣土车、校车、营运客车以及滴滴、快滴、优步等网络平台名下专车等重点车辆驾驶资质的机动车驾驶人员的相关信息。

⑤有过严重交通违法如酒驾、醉驾、毒驾、无证驾驶人员的相关信息。

⑥因暂扣、吊销、注销和驾驶证记满 12 分等"失驾"人员的相关信息。

⑦支队民警、辅警、协警、职工、临聘人员以及协同交通管理的形象监督员、教练员、考场工作人员、机动车检验人员、机动车登记工作人员的人员数据。

⑧从业人员信息。

⑨信访人员相关信息。

（2）车辆信息。

①全市注册备案非机动车和机动车的基础数据。

②重点关注车辆如危爆车、渣土车、搅拌车、校车、公路客车、旅游客车、出租车、教练车和滴滴、快的、优步等网络专车的基础信息、违法、事故、年检、保险、环保、实时定位等信息。

③某省注册备案的非机动车和机动车的基础数据。

④机动车的假牌、套牌数据。

⑤政府、企事业单位名下注册的机动车数据。

⑥盗抢车辆、涉案车辆相关信息。

⑦重点车辆发放的通行证相关信息，如规定的行驶时间、指定的行驶路线等相关信息。

⑧出租车等运营车辆相关信息及实时定位信息。

⑨车辆的保险信息。

⑩客货运企业、租赁企业所拥有的车辆相关信息。

⑪卡口过车数据（含便携式卡口及市县两级卡口数据）。

⑫电子警察违法数据。

⑬现场视频信息（分析研判后的证据数据）。

（3）道路及环境信息。

①道路明细、编码、路口平面、道路开口等道路基本信息。

②交通标志、标线、信号灯、护栏、围挡施工等城市道路设施信息。

③全市公共停车场、道路停车、咪表停车的分布信息，车辆实时出入信息。

④电子警察、电视监控、道路卡口城市道路监控信息的分布。

⑤全市公交路线及站台分布。

⑥指挥中心报警信息、路段拥堵、交通管制等信息。

⑦小区、企事业单位等停车场(库)的基础信息、分布信息、实时进出数据。

⑧交通事故相关信息。

⑨交通违法相关信息。

⑩交管部门须重点关注的场所相关信息。

⑪交通流状态信息：时间、车道(如可以分车道)、流量值、速度、占有率(密度)、车辆长度、车型、时均流量、日均流量、周均流量等相关信息。

(4)警务装备信息。

①电脑设备、网络设备、服务存储设备、移动存储介质、保密介质等电子类设备信息。

②警务通、对讲机、执法记录仪、酒精测试仪等执法类装备基础信息。

③警务通、对讲机、执法记录仪、酒精测试仪等执法类装备所产生的实时信息。

④移动卡口所能提供的信息。

2.数据汇集方式

数据汇集方式如图5-8所示，动态实时数据的采集与处理如图5-9所示。

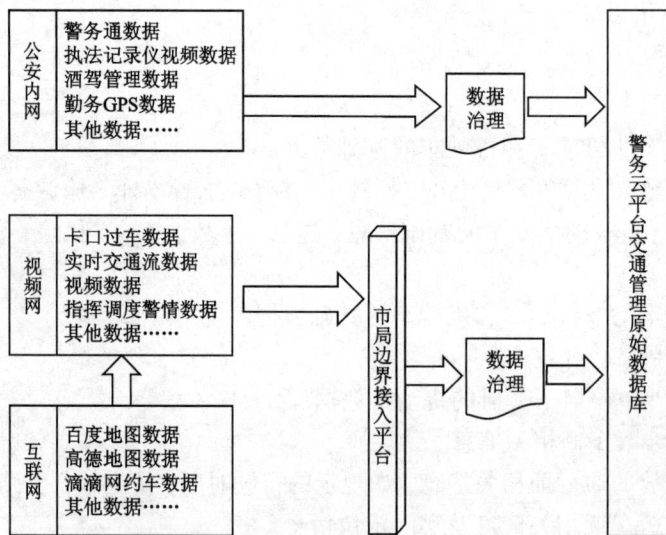

图5-8　数据汇集方式

针对交通管理情报信息平台中一些实时应用分析研判的需求，如需要实时获取各个卡口车流量数据，对道路拥塞情况进行实时分析研判，基于实时日志流的业务办理研判分析，需要实时从各个业务系统获取日志数据信息等，为此提供实时接入方案。

(1)数据推送：支持 Web Service 服务数据信息推送，Socket 通信技术的数据传输，消息队列方式的数据订阅与消费，基于数据总线方式的数据共享，基于 Agent/Service 架构的分布式采集等。使用数据推的方式能够保证数据低延迟，从而也为实时分析研判的及时性提供了保障。

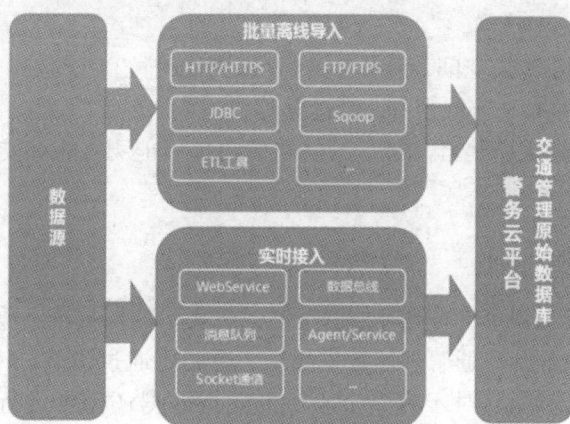

图 5 – 9　动态实时数据的采集与处理

（2）数据拉取：基于 HTTP 方式的数据请求，基于 FTP 方式的文件传输，基于 JDBC 技术从关系型数据库进行数据拉取等。使用数据的拉取方式不能够保证数据的低延迟，并且需要轮训的机制实时检查数据更新，轮训频率越高延迟性就越低，同时计算资源的消耗也就越高。

（3）批量离线接入：数据资源的导入需要考虑数据的初始化导入以及增量导入方案，初始化导入时完成现有共享数据资源的一次性接入，并保证数据的全量导入。交警内部数据源存在着大量的动态数据，即包含实时插入、周期性插入更新的情况。例如，交通违法数据信息，由于每天都会产生大量的交通违法数据信息，这样的信息一般会实现天更，即每天定点完成当天交通违法信息数据进入交通管理基础数据库。那么在数据离线接入方案中需要考虑对增量数据的接入支持。目前一般增量的判断依据包括时间戳、记录数以及其他可识别的增长性字段等。

3. 数据汇集接入能力

（1）支持关系型数据到 NoSql 和 Hadoop 等大数据的导入，支持 Oracel、DB2、SQLServer、Sybase、MySQL 等多种 RDBMS 数据库数据源，可满足交警各类基础数据，如人、车、道路、环境、设备数据等的接入。

（2）支持流式数据接入与处理，提供数据缓冲区以及数据的过程处理能力，如交通各卡口实时车辆数据信息的接入。

（3）支持 Excel、CVS、Txt、Access 多种数据文件的采集，交警内部系统产生的各类文档文件数据的接入。

（4）支持多种数据传输协议，比如 HTTP/HTTPS、FTP/FTPS/SFTP、JMS、JDBC/ODBC 等。

（5）支持数据的增量导入，针对交通违法信息、交通事故信息等由业务系统生成的动态数据，可实现按时间进行增量接入。

（6）支持分布式数据收集，交警内部存在着不同的应用系统，可通过在各个业务系统所在节点上部署代理节点的方式来实现业务系统日志数据的实时归集和接入。

（7）支持采集流程的审计与报警功能可以查询采集日志，对采集业务进行审计，采集流量统计。

（8）内置常用的清晰转换空间，包括空置替换、字段筛选、校验和、常量值、值映射、去重复、字符切割、拆分字段、字段合并、值运算等。

（9）数据的采集工具支持集群化部署，以及横向扩展能力，能够支撑交警内部实时产生的大量业务数据接入。

5.2.4.2　数据治理

交警内部的数据资源众多，需要对数据资源的分类、数据标准、数据进行统一管理。通过数据采集过程到达警务云交通管理始数据库后，还需要通过清洗、转换，分离出有问题的数据，实现数据标准化转换。对于有多个来源的同类数据还需要进行集成，如果是主数据（如机动车数据）还需要进行主数据匹配合并，完成数据整合过程，形成一致的标准数据，保障数据的一数一源及其数据质量。图 5 - 10 所示为大数据治理处理流程。

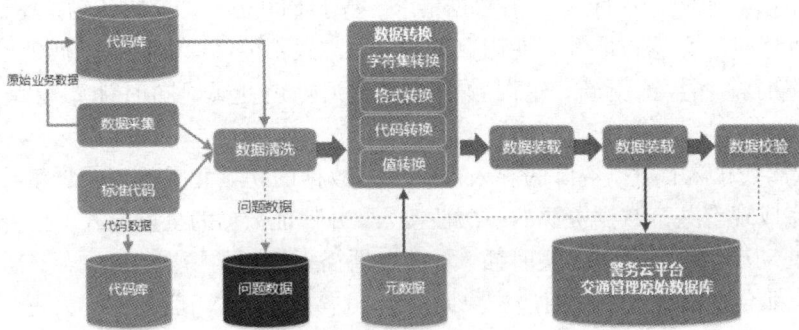

图 5 - 10　大数据治理处理流程图

数据抽取和标准代码库创建：产生的数据是转储数据和标准代码库。

数据清洗：对转储的业务数据，根据定义的数据清洗规则进行清洗。产生的数据是问题数据库。

数据转换：定义好数据转换的规则，对经过第一步清洗的数据进行转换。产生的数据是经过转换的数据。

数据集成：对转换完成的数据查找关联，存储关联；同时把数据按照要素和层次进行组织。

数据装载：把完成了前面步骤的数据装载到数据库中。产生的数据是经过整合的数据库。

数据校验：对完成了整合的数据通过校验器定义好校验规则进行数据校验，找出第二批的问题数据，使得数据的质量进一步提高。

（1）数据标准管理。

汇集整理数据采集与治理所需的标准规范信息，建立数据标准数据库，利用警务云平台的服务接口同步更新标准信息，包括数据元标准以及信息代码标准。实现公安部门发布标准数据元与本地扩展数据元标准的汇集，自动更新公安部门发布的数据元标准。

根据公安部门统一技术规范和数据标准，结合公安部门的数据资源实际情况，建设本地标准数据库、数据字典代码实体数据库，并定期通过警务云平台服务接口进行同步。

（2）数据质量管理。

借助数据质量管理体系可实现交警内部数据的质量校验、质量分析和质量反馈报告等。数据质量管理系统能对数据组成的元素进行数值分布分析，也能根据定制的数据质量校验规则对数据的质量进行检查。

①数据质量校验：校验服务是对数据库表记录取值是否正确进行判断，而数据库表记录取值是否正确的判断依据是对表字段配置的特定的校验规则。

②条件校验：对表中的字段设置若干项条件，系统根据该条件从表中提取满足条件的记录，然后根据用户设置的特定校验规则，对这些记录的取值进行正确性判断。

③全表校验：对已选表中的所有数据设置特定的校验规则，系统以该规则为依据，对表中记录的取值是否正确进行判断。

④取样校验：对表中的字段，设置一个百分比，系统将根据该百分比，从表中随机提取满足该百分比的记录，然后根据用户设置的特定校验规则，对这些记录的取值进行正确性判断。

⑤校验详情：可以查询表状态信息（表名、中文名、校验类别、记录数、未校验数、状态等），可以查看问题数据（字段、中文名、规则、规则详情、问题数据统计及详细信息）。

⑥校验报告：根据校验规则，生成校验结果，以图表的方式予以反映。

⑦问题数据预览：不满足校验规则的数据，可以快速查看该数据。

⑧问题数据追溯反馈：数据质量工作中最为重要的内容就是对问题数据的追溯，发现问题数据后要及时反馈给数据源，由数据源对问题进行分析并制订解决方案，启动问题数据维护流程。

⑨数据质量分析：分析服务是按照字段类型，对指定的分析字段值进行分析，得到字段值在其类型下的所有取值种类的分布情况。

⑩条件分析：指定表中的资源，设置若干条件，系统根据该条件从表中提取满足条件的记录，然后根据用户设置的特定分析规则，对表中字段值进行分析后得出最大、最小长度为多少，空值记录条数，全数字记录有多少条等分析结果。

⑪全表分析：对已选择的表中所有字段设置好特定的分析规则后，以该规则为依据，对表中字段的值进行分析，得出该字段对应记录值的最大、最小长度、空值记录条数、全数字记录条数等分析结果。

⑫取样分析：设置一个百分比，根据该百分比从表中随机取相应记录，根据用户设置的特定分析规则，对表中字段值进行分析，得出该字段对应的记录值最大、最小长度、空值记录条数、全数字记录条数等分析结果。

⑬分析详情：可查询表状态信息（表名、中文名、记录数、字段数、分析状态、未分析数等）。

⑭分析结果：根据具体的分析规则，列出该字段对应的记录值符合最大长度的记录有几条，空值有几条，全数字的有几条分析结果，以及分析的消耗时间、表信息、字段信息等。

⑮质量报告：可按地域、业务、部门统计最近一周的数据质量情况，并生成报告。

5.2.4.3 数据共享

1.数据共享内容

交通管理情报信息平台采用分级授权共享数据的方式向其他警种、市直部门、社会互联网(企业)、公众提供数据共享服务,具体共享内容范围、方式、分级授权层次结构如表5－1所示。

表5－1 共享数据分级授权

级别	共享对象	共享范围	共享方式	跨网安全	备注
一级	警务云	人、车、道路等基础库信息及分析研判结果数据	开放数据视图请求服务	同一公安专网	待警务云建成后实现
	市公安局共享资源库	人、车、道路等基础库信息及分析研判结果数据	开放数据视图或数据推送	同一公安专网	
二级	政务云	机动车信息、驾驶人信息、交通违法信息、分析研判结果数据	请求服务	公安网安全边界接入平台	待政务云建成后实现数据脱敏处理
三级	市直部门(教育、城管、安监、交通等部门)	机动车信息、驾驶人信息、交通违法信息、机动车、驾驶人安全风险评估报告	请求服务	公安网安全边界接入平台	数据脱敏处理
四级	滴滴、高德、百度等互联网签约企业	道路相关资源	共享数据交换	公安网安全边界接入平台	数据脱敏处理
	公众服务	交通违法数据、业务办理数据、出行指南	提供数据查询微信公众号推送	公安网安全边界接入平台	数据脱敏处理

2.数据共享方式

交通管理情报信息平台设计了三种与市局警务云资源信息服务平台共享对接可选方式:服务接口共享方式,数据交换共享方式,应用交互共享方式。

3.服务接口共享方式

以服务接口方式为共享信息提供操作共享,除了应用交互方式外,无法直接通过数据交换方式进行共享的信息资源通过服务接口方式实现共享与交换。主要提供的服务接口为REST接口、XML接口、SOAP接口。

交通管理情报信息平台提供的服务在警务云服务总线上发布注册,与警务云信息资源服务平台互为服务提供与调用方,实现通过服务方式的双向共享。

例如,警务云信息资源服务平台可以调用交通管理情报信息平台车辆数据开放的车辆核查服务，实时核对进出卡口车辆或车辆电子档案；交通管理情报信息平台调用警务云信息资源服务平台人口信息核查服务等。

4. 数据交换共享方式

基于数据交换平台方式是利用适配器采集各业务类型数据，采用消息中间件技术实现数据的可靠传输的方式。可实现以下方式交换：

(1) 支持从业务异构数据库、大数据平台的实时、定时采集。

(2) 可实现各类格式化文件的数据采集，文件类型包括 Txt、Dbf、Xml 等。

(3) 根据需求，可实现在线的实时交换，也可实现隔离方式的手工报送数据。

5. 应用交互共享方式

通过调用警务云信息资源服务平台提供可交互的应用，如门户、查询、核查、比对、统计等应用系统，实现信息资源的共享与协作服务，该方式应用于由于各种原因无法提供批量数据、直接同步共享等应用场景。

6. 向市局共享资源库、天网平台推送数据

通过交通管理基础数据库数据资源管理平台数据总线向共享资源库及天网平台推送数据（通过市局安全边界）。

数据资源的推送需要考虑数据的初始化推送以及增量推送，初始化推送时完成现有共享数据资源的一次性推送，并保证数据的全量推送。

7. 与警务云信息资源服务平台共享对接

第一，交通管理情报信息平台可以通过某市警务云服务接口集获取到非交管业务的相关数据支撑，如基础人口数据、市局各警种关联数据、机动车检测类数据、交通规划、建设和城管类数据和部分静态交通类数据等。第二，利用公安警务云提供的服务接口集与市局警务云、省厅警务云、政府部门政务云等对接，实现数据交互服务和数据资源的共享。第三，交通管理情报信息平台提供开放性的、标准化的服务接口，将为警务云提供情报平台的分析研判成果、最新成果、从交警业务产生的共享的数据信息等，有效地将这些大量、高速、多变化的终端数据存储共享，为大公安和城市管理提供公共服务、数据服务，实现与公安信息化的完整对接。

5.2.5　交通大数据的全流程分层次特点与技术

根据各类交通关联数据的价值实现过程，将交通大数据的生命周期分为六级。

交通数据按其流转途径可分为"数据产生→数据采集→数据集聚→数据处理→数据分析→数据发布、展示和应用→产生新数据"等阶段。其中，各类交通设施根据城市交通的运行行为产生的多源交通数据进行采集，并将数据存储在交通管控、交通综合指挥等交通信息化系统中。根据各系统集聚的多样数据进行组织，并汇入大数据分析平台，进行数据特征的抽取、海量数据的融合分析，为交通行业监管、企业应用、公众出行服务等提供支撑。故按照数据价值实现流程可分为数据采集层、数据集聚层、数据组织层、大数据分析层、大数据发现层、大数据应用层等层级。

5.2.5.1　数据采集层

数据采集层，是指各类交通设施设备数据的采集。大数据主要来源于移动互联网、物联网、云计算等新一代信息技术广泛应用而不断产生的交互数据、交易数据和传感数据等,同时依赖于平安城市、智慧城市、社交网络、电子商务、企业信息化等不断发展。数据采集层包括北斗/GPS车载终端、OBD/CAN总线、RFID设备、地感线圈、ETC设备、IC卡设备、视频监测器等各类交通设施产生的多源数据,交通数据的类型繁多,体积巨大。

5.2.5.2　数据集聚层

数据集聚层,是指对交通各类行业应用系统的数据集聚。在设备采集交通基础数据的基础上,由交通各类行业应用系统(如交通管控系统、交通综合指挥系统、交通共享信息系统、视频监控系统等)集聚的道路交通信息、公路运行信息、水路运行信息、公共交通运行信息、对外交通运行信息、交通管理信息、交通调查信息等,涉及交通管理、交通运输等各类应用,数据的集聚是交通大数据分析及应用的基础。

5.2.5.3　数据组织层

数据组织层,是对大数据进行处理分析并发现价值的必备基础,也是能支撑大数据的组织与管理的所有活动集合。主要通过对交通资源的管理及交通数据的清洗,形成交通共享数据标准、资源目录等,并组织各类交通数据汇聚至交通大数据分析平台。

5.2.5.4　大数据分析层

大数据分析层,是指能挖掘数据价值并支撑大数据的处理分析的所有活动集合。数据分析是大数据完成价值飞跃的关键环节,主要通过各类大数据分析技术实现海量交通数据融合、交通数据实时清洗、实时地图匹配、相关性分析与数据挖掘、时空数据分析与检索、与GIS引擎的匹配、数据可视化等。

5.2.5.5　大数据发现层

大数据发现层,是指挖掘交通数据价值的所有活动集合。依据大数据分析技术,结合各类交通模型,在主要通过提取道路系统状态、交通服务系统状态、交通需求及行为特征、多源数据的关联特征等,发现交通的内在规律。

5.2.5.6　大数据应用层

大数据应用层,是指交通大数据挖掘结果在各行各业应用的活动集合。大数据应用层可为交通行业监管、交通行业企业运营、公众出行信息服务等提供区域OD分析、公交线网优化决策支持、实时路况服务等各类应用。大数据作为一种重要的战略资产,已经不同程度地渗透到每个行业领域和部门,它对于推动信息产业创新、改变经济社会管理面貌等方面意义重大。大数据的深度应用不仅有助于企业经营活动,还有利于推动国民经济发展。

5.2.6　交通大数据安全技术

5.2.6.1　安全边界结构

项目重新规划建设交通警察支队网络系统,原交警视频网归入公安视频专网,基于智能交通信号控制系统建设智能交通子网。在这种背景下，本项目系统网络边界结构图如图 5 - 11 所示。

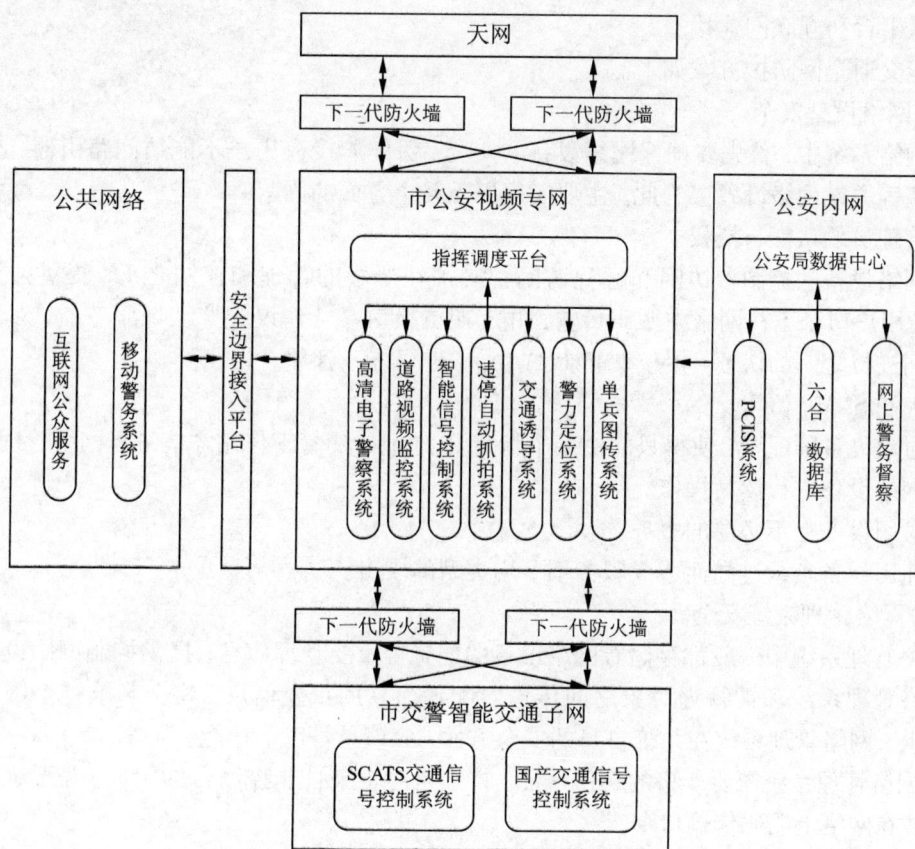

图 5 - 11　系统网络边界结构图

5.2.6.2　智能交通子网防护

市智能交通子网内，主要设备为已建的 SCATS 交通信号控制系统以及本期新建的国产交通信号控制系统，由于交通信号控制机直接关系到路口交通秩序与交通安全，本次项目建设需要重点防护。

市交警支队智能交通子网中部署有：下一代防火墙 2 台，安全准入和日志审计设备各 1 台。下一代防火墙部署在智能交通子网与视频专网的连接处，双机热备，冗余连接，做好访问控制，保障了通信的稳定性。

安全准入与日志审计系统架设于 SCATS 交通信号控制系统，本次新建的国产交通信号控制系统各自汇聚于交换机之上。安全准入为市智能交通子网提供边界安全准入控制，接入的所有终端都必须经过安全合法性检测才能进入网络。日志审计系统对子网所有网络设备、主机、服务器、安全设备等重要资产进行统一日志收集与管理，做到网络行为可管理、可审计。

5.2.6.3 智能交通全网防护

长沙市智能交通系统通过 2 台下一代防火墙与视频天网的核心交换机连接，并通过安全边界接入平台与互联网连接。

智能交通全网防护方案如下。

（1）网络设备安全。

在网络系统中，首先要确保网络设备的安全，保证非授权用户不能访问路由器、交换机或防火墙等关键网络设备。为此，主要考虑以下几个方面的因素。

①管理员的认证与授权。

对网络设备的控制台访问和远程访问都必须在严格的管理和控制之下，提供强认证机制，保证用户口令不在网络中明码传输，并定期更换口令。建议配置认证服务器，对网络设备的访问进行统一的认证、授权、审计（AAA），进行统一管理。

②控制 SNMP 访问。

通过对设备的配置，使得只能由某个指定 IP 地址的网管工作站才能进行网络管理，对路由器或网络设备进行读写操作。

③关闭设备上不必要的服务。

防止因设备负载过高而造成服务不可用类型的攻击。

（2）网络管理系统安全。

网络管理系统中一般都存储着网络设备的配置等重要管理信息，提供控制网络设备的工具，网络管理系统和被管理对象之间传输着配置命令的重要信息，将会影响整个网络的安全。因此，网络管理系统在系统自身的安全方面，应该具备以下功能：

①网络管理系统需要严格的身份认证，特别是对于来自非控制台的用户，需要强认证机制，不能在网络上明码传输口令。

②对不同网络管理员，根据其任务和角色提供不同级别的授权控制。

③对管理员的每次使用和对网络设备的操作，需要有完善的审计机制，以便于故障的恢复、责任的追查。

④用于存放设备配置信息的 TFTP 服务器需要高度安全的配置，以保护路由器配置文件不被其他人非法获取。

（3）网络边界安全。

在本项目中，由于市交通警察支队视频专网、智能交通子网、天网、互联网之间需要交换数据，本投标方案使用下一代防火墙和安全边界接入平台实现物理隔离，确保阻断一切 TCP/IP 协议的连接，不被来自非公安信息网络和 Internet 的攻击所破坏。交警视频专网与智能交通子网、天网需要通过防火墙进行数据交换，确保全网安全。

5.2.7 交通大数据的数据发现

交通大数据的数据发现层依托大数据分析平台，提取各类交通特征进行分析，并根据交通分析模型与规律进行匹配验证，为各类交通数据应用提供支撑。

5.2.7.1　道路系统特征提取

道路系统特征提取有：①道路路段基础特征的提取，包括路段宽度、长度、车道数、是否为高架或立交、路段与交通小区(将城市区域进行栅格化，多个空间栅格形成交通小区)的关联等；②路网交通状态特征的关联分析，包括基于出租车、公交车 FCD 数据生成的路况特征与基于卡口、地磁、电子警察等生成的交通流量特征的关联匹配，道路交通事故对路网的拥堵扩散特征等。

5.2.7.2　公共交通服务系统特征提取

公共交通服务系统特征提取有：①出租车运行状态特征的提取，包括出租车行驶路段特征、出租车驾驶员的平均载客时间、载客里程、怠速行驶时间及不同地点的打车概率等；②公交车运行状态特征的提取，包括公交车不同路段(与公交专用道对比)特征、线路与站点的匹配、公交线网中复线系数、非直线系数、300 m/500 m 覆盖率等指标对公交运力投放的影响等。

5.2.7.3　交通需求及行为特征提取

交通需求及行为特征提取有：①交通需求的特征，包括基于移动通信的信令、话单等数据对交通区域间的 OD 分析、出行距离与时间等通勤出行特征、特定区域客流集散特征、轨道交通客流特征(如换乘客流、轨道交通站点服务半径与服务方向)等；②公交乘客的行为特征，包括基于公交 IC 卡数据对公交线路各站点早晚高峰客流的分析、不同 IC 卡用户的通勤特征、乘车时间间隔及换乘特征等。

5.2.7.4　多源数据的关联特征提取

多源数据的关联特征提取有：①基于多源数据的城市道路路况关联特征，包括浮动车数据、交通视频数据、线圈数据等设备自动生成路况数据与车辆抛锚、货物散落、车辆刮擦等交通事件数据的关联分析，城市快速道路断面数据与交通流量数据的关联分析等；②基于多源数据的旅游交通关联特征，包括移动通信数据、景点客流数据、航班及火车等长途旅运客流数据对旅客活动范围、旅游景点意向的关联性分析等。

5.2.7.5　交通信息融合方法

在大数据环境下，交通分析技术中对于信息融合的关注，集中于采用多方面、多特征的信息形成完整的问题判断。交通系统所产生的各种数据提供了多种角度的观测图像，但是由于受各种因素的影响，这些观测图像不完整且存在缺陷。故对这些不完备的数据图像进行融合，才可能全面客观地描述、研究城市交通系统。

交通信息融合包括数据层融合(如利用交警 RFID、地感线圈等定点监测器数据对出租车 FCD 数据的补充、利用 AFC 数据与移动通信数据进行进出轨道站人数的一致性比较等)、特征层融合(如基于移动通信和交通调查数据的居民出行分析)、决策层融合(如城市空间结构与综合交通体系的关系分析等)。

5.2.8 交通管理数据库设计技术

在数据库设计上，充分考虑业务差异性与数据共性，由近20个部分组成，分别是：公交GPS数据，出租GPS数据，重点营运车辆GPS数据，视频管理数据，客运票务数据，一卡通刷卡数据和交通服务数据等。原始的数据通过信息手段采集后，进入HBase分布式数据库，通过数据的分类处理API进行分类处理，并根据需求进行数据展示和服务定制。在收到接入系统的数据后，对接入的数据进行有效性的检验，保证进入平台的交通信息数据是准确有效的，并将经过验证的数据入库。

根据业务规则，对不同来源的数据间建立关联并进行融合，对融合后的数据进行汇总及分析。例如，线圈、微波、视频、文件等非结构化数据与其他信息的融合后，得出立体化的、更准确的交通态势分析等。

5.2.8.1 基础库设计

交通管理基础数据库是支持实现各项情报信息应用和共享信息展现所必需的原始信息，也为进一步建设专题、索引数据库提供主要数据支持。基础数据库的数据来源以公安网交警业务系统数据、视频专网数据为主，包含了结构化与非结构化数据信息。根据情报信息应用对基础信息数据的普遍要求和有利于各种源数据进行数据抽取整合处理，按公安业务信息的主要信息要素——人员、车辆、事故（案件）、道路为主题进行整理和组织，并建立内部和相互间的有机联系，形成交通管理基础数据库。

关于基础数据库中人员、车辆、案件、道路等基本信息与非结构化数据信息（图片、视频等）的关联与组织应按不同的场景进行分析与建立，其中人员、车辆、道路等数据的基本照片信息，可直接从数据源中获取其关联关系；同样的卡口视频、卡口车辆图片、道路图片等数据信息可按照数据来源直接与卡口基本信息进行关联；对于车辆违章图片、视频等数据信息则需要进一步从该类数据中提取车辆的车牌号信息与车辆进行关联。

交通管理基础数据库存储在市局警务云大数据平台上，其存储的方式根据警务云大数据平台来确定。建议采用分布式文件系统，因此所有的数据都分布在大数据集群环境中的各个数据节点上。分布式文件系统是以块的方式存储，默认每块的大小为128 MB。基于分布式文件系统的副本策略（默认为3）以及分布策略（活跃数据块与副本数据块尽量不在同一数据节点上），可以保证数据存储的安全性以及可靠性。

5.2.8.2 交通管理专题库

1. 专题库设计

针对交通管理情报信息平台的各类研判分析应用，基于市警务云大数据平台的基础库，分别构建不同的专题库，主要有以下几种：

（1）交通流专题库：包含卡口过车、基础道路、互联网交通流等基础数据信息。

（2）交通秩序专题库：包含交通违法业务处理、交通设施、施工、基础道路、违法检测识别、机动车假牌套牌等基础数据信息。

（3）交通安全专题库：包含交通事故处理、机动车辆登记、盗抢车辆、涉案车辆等基础数据信息。

（4）车辆状态和轨迹专题库：包含卡口过车、停车信息、电子警察违法、基础道路、机动车辆登记等基础信息。

（5）驾考人员专题库：包含驾校信息、驾考人员信息、驾驶证等基础信息。

（6）停车管理专题库：包含停车场道路、道路停车位信息、机动车辆登记等基础信息。

（7）业务办理专题库：包含通行证管理平台业务、"六合一"平台业务等基础业务信息。

（8）执法行为专题库：包含移动执法采集站归档的执勤轨迹、警务通平台的民警执法明细、"六合一"平台的执法数据、接出警平台数据等基础信息。

（9）人车案关联专题库：包含执法办案中的案件、重点车辆、重点人员、卡口过车、基础道路等基本信息。

（10）多维综合专题库：包含各类研判模型分析结果、驾驶证、机动车辆登记、卡口过车、基础道路等基础信息。

2. 专题库资源目录

交通管理专题库内容建设完成以后，需要为上层应用提供访问查询接口，即专题库资源目录建设。数据资源目录层包括专题库数据注册、数据资源编目、数据资源目录等功能，并支持与市警务云信息资源服务平台接口对接。

数据资源编目将严格按照"公安数据资源目录注册接口规范"，依据公安部信息共享目录的要求，对数据资源名称、数据资源摘要、数据资源提供方、数据资源分类、数据资源共享属性、数据资源公开属性、数据资源标识符、元数据标识符、数据项描述等元数据信息进行明确，对已注册的基础数据按照业务、层级等进行编目、发布，形成数据资源目录。

5.2.8.3　交通管理情报研判结果库

市"交通管理情报信息平台"交通管理情报研判结果库是平台的核心产出，用于存储各类研判分析专题的研判结果并提供研判分析结果的共享访问方式。

1. 存储支撑

交通管理情报研判结果库的存储支撑将按照实际应用的需求，从研判结果用途、数据量、实时性、快速访问等角度考虑，从而实现异构化的大数据环境下的存储方案，研判结果作为情报平台分析的核心产出：

（1）当研判结果只是作为一个中间结果为下一阶段研判分析应用辅助时，可将其存储到数据仓库，提供离线的查询功能。

（2）当研判分析结果数据量较小，为结构化数据，且需要为应用提供快速查询功能时，可采用关系型数据库（Oracle、Postgresql 等）。

（3）当研判分析结果数据量较大，研判分析结果只是简单的键值对形式，且需要提供快速即席查询时，可采用 HBase 作为存储数据库。

（4）当研判分析结果数据量较大，且需要支持多条件符合检索查询时，则可采用检索系统进行索引构建并存储（Elastic Search 集群）。

（5）当研判分析结果需要实时推送给应用展示或者第三方时，则可采用消息队列的存储支撑。

（6）当研判分析结果是基于时间序列的指标值时，则可采用时间序列数据库 Open TSDB 作为底层存储等。

当然，以上各类研判结果的存储也支持多元分发存储，例如，在将研判分析结果推送到消息队列的同时，也可以将结果存储到 HBase 提供即席查询等。

研判结果的存储支撑支持异构数据库，不同的应用场景、不同的数据形式以及不同的性能需求都可根据大数据环境下各项存储支撑的特征来权衡并选择相应的存储技术方案。

2. 结果共享

交通管理情报研判结果库的建设基于异构的数据存储支撑，不同的存储支持决定了其共享方式的不同：

（1）对于请求响应式的共享方式，可以制订标准统一的数据共享接口方案，兼容异构存储访问接口，如兼容 NoSQL 数据库 HBase 访问，基于数据仓库的数据共享，基于 Elasticsearch 的快速多条件检索结果共享，基于 OpenTSDB 的时间序列指标共享，基于关系型数据库的数据共享等。

（2）对于被动式等待实时研判结果的共享方式，可以采用原生对接消息队列 Kafka 接口，也可以进一步封装支持 Web Socket 通信技术实现数据的实时推送共享。

5.2.9　交通大数据应用

城市智能交通应着重发展让公众便捷出行的智能化交通服务，提升城市交通整体运行效能，促进城市低碳、绿色交通可持续发展，发展方向聚焦于提高城市交通基础设施的承载能力。城市交通大数据应用可改善应急处置能力的需求使政府部门提高管理水平，提升政府决策水平；使社会公众对于交通系统、出行环境和交通服务的各层次需求得到响应；满足行业企业对降低运营成本、提升核心竞争力和完善服务能力的需求。城市交通大数据的分析可应用在城市客流分析、出租车行业的综合应用、综合交通枢纽的引导等方面，具有良好的行业应用前景，图 5 – 12 是一个典型的利用大数据技术环境进行交通数据分析的技术架构图，即前面第 4 章所讲到的典型的环境、工具及技术在里面有所体现。

5.2.9.1　城市客流分析

根据移动电话数据进行城市客流总体格局、公交、BRT、出租车、易通卡数据及公交客流特征、公交客流产生吸引、OD 空间分布、分担率等信息的综合分析。结合指挥中心交通信息采集和视频，根据出行特征为城市大事件交通客流量的及时疏散做好应急预案，同时，实时进行交通路况预测、交通分析、交通仿真。

5.2.9.2　出租车行业的综合应用

根据单趟旅程费用、出租车汽车空驶率等因素划分客户群体，统计优质客户在城市内的时空分布，为出租汽车的合理调度和电话召车等提供帮助；依据出租车的 GPS 数据，分析上下乘客热点区域的特性，从时间、空间分布上进行研究，对热点区域附近的出租车进行引导（如根据客流的历史目的地、客流高峰时间段等对附近出租车通过调度屏进行自动信息推送），设置合理的出租车停靠点，并实时发布出租车打车指数，节省用户的出行时间成本。

另外，通过与移动基站数据的结合，对出租车的载客情况进行分析，为失物查找、案件跟踪提供数据支撑。

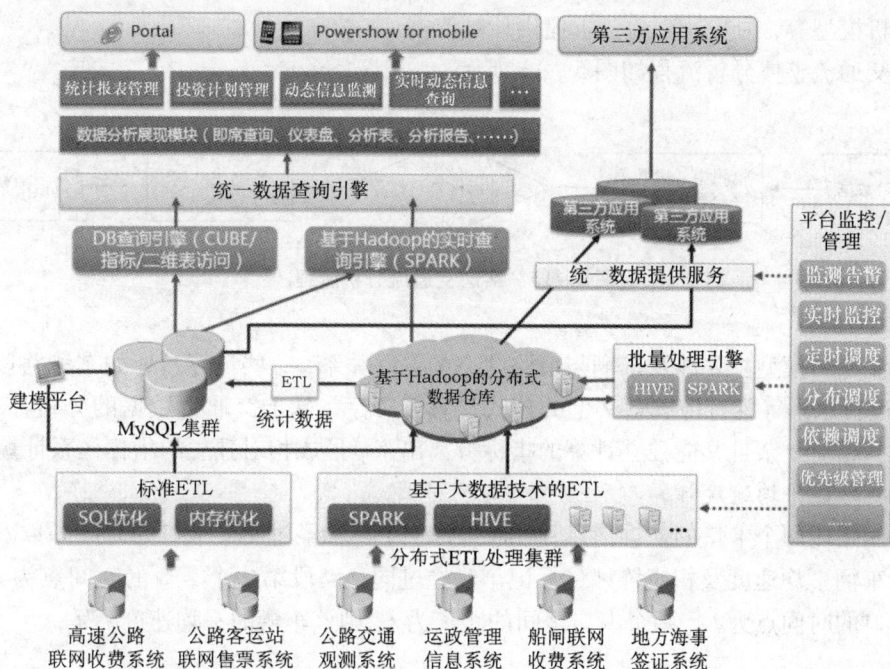

图 5 – 12　基于大数据的交通数据分析典型技术架构图

5.2.9.3　交通枢纽的综合引导

通过手机基站定位数据(根据精度要求,可再添加视频识别、红外检测、激光检测等客流检测设备)、BRT、公交车及出租车 GPS 数据,得到枢纽站旅客疏散方式和疏散时间图,用于评价枢纽站公共交通运力分配的合理性,制订贴合客流到达特性的公交班次计划,推送旅客召车需求给在运营出租车,提高旅客满意度;另外,通过对接枢纽站的高清视频可对铁轨、人群聚集区域、意外情况进行实时预警,极大地降低工作人员的工作强度。

5.2.9.4　智能交通情报分析类研判服务

主要包括平台所需要的基础指标体系的计算及相关模型的设计与应用,具体包括各类研判模型及其应用。

1. 交通流分析研判

与城市警务云视频专网大数据中心建立连接,请求分发各个交通卡口的车辆数据流信息。通过构建交通流分析模型以实现对所有卡口交通数据流的实时分析研判过程,并将分析结果实时发布到数据缓冲区,供其他需要该数据服务的系统或者中心消费。同时,实时的分析结果也将推送并存储到分析库,以供对历史数据进一步研判分析。

分析数据主要来源于城市警务云视频专网大数据中心交通流信息专题库(包括卡口过车信息数据等)。

采用卡口检测的交通流数据,建立交通流指标体系,该体系包含车辆道路平均速度、道路运行水平、道路交通拥堵率等指标,基于该指标体系建立实施拥堵情况分析模型、历史拥堵情况分析模型等,为交通流的分析提供计算依据。

实时交通流整体分析流程如图 5 - 13 所示。

图 5 - 13 实时交通流分析流程

交通流分析模型主要涉及车辆与道路状态的关联关系,一些计算指标如车辆路段平均速度、道路运行水平等既有传统意义上的公式计算,又存在基于交通大数据的分析计算模型。将其中一些相对复杂且又能独立计算的指标分离出来,形成相对独立的指标体系计算部分。

2. 车辆路段平均速度计算

对同一路段两个卡口的数据信息,可根据每一个车辆经过两个卡口的时间差以及卡口距离计算出车辆平均速度及相应统计量。记车辆经过同一路段第一个卡口的时间点为 t_1,经过第二个卡口的时间点为 t_2,两个卡口之间的距离为 s,则该车辆的平均速度 $\bar{v}$ 为:

$$\bar{v} = \frac{s}{t_2 - t_1}$$

针对路段而言,路段平均速度为单位时间 t 内经过的车辆总数 n 的车辆平均速度的平均值 $\bar{v_i}$,记为 $\bar{v_r}$,则有:

$$\bar{v_r} = \frac{1}{n} \sum_i^n \bar{v_i}$$

3. 道路运行水平计算

(1)以设定时长如 5 min 为统计间隔,利用车辆平均速度计算公式来计算道路网中各道路的平均速度,根据各道路的平均速度得到道路交通运行等级,其中道路运行等级的确定参考表 5 - 2。随着应用的深入再根据大数据分析结果及交通管理需要,将根据道路类别设定更为细致的道路交通运行等级划分。

表 5 - 2 道路交通运行等级划分

运行等级	畅通	基本畅通	轻度拥堵	中度拥堵	严重拥堵
速度划分	$v > 35$	$25 < v \leqslant 35$	$15 < v \leqslant 25$	$10 < v \leqslant 15$	$v \leqslant 10$

注:v 表示道路平均行程速度,单位为 km/h。

(2)统计道路中处于中度拥堵和严重拥堵运行等级的道路拥堵里程比例 p,记某条道路有 n 个路段,其中有 m 个路段处于中度拥堵和严重拥堵,其拥堵里程分别为 s_1,s_2,…,s_m,则其拥堵里程比例 p 为:

$$p = \frac{\sum_{i=1}^{m} s_i}{\sum_{j=1}^{n} s_j}$$

（3）按照道路拥堵里程比例 p 与运行水平之间的转换关系，计算道路运行水平，同时可得到交通运行指数，参考表 5 – 3。

表 5 – 3　道路交通运行水平划分

道路运行水平	畅通	基本畅通	轻度拥堵	中度拥堵	严重拥堵
道路拥堵里程比例	$[0, 4\%]$	$(4\%, 8\%]$	$(8\%, 11\%]$	$(11\%, 14\%]$	$(14\%, 24\%]$
道路交通运行指数	$[0, 2]$	$(2, 4]$	$(4, 6]$	$(6, 8]$	$(8, 10]$

4. 道路交通拥堵率

道路交通拥堵率指特定时段内道路网处于中度拥堵和严重拥堵等级的道路交通运行指数之和，与该时段内所有道路交通运行指数之和的比值。该值综合反映了特定时段内的交通拥堵程度，值越大拥堵越严重。

道路交通拥堵率指标按照下面公式计算：

$$TCR = \frac{\sum\limits_{j} TPI_j}{\sum\limits_{k=1}^{n} TPI_k} \times 100\%$$

式中：TCR——道路交通拥堵率（%）；

TPI_j——特定时段内第 j 个统计间隔的道路交通运行指数，$j \in \{TPI_j \geqslant 6\}$，即将统计区间内处于中度拥堵和严重拥堵的道路的交通运行指数求和；

TPI_k——特定时段内第 k 个统计间隔的道路交通运行指数，$N =$ 统计区间长度/统计间隔长度（统计间隔长度为 5 min），即将统计区间内所有的道路交通运行指数求和。

5. 车辆密度计算

对于实时交通数据流信息，设定时间窗口 t，统计在时间窗口内通过的车辆数 m，从而得到单位时间内（分钟或小时）路口通过车的辆数 $\overline{m}$：

$$\overline{m} = \frac{m}{t}$$

6. 拥堵时长计算

在道路运行水平的基础上，分别统计处于中度拥堵 t_1、严重拥堵 t_2 等级的持续时间。则在一个统计区间中拥堵时长 T 为：

$$T = \sum t_1 + t_2$$

7. 拥堵距离计算

统计道路中处于中度拥堵和严重拥堵运行等级的道路拥堵距离 S，记某条道路有 n 个路段，其中有 m 个路段处于中度拥堵和严重拥堵，其拥堵距离分别为 s_1, s_2, …, s_m，则该道路的拥堵距离 S 为：

$$S = \sum_{i=1}^{m} si$$

（实验 20：基于交通大数据中的环线路面卡口数据进行统计分析）

5.2.10　交通大数据软硬件环境

5.2.10.1　城市智能交通系统架构

城市智能交通系统的系统架构由感知层、接入层、存储层、融合层、应用层、发布层组成。

（1）感知层：主要指城市智能交通系统的前端采集子系统，如高清电子警察摄像机、高清网络视频监控摄像机、违停抓拍摄像机、交通信号控制机、无线地磁检测器、微波检测器、交通事件检测器、视频交通流检测器、单兵无线图传以及前端停车场系统等，上述设备或子系统为整个城市智能交通系统采集各类交通信息，支撑业务应用及决策。

（2）接入层：主要指前端设备的传输、接入、协议转换子系统，包括各子系统的接入服务器（包括物理服务器与虚拟化服务器）。接入层的设备负责接收前端采集数据，通过 FTP、MQ 等方式，以 NTCIP、流媒体、违法数据协议等通信协议为信息识别依据，为城市智能交通系统提供有效数据。

（3）存储层：主要指智能交通系统后端统一存储系统。根据项目招标文件及总体规划，存储层主要由前期项目建设的存储系统、本期项目新建 FCSAN 和 NAS 系统，组成智能交通系统资源池，负责文本信息、图片数据、视频数据等信息的存储。

（4）融合层：主要指城市智能交通系统指挥调度系统业务应用平台的基础功能模块，利用采集的基础数据，针对交通管理部门的业务应用，融合、分析、挖掘数据，分析数据变化趋势，将基础数据转换成为业务数据，如信号灯状态、诱导状态信息、警情信息、路面交通状态等。

（5）应用层：主要面向城市各级交通管理者提供交通态势监控、指挥调度、交通信号控制、交通诱导、交通执法管理、交通安全管理、分析研判等功能进行交通管理。

（6）发布层：主要包括公安内网的信息发布和面向公众的交通信息发布。公安内网主要是通过内部网站与路边的诱导屏进行路况信息、管制信息、事件信息、诱导信息的发布，面向公众的交通信息发布主要以互联网站、手机、智能终端、广播电台等方式向出行者提供各种交通信息，同时提供导航服务、地图服务，也为交通信息发布管理者提供交通信息发布运维管理服务。

以上为城市智能交通系统以感知层、接入层、存储层、融合层、应用层、发布层为基础的系统架构，该系统架构需要基本体系支撑，具体包括：

（1）安全保障体系：主要包括网络安全、主机安全、数据安全、身份认证等安全保障；

（2）标准规划体系：主要包括数据库标准、违法取证标准、视频传输与交换标准、电子地图标准；

（3）运营保障体系：主要包括系统监视、网络监视、设备监视、系统对时等运维管理功能。

5.2.10.2　交通管理情报信息平台总体结构和逻辑结构

交通管理情报信息平台的核心依托于大数据平台技术来搭建，其整体逻辑架构主要分为基础支撑环境、数据资源存储与服务体系、平台应用层、安全保障体系四大部分。其中数据资源存储与服务体系由数据接入层、数据平台层、数据服务层、数据资源目录四个部分组成，如图 5 - 14 所示。

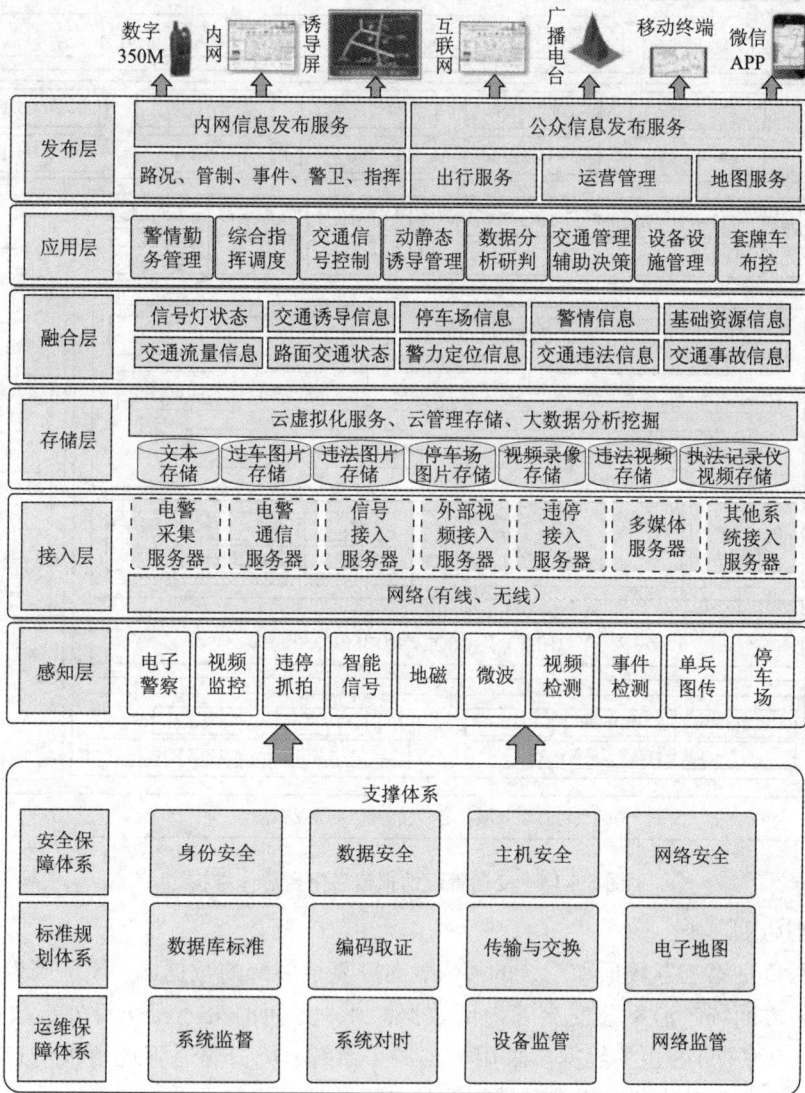

图 5 - 14 城市智能交通系统的系统架构

1. 基础支撑环境

基础支撑环境为交通管理情报信息平台提供基础运行环境，包括服务器、交换机、网络等基础设施。交通管理情报信息平台的基础支撑环境采用普通服务器集群化部署方式进行搭建。

2. 数据资源存储与服务体系

如图 5 - 15 所示，由数据接入层、数据平台层、数据服务层、数据资源目录四个部分组成。

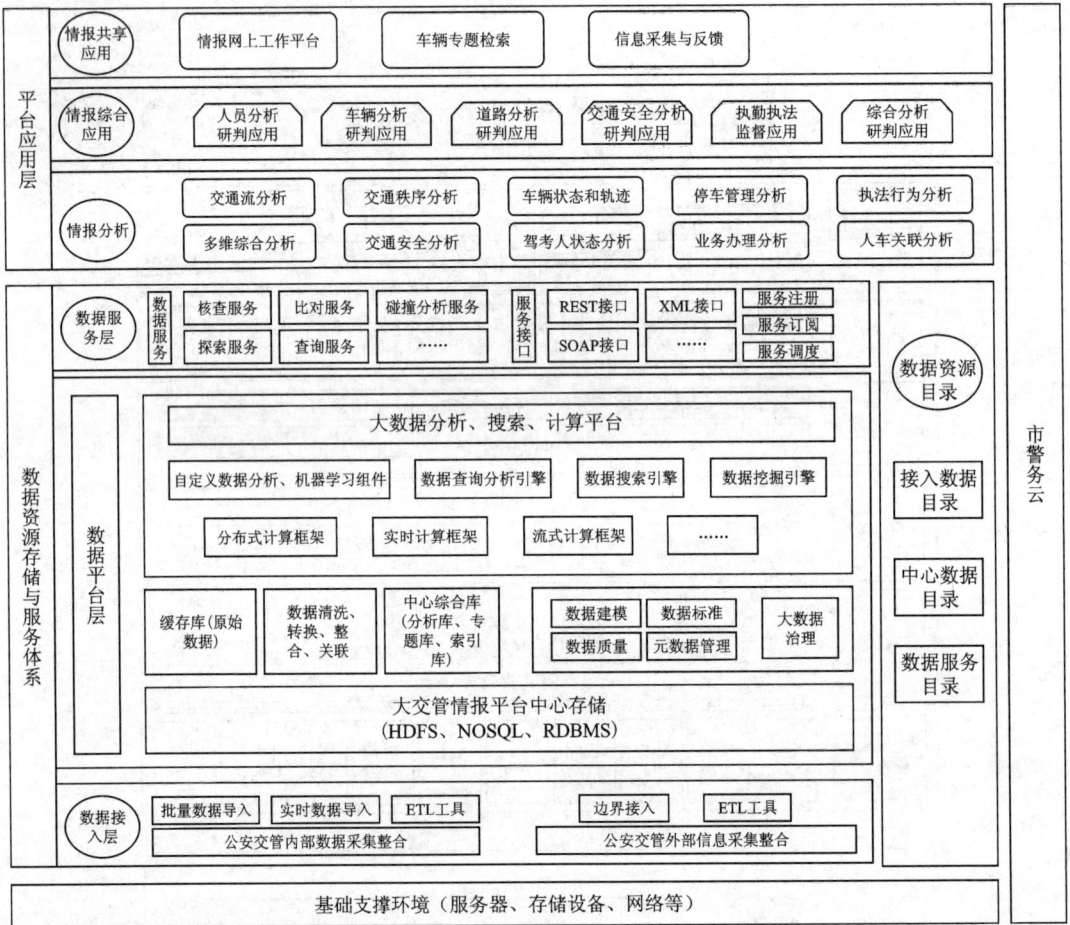

图 5 - 15   交通管理情报信息平台总体结构

（1）数据接入层。

该层主要负责第三方数据和系统的接入，支持复杂多变的数据源，灵活高效处理各种格式的数据。一方面统一汇集公安交管内部数据，另一方面汇集公安交管外部数据（党政军、企事业单位、互联网）的相关数据。采用数据源子系统，负责交通管理情报信息平台的数据接入，通过此平台可以达到汇集多种数据源的各类数据的目的。

本层支持主流的关系数据库产品（Oracle、MySQL、PostgreSQL、DB2、Sybase 等）也支持各类 NOSQL 数据库产品（MongoDB、HBase、Cassandra 等）；支持多种数据传输协议，如 HTTP/HTTPS、FTP/FTPS/SFTP、JMS、JDBC/ODBC 等；支持结构化数据和非结构化数据实时导入和批量导入。

（2）数据平台层。

该层提供海量数据的存储、管理、分析挖掘计算能力及数据治理功能。数据存储采用基础库、专题库、索引库、研判结果库来整合及管理数据，为上层提供支撑。该层主要提供大数据仓库、NOSQL 数据库、关系数据库、分布式文件系统以及分布式计算引擎服务组件，为其他层提供数据存取服务、分布式计算服务。其中分布式计算服务提供实现大规模分布式并行处理数据的功能,数据仓库提供基于 SQL 语言的数据分析服务,NOSQL 数据库提供 key/value 的在线 Big Table 服务,关系数据库提供存储大数据分析的结果和应用系统内部使用数据的存储服务。

数据治理包括提供数据建模、数据标准、数据质量管控、元数据管理等功能。

(3)数据服务层。

数据平台层一般不直接面向上层应用,平台应用通过数据服务层的数据服务、服务接口等进行统一调配。数据服务层在主要负责数据平台层的基础上提供数据检索、数据挖掘、机器学习等标准化、模块化、插件式的数据服务。通过服务接口提供对平台数据资源的统一访问接口,提供各类通用服务接口模板。应用只能通过服务接口获得数据资源,不直接访问底层数据。

数据分析人员可以在该层使用平台提供的分析工具进行数据分析。新的分析研判等应用可以通过服务调度、服务订阅、服务注册等功能形成新的研判分析服务,向外提供应用服务。

(4)数据资源目录。

数据资源目录含接入数据目录、中心数据目录、数据服务目录等功能。

平台数据来源与关联关系如图 5-16 所示。

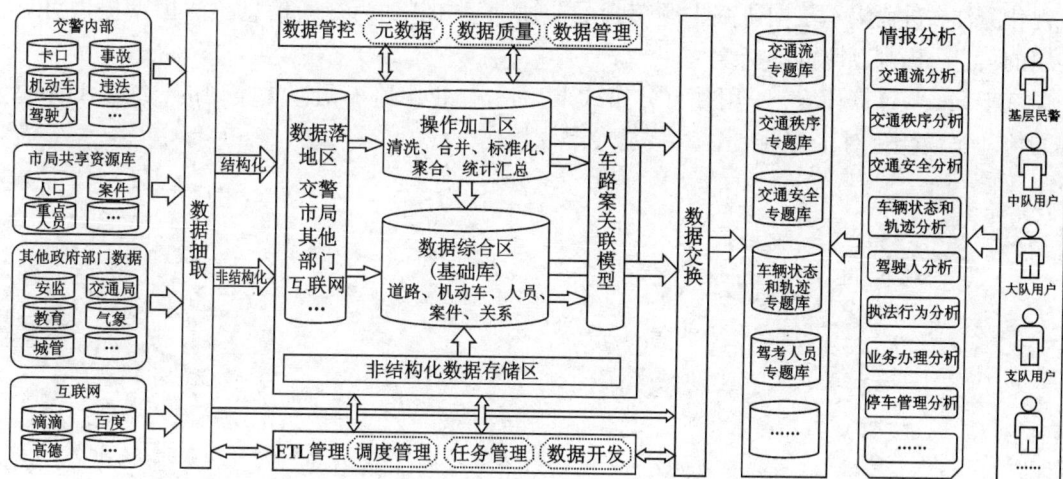

图 5-16 交通管理情报信息平台数据来源与关联关系

3.平台应用层

主要包括情报分析、情报综合应用、情报共享应用三层,其中情报分析为十大情报分析研判模型;情报综合应用为面向人、车、路、交通安全以及交通执法监督与综合分析应用,情报共享应用为以情报网上工作平台为基础的对外提供情报共享应用。

4.安全保障体系

安全保障体系贯穿于整个体系,在交通管理情报信息平台中,主要为应用安全,包含权限控制、数据分级保护和数据安全审计等内容。

5.2.11 交通大数据分析与展示技术

大数据时代,数据以 ZB 量级不断增长,但数据存储、管理、分析和应用的技术相对滞后，因此如何从海量数据当中提取有用的辅助决策信息，成为当前学术界面临的重大挑战，即如何把 ZB 量级的数据变成 1 比特的决策信息。可视分析（visual analytics）由于包含了信息获取、数据处理、知识表达、人机交互、协同分析推理、决策支持以及观点交流的完整过程而成为达成这一目标的理想工具。

关于可视分析的研究逐年增多，尤其是近年来交通数据的可视分析成果颇多。在可视分析系统方面，国内外学者通过出租车、公交车和地铁等轨迹数据建立不同类型的可视分析系统。这些可视分析系统通常具有良好的用户交互界面、可以查询路线及有利于了解路线整体布局等特点，有效地支持对移动行为和移动模式人类分析的理解；在交通数据状态可视判别方面，采用二流理论、宏观基本图方法、基本参数（延误时间、行程时间、速度及流量密度）判断等 3 种方法进行分析。通过交通状态的判别，可以减缓交通压力，均衡交通量分布，从而提高城市路网的利用效率和安全性；在热点区域可视分析方面，通常使用基于层次法、基于密度法和基于网格法等空间聚类方法判断热点区域，分别从空间和时间上判别热点区域的分布规律，进而规划城市基础设施布局。基于此，本书从交通大数据的可视分析角度出发，详细阐述交通大数据的基本构成、获取方式及数据类型；并以浙江省嘉善县交通大数据为例，面向实时交通状况和城区热点区域等不同研究主题，分析各研究主题应使用的数据源和可视化方法，进而揭示不同研究主题蕴含的交通信息知识，为交通信息预测模型提供可靠、实用的信息，提高预测的准确度。

基于 Spark 计算环境，采用并行分布式 FP – Growth 伴随车辆算法实现的，结合 PGIS 呈现的伴随车辆轨迹对比结果见图 5 – 17、图 5 – 18。

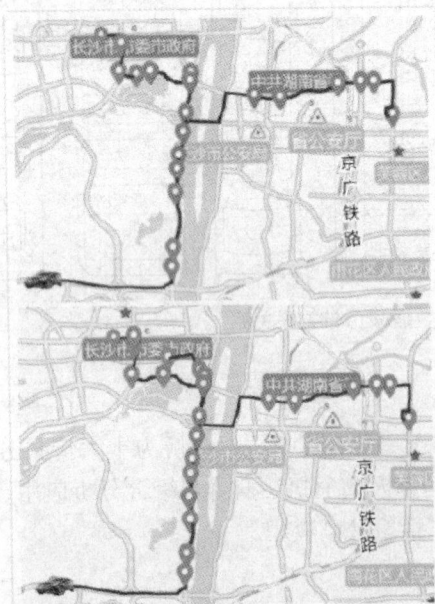

图 5 – 17　强关联伴随车辆轨迹对比

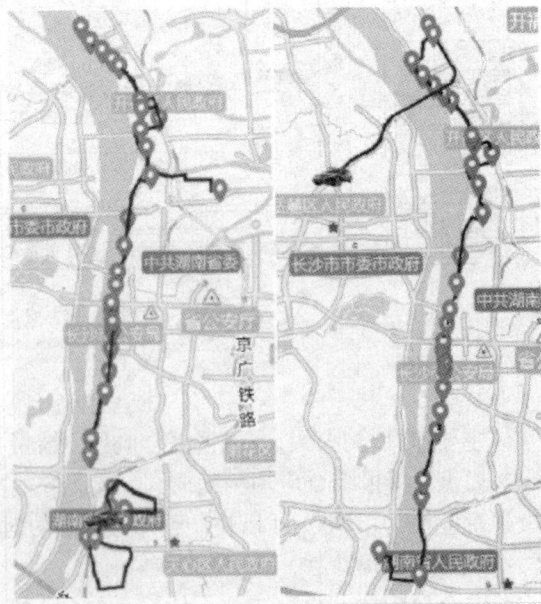

图 5 – 18　伴随车辆轨迹对比

采用 ECharts 工具开发的智能交通大数据系统中交通违法时空特性分析呈现结果及城市交通时空特性分析结果见图 5 – 19、图 5 – 20。

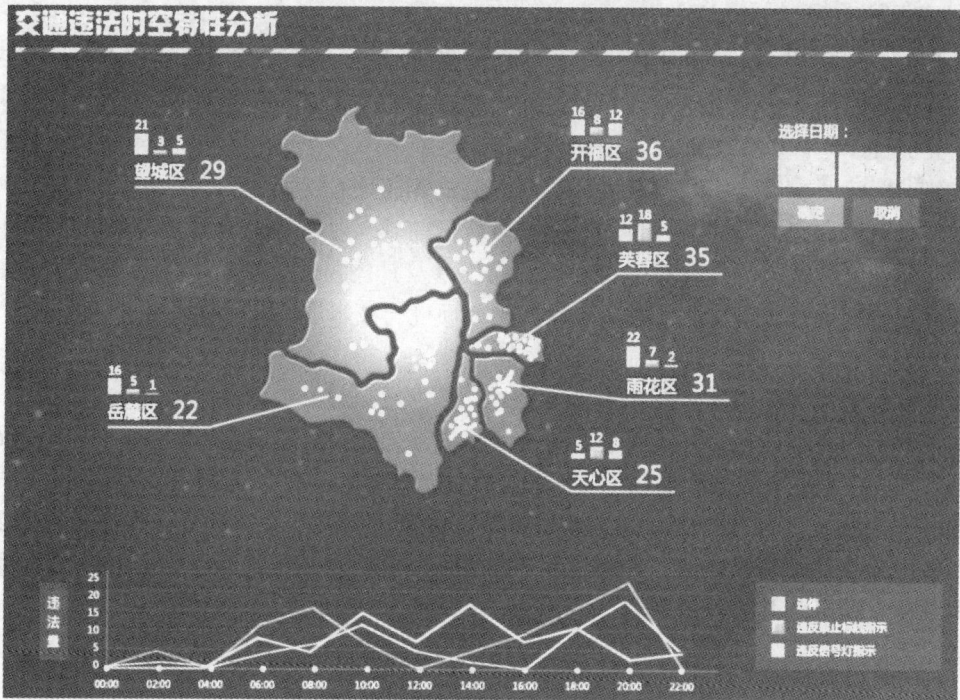

图 5 – 19　交通违法时空特性分析结果展示

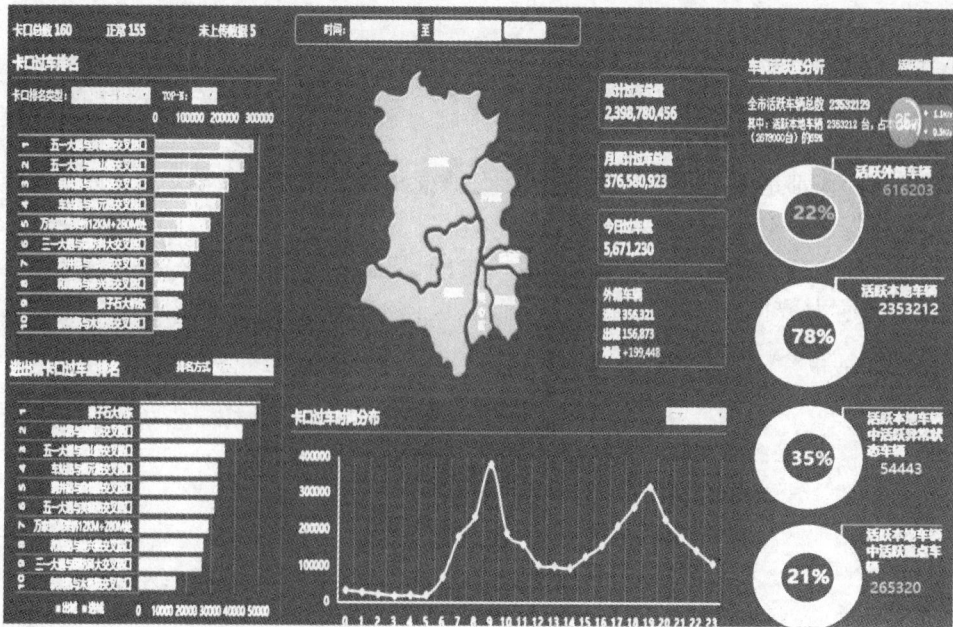

图 5 – 20　城市交通时空特性分析结果展示

5.3　本章小结

本章主要以两个实际应用系统为例讲述大数据分析行业需求、分析与设计技术、技术体系以及关键技术等。其中医疗大数据是以医疗大数据国家工程实验室与省级协同创新中心、企业级移动医疗联合实验室及校级大数据研究院的相关文档为背景整理的。分析了其中的关键技术与未来研究与发展的共性技术，对实际运行的软、硬件平台也做了分析，目的是让读者能真实体会高层次大数据分析平台所涉及的技术及具体要求。更多的是代表大数据分析的研究方向与研究动态，同时也反映了大数据相关环境与技术在高水平研究平台所承担的技术角色。

交通大数据是以一个实际应用平台为背景，从智慧交通大数据应用所面临的问题开始到数据特点分析与来源途径、数据融合具体技术及基于分层（基本对应大数据分析处理的 6 层）的数据处理相关技术。对其中的数据安全技术及数据库设计技术、面向实际应用的需求分析与数据可视化分析（大数据分析处理的两端）等以典型实例的形式进行了具体阐述。最后列出了典型常用的交通大数据软件、硬件平台与数据可视化展示结果，力争给大家一个面对实际大数据分析系统身临其境的体验感。

思考题

1. 医疗大数据的集成共享与大数据的哪些核心技术相关联？是否可以对应到其中某几层？

2. 未来医疗大数据分析的核心关键技术有哪些？如何从大数据技术体系来响应这些关键技术？

3. 在医疗大数据软件架构图中可以看出其中分为四层，每一层都有相关的关键技术，也需要有相关的人才来支撑，如果需要从中进行选择，你会主要选择攻关哪一层的技术？试简述主要的理由。

4. 我们每个人都是交通参与者，如果需要你来总体设计交通大数据平台，你觉得应主要解决的问题有哪些？平台的总体目标是什么？

5. 为什么叫交通大数据？如何体现大数据的 5V 特点？

6. 如果交通大数据的 4 个应用是一个可以选择的任务，你会如何选择？试简述主要理由。

本章相关的实验

序号	对应章节	实验名称	要求
19	5.1.3	分类统计重症肌无力诊疗数据库中的首发症状类别及与年龄的关联关系	从国家人口与健康科学数据共享服务平台(http：//www.ncmi.cn/)中查找临床医学科学数据中心中的资源名称：重症肌无力诊疗数据库(http：//101.201.55.39/index？u=49.5#/resource/2483)，下载其中的三类资源包括 Lambert – Eaton.xlsx，强直性肌营养不良.xlsx 及重症肌无力.xlsx，任选用编程语言、平台及方法，分析其中的"首发症状"类别及与年龄的关联关系
20	5.2.9	基于交通大数据中的环线路面卡口数据进行统计分析	基于给定的交通大数据中的环线路面卡口数据(xls 文件)，首先将分析其中的结构，导入到数据库系统如 Oracle 中，需要预处理并分离名称中的两个道路名称，并清洗其中与 ID 同时相重的数据记录及空值数据，任选用编程语言、平台及方法，分析环线与其他道路的交联关系包括交叉道路数、卡口的最大监控方向数、双向交叉道路等情况

附录：数据科学与大数据技术培养方案

一、专业简介

本专业培养德、智、体、美全面发展，掌握数据科学基础知识、基本理论、基本方法，以及面向大数据应用的数学、统计学、计算机科学、自然科学与社会科学领域基础知识、数据建模、高效分析与处理、统计学推断的基本理论、基本方法和基本技能，熟悉自然科学和社会科学等应用领域中大数据应用特点，具备大数据采集、预处理、存储、分析、挖掘等行业核心技术的应用能力，以及卓越的专业能力和良好的外语水平，能够胜任大数据系统开发、系统运行与维护、大数据分析与挖掘等的专业型和研究型人才。

二、培养目标

依据国家社会需求、行业产业需要、学校定位及发展目标，本专业致力于培养适应不断演化的经济与社会发展需要，注重大数据科学与工程领域与医学医药、轨道交通、有色金属行业交叉融合的复合型高级工程技术人才：①能够适应行业大数据应用的发展需要，融会贯通数学与自然科学基础知识、计算机科学基础知识、大数据科学与工程专业知识，提出复杂大数据工程项目的系统性解决方案；②能够跟踪大数据科学与工程领域的前沿技术，具备一定的大数据工程创新能力、大数据分析与价值挖掘能力，能够从事应用驱动的大数据产品的设计、开发和生产；③具备良好的职业道德精神、社会责任感，理解法律、环境、发展的相互关系，在工程项目实施中坚持绿色发展理念、能够注重经济与社会效益的协调；④具备健康的身心，拥有科学的人文精神、创新创业精神、团队精神，具备良好的人际沟通与协调能力、有效的工程项目管理能力；⑤能够从全球视野角考问题，主动应对不断变化的国内外形势，具备自主学习能力、批判思维能力和国际交流能力。

三、培养要求

本专业毕业生在知识、能力和素质等方面应达到如下要求。

1. 知识要求

①具备数学、自然科学、计算机科学基础知识以及大数据工程专业知识，用于描述和分析大数据系统、大数据应用工程、大数据科学研究等相关复杂问题；②了解国家发展战略规划、产业政策、法律法规，正确认识、理解、评价大数据工程对经济、社会、环境、健康、安全、文化的影响，保持经济增长、社会和谐、环境友好的协调发展。

2.能力要求

①具有对大数据系统、大数据应用及相关复杂工程问题进行建模、设计、分析、研究、验证等的综合知识和实践能力，并表现出创新意识；②熟练运用主流大数据平台（如 Hadoop 或 Spark）、典型深度学习系统（如 TensorFlow），设计、开发、生产面向特定行业的大数据产品；③具有分享包容的心态、沟通与协作的愿望、规范化组织与管理意识，能熟练运用一门以上外语进行国际交流，具有较强的口头和书面表达能力。

3.素质要求

①具有科学人文素养、强烈的社会责任感、理解并遵守职业伦理；②了解信息学科前沿发展趋势，关注本专业与其他学科交叉融合的新理论、新方法和新技术，具有开放意识和全球视野；③具有探索新事物的兴趣，能保持上进心、自主学习和持续更新核心知识以适应专业或职业发展的能力。

四、毕业学分要求

达到学校对本科毕业生提出的德、智、体、美等方面的要求，完成培养方案课程体系中各教学环节的学习，最低修满 174 学分，毕业设计（论文）答辩合格，方可准予毕业。

课程模块类别		必修课		选修课		小计		占总学分比例/%
		学分	学时（周）	学分	学时（周）	学分	学时（周）	
理论教学	课堂讲授	92.2	1532 + 0	28.7	460 + 0	120.9	1992 + 0	69.48
	课内实践	10.8	152 + 3	3.3	52 + 0	14.1	204 + 3	8.1
	小计	103	1684 + 3	32	512 + 0	135	2196 + 3	77.58
实践教学	集中实践环节	30.5	48 + 29	0	0 + 0	30.5	48 + 29	17.53
	单独设课实验课	2.5	80 + 0	0	0 + 0	2.5	80 + 0	1.44
	个性培养	0	0 + 0	6	16 + 5	6	16 + 5	3.45
	小计	33	128 + 29	6	16 + 5	39	144 + 34	22.41
合计		136	1812 + 32	38	528 + 5	174	2340 + 37	100

五、学制与学位

标准学制：4 年，学习年限 3～6 年。

授予学位：工学学士。

六、专业核心课程

分布式系统与云计算、机器学习、数据仓库与数据挖掘、大数据编程。

七、课程体系

课程类别		课程编号	课程名称	课程属性	学分	总学时（周）	开课学期	学分要求
通识教育课程	思政类	210101T10	思想道德修养与法律基础	必修	3	48	1	必须修满15学分
		210102T10	大学生心理健康教育	必修	1	16	2	
		210201T10	中国近现代史纲要	必修	2	32	3	
		210301T10	马克思主义基本原理概论	必修	3	48	4	
		210401T10	毛泽东思想与中国特色社会主义理论体系概论	必修	5	80	5	
		210501T10	形势与政策	必修	1	16	1,2,3,4	
	军体类	410001T11	军训	必修	1.5	3周	1	必须修满8学分
		410002T10	军事理论课	必修	1	36	1	
		660001T10	体育（一）	必修	1	32	1	
		660001T20	体育（二）	必修	1	32	2	
		660001T30	体育（三）	必修	1	32	3	
		660001T40	体育（四）	必修	1	32	4	
		660002T11	体育课外测试（一）	必修	0.5	8	5	
		660002T21	体育课外测试（二）	必修	0.5	8	6	
		660002T31	体育课外测试（三）	必修	0.5	8	7	
	外语类	180501T10	大学英语（一）	必修	3	48	1	必须修满8学分，其中必修6学分，限定选修2学分（若未通过大学英语四级考试，则选修《大学英语（三）》；若通过大学英语四级，则选修《高级英语（一）》）
		180501T20	大学英语（二）	必修	3	48	2	
		180501T30	大学英语（三）	选修	2	32	3	
		180533T10	高级英语（一）	选修	2	32	3	
	创新创业课	430601G10	创新创业导论	必修	2	32	5	必须修满2学分
	集中实践环节	410003T11	毕业教育	必修	0	1周	8	必须进行毕业教育，不计学分

续表

课程类别		课程编号	课程名称	课程属性	学分	总学时（周）	开课学期	学分要求
学科教育课程	学科基础课	090200T10	计算机程序设计基础（C语言）	必修	4	64	1	必须修满34学分
		090201X10	离散数学	必修	3	48	3	
		090202T10	新生课	必修	1	16	1	
		090205X10	数据结构	必修	3.5	56	2	
		090212Z10	数据库原理	必修	3	48	3	
		090213Z10	操作系统原理	必修	3	48	3	
		090222Z10	计算机组成原理与汇编	必修	4	64	3	
		091102X10	电路理论 B	必修	4	64	1	
		091104X10	数字电子技术 A	必修	3.5	56	2	
		091107X10	模拟电子技术 B	必修	3	48	2	
		092102Z10	数据科学与大数据技术导论	必修	2	32	3	
	公共基础课	130101X10	复变函数与积分变换	选修	2.5	40	4	至少修满26学分
		130201X10	科学计算与数学建模	必修	4	64	4	
		130702X10	高等数学 A2（一）	必修	5	80	1	
		130702X20	高等数学 A2（二）	必修	5	80	2	
		130711X10	线性代数	必修	2	32	2	
		130712X10	概率论与数理统计	必修	3.5	56	3	
		140107X10	大学物理 C（一）	必修	3.5	56	2	
		140107X20	大学物理 C（二）	必修	3	48	3	
	集中实践环节	090206T11	计算机程序设计实践	必修	1	32	1	必须修满4学分
		091114X11	电工电子实验 A（一）	必修	0.5	16	1	
		091114X21	电工电子实验 A（二）	必修	1	32	2	
		140202X11	大学物理实验 B	必修	1.5	48	3	
专业教育课程	专业核心课	090217Z10	机器学习	必修	3	48	4	必须修满12学分
		092105Z10	数据仓库与数据挖掘	必修	3	48	5	
		092109Z10	分布式系统与云计算（强化分布式存储与数据中心技术）	必修	3	48	5	
		092113Z10	大数据编程（基于 Hadoop 和 Spark）	必修	3	48	6	

续表

课程类别		课程编号	课程名称	课程属性	学分	总学时（周）	开课学期	学分要求
专业教育课程	专业课	090210Z10	算法分析与设计	选修	3	48	4	至少修满19学分
		090211Z10	计算机网络	选修	3	48	4	
		090218Z10	软件工程	选修	3	48	5	
		090228Z10	大型数据库技术	选修	2	32	5	
		090242Z10	可视化技术	选修	2	32	6	
		090267Z10	信息与网络安全	选修	2	32	6	
		092103Z10	大数据采集与融合技术	选修	2	32	3	
		092106Z10	Python 数据处理编程	选修	2	32	4	
		092107Z10	R 语言数据分析编程	选修	2	32	5	
		092111Z10	智能搜索引擎技术	选修	2	32	6	
		092115Z10	深度学习	选修	2	32	5	
		450112Z10	信息组织理论与技术	选修	3	48	4	
	专业选修课	090207Z10	Java 语言与系统设计	选修	3	48	3	至少修满5学分
		090219Z10	Linux 系统及应用	选修	2	32	4	
		090220Z10	Web 技术	选修	2	32	5	
		090232Z10	移动应用开发	选修	2	32	6	
		090234Z10	多媒体原理与系统设计	选修	2	32	6	
		090236Z10	并行计算	选修	2	32	7	
		090241Z10	人机交互	选修	1.5	24	7	
		090244Z10	电子商务	选修	2	32	7	
		090245Z10	计算机仿真与建模	选修	1.5	24	6	
		090248Z10	生物信息学	选修	2	32	6	
	集中实践环节	090215Z11	应用基础实践一（网络+Java）	必修	2	2 周	4	必须修满29学分
		090273Z11	认识实习	必修	2	2 周	4	
		092110Z11	数据处理方法课程设计	必修	2	2 周	5	
		092114Z11	大数据综合应用实践（基于医疗大数据）	必修	3	3 周	6	
		092116Z11	生产实习	必修	4	4 周	7	
		092117Z11	毕业实习、毕业设计	必修	16	16 周	8	
个性培养课程	课外研学	000001G10	实验室技术安全与环境保护知识学习培训与考核	选修	1	16	1	后注

注：通识教育课程体系中文化素质类选修不少于6学分，其中4学分须修读其他学科门类课程。

后注：个性培养(课外研学)模块课程选修不少于 6 学分，含须修读《实验室技术安全与环境保护知识学习培训与考核》1 学分，创新创业实践(创新创业项目、科研训练、学科竞赛和创新创业比赛、创新创业实践调研、创新创业国际研习、论文成果、专利和著作权、自主创业等)2 学分，其他课外研学(开放性实验、社会实践、技能考试、素质修养等)不少于 3 学分。

八、教学进程安排

课程编号	课程名称	课程属性	学分	总学时(周)	学时分配		备注
					讲课(含研讨)	实践	
210101T10	思想道德修养与法律基础	必修	3	48	32	16	
210501T10	形势与政策	必修	0	16	4	0	
410001T11	军训	必修	1.5	3 周	0 周	3 周	
410002T10	军事理论课	必修	1	36	32	4	
660001T10	体育(一)	必修	1	32	32	0	
180501T10	大学英语(一)	必修	3	48	48	0	
090200T10	计算机程序设计基础(C 语言)	必修	4	64	48	16	
090202T10	新生课	必修	1	16		0	
091102X10	电路理论 B	必修	4	64	64	0	
130702X10	高等数学 A2(一)	必修	5	80	80	0	
090206T11	计算机程序设计实践	必修	1	32	0	32	
091114X11	电工电子实验 A(一)	必修	0.5	16	0	16	
000001G10	实验室技术安全与环境保护知识学习培训与考核	选修	1	16	16	0	
第 1 学期建议最低修读 26 学分，必修 25 学分，选修 1 学分							
210102T10	大学生心理健康教育	必修	1	16	8	8	

续表

课程编号	课程名称	课程属性	学分	总学时（周）	学时分配		备注
					讲课（含研讨）	实践	
210501T10	形势与政策	必修	0	16	4	0	
660001T20	体育（二）	必修	1	32	32	0	
180501T20	大学英语（二）	必修	3	48	48	0	
090205X10	数据结构	必修	3.5	56	50	6	
091104X10	数字电子技术 A	必修	3.5	56	56	0	
091107X10	模拟电子技术 B	必修	3	48	48	0	
130702X20	高等数学 A2（二）	必修	5	80	80	0	
130711X10	线性代数	必修	2	32	32	0	
140107X10	大学物理 C（一）	必修	3.5	56	56	0	
091114X21	电工电子实验 A（二）	必修	1	32	0	32	
第 2 学期建议最低修读 26.5 学分，必修 26.5 学分，选修 0 学分							
210201T10	中国近现代史纲要	必修	2	32	24	8	
210501T10	形势与政策	必修	0	16	4	0	
660001T30	体育（三）	必修	1	32	32	0	
180501T30	大学英语（三）	选修	2	32	32	0	未通过大学英语四级
180533T10	高级英语（一）	选修	2	32	32	0	已通过大学英语四级
090201X10	离散数学	必修	3	48	48	0	
090212Z10	数据库原理	必修	3	48	40	8	
090213Z10	操作系统原理	必修	3	48	44	4	

续表

课程编号	课程名称	课程属性	学分	总学时（周）	讲课（含研讨）	实践	备注
					学时分配		
090222Z10	计算机组成原理与汇编	必修	4	64	54	10	
092102Z10	数据科学与大数据技术导论	必修	2	32	32	0	
130712X10	概率论与数理统计	必修	3.5	56	56	0	
140107X20	大学物理 C（二）	必修	3	48	48	0	
140202X11	大学物理实验 B	必修	1.5	48	0	48	
092103Z10	大数据采集与融合技术	选修	2	32	28	4	
090207Z10	Java 语言与系统设计	选修	3	48	40	8	
第 3 学期建议最低修读 28 学分，必修 26 学分，选修 2 学分							
210301T10	马克思主义基本原理概论	必修	3	48	32	16	
210501T10	形势与政策	必修	1	16	4	0	
660001T40	体育（四）	必修	1	32	32	0	
130101X10	复变函数与积分变换	选修	2.5	40	40	0	
130201X10	科学计算与数学建模	必修	4	64	64	0	
090217Z10	机器学习	必修	3	48	48	0	
090210Z10	算法分析与设计	选修	3	48	42	6	
090211Z10	计算机网络	选修	3	48	44	4	
092106Z10	Python 数据处理编程	选修	2	32	24	8	

续表

课程编号	课程名称	课程属性	学分	总学时（周）	学时分配		备注
					讲课（含研讨）	实践	
450112Z10	信息组织理论与技术	选修	3	48	40	8	
090219Z10	Linux 系统及应用	选修	2	32	20	12	
090215Z11	应用基础实践一（网络 + Java）	必修	2	2 周	0 周	2 周	
090273Z11	认识实习	必修	2	2 周	0 周	2 周	
第 4 学期建议最低修读 24 学分，必修 16 学分，选修 8 学分							
210401T10	毛泽东思想与中国特色社会主义理论体系概论	必修	5	80	48	32	
660002T11	体育课外测试（一）	必修	0.5	8	8	0	
430601G10	创新创业导论	必修	2	32	32	0	
092105Z10	数据仓库与数据挖掘	必修	3	48	40	8	
092109Z10	分布式系统与云计算（强化分布式存储与数据中心技术）	必修	3	48	40	8	
090218Z10	软件工程	选修	3	48	48	0	
090228Z10	大型数据库技术	选修	2	32	22	10	
092107Z10	R 语言数据分析编程	选修	2	32	24	8	
092115Z10	深度学习	选修	2	32	24	8	
090220Z10	Web 技术	选修	2	32	24	8	
092110Z11	数据处理方法课程设计	必修	2	2 周	0 周	2 周	
第 5 学期建议最低修读 20.5 学分，必修 15.5 学分，选修 5 学分							
660002T21	体育课外测试（二）	必修	0.5	8	8	0	

续表

课程编号	课程名称	课程属性	学分	总学时（周）	学时分配		备注
					讲课（含研讨）	实践	
092113Z10	大数据编程（基于 Hadoop 和 Spark）	必修	3	48	40	8	
090242Z10	可视化技术	选修	2	32	28	4	
090267Z10	信息与网络安全	选修	2	32	24	8	
092111Z10	智能搜索引擎技术	选修	2	32	24	8	
090232Z10	移动应用开发	选修	2	32	24	8	
090234Z10	多媒体原理与系统设计	选修	2	32	30	2	
090245Z10	计算机仿真与建模	选修	1.5	24	22	2	
090248Z10	生物信息学	选修	2	32	26	6	
092114Z11	大数据综合应用实践（基于医疗大数据）	必修	3	3 周	0 周	3 周	
第 6 学期建议最低修读 14 学分，必修 6.5 学分，选修 7.5 学分							
660002T31	体育课外测试(三)	必修	0.5	8	8	0	
090236Z10	并行计算	选修	2	32	32	0	
090241Z10	人机交互	选修	1.5	24	20	4	
090244Z10	电子商务	选修	2	32	32	0	
092116Z11	生产实习	必修	4	4 周	0 周	4 周	
第 7 学期建议最低修读 8 学分，必修 4.5 学分，选修 3.5 学分							
410003T11	毕业教育	必修	0	1 周	0 周	1 周	
092117Z11	毕业实习、毕业设计	必修	16	16 周	0 周	16 周	
第 8 学期建议最低修读 16 学分，必修 16 学分，选修 0 学分							

注：实践包括实验、上机等。

九、课程体系与培养要求的对应关系矩阵

课程体系	能力要求			素质要求		
	能力要求1 2-①	能力要求2 2-②	能力要求3 2-③	素质要求1 3-①	素质要求2 3-②	素质要求3 3-③
思想道德修养与法律基础				●		●
中国近代史纲要				●		●
马克思主义基本原理概论				●		●
毛泽东思想与中国特色社会主义理论体系概论				●		●
大学生心理健康教育				●		●
形势与政策				●		●
军训				●		●
军事理论课				●		●
体育(一)				●		●
体育(二)				●		●
体育(三)				●		●
体育(四)				●		●
体育课外测试(一)				●		●
体育课外测试(二)				●		●
体育课外测试(三)				●		●
大学英语(一)				●		●
大学英语(二)				●		●
大学英语(三)				●		●
理工学术英语				●	●	●
创新创业导论				●	●	●
文化素质课				●	●	●
高等数学 A2(一)	●	●	●			
高等数学 A2(二)	●	●	●			
线性代数	●	●	●			
概率论与数理统计	●	●	●			
科学计算与数学建模	●	●	●			
复变函数与积分变换	●	●	●			
大学物理 C(一)	●	●	●			

续表

课程体系	能力要求			素质要求		
	能力要求1 2-①	能力要求2 2-②	能力要求3 2-③	素质要求1 3-①	素质要求2 3-②	素质要求3 3-③
大学物理 C(二)	●	●	●			
新生课	●	●	●	●	●	●
计算机程序设计基础(Ⅰ)	●	●	●			
电路理论 B	●	●	●			
数字电子技术 A	●	●	●			
模拟电子技术 B	●	●	●			
数据结构	●	●	●			
离散数学	●	●	●			
数据库原理	●	●	●			
操作系统原理	●	●	●			
计算机组成原理与汇编	●	●	●			
数据科学与大数据技术导论	●	●	●	●	●	●
计算机程序设计实践(Ⅰ)	●	●	●		●	●
电工电子实验 A(一)	●	●	●		●	●
电工电子实验 A(二)	●	●	●		●	●
大学物理实验 B	●	●	●		●	●
机器学习	●	●	●			
分布式系统与云计算	●	●	●			
数据仓库与数据挖掘	●	●	●			
大数据编程	●	●	●			
大数据采集与融合技术	●	●	●			
计算机网络	●	●	●			
信息组织理论与技术	●	●	●			
Python 数据处理编程	●	●	●			
算法分析与设计	●	●	●			
大型数据库技术	●	●	●			
深度学习	●	●	●			
软件工程	●	●	●			
R 语言数据分析编程	●	●	●			
智能搜索引擎技术	●	●	●			

续表

课程体系	能力要求			素质要求		
	能力要求 1 2 - ①	能力要求 2 2 - ②	能力要求 3 2 - ③	素质要求 1 3 - ①	素质要求 2 3 - ②	素质要求 3 3 - ③
可视化技术	●	●	●			
信息与网络安全	●	●	●			
Java 语言与系统设计	●	●	●			
Linux 系统及应用	●	●	●			
Web 技术	●	●	●			
多媒体原理与系统设计	●	●	●			
移动应用开发	●	●	●			
计算机仿真与建模	●	●	●			
生物信息学	●	●	●			
并行计算	●	●	●			
人机交互	●	●	●			
电子商务	●	●				
认识实习	●	●	●	●	●	●
应用基础实践一(网络 + 数据库 + Java)	●	●	●	●	●	●
信息组织课程设计	●	●	●	●	●	●
数据处理方法课程设计	●	●	●	●	●	●
大数据综合应用实践	●	●	●	●	●	●
IT 项目管理培训	●	●	●	●	●	●
IT 项目开发案例分析	●	●	●	●	●	●
生产实习	●	●	●	●	●	●
毕业实习、毕业设计	●	●	●	●	●	●
创新创业实践	●	●	●	●	●	●
实验室技术安全与环境保护知识学习培训与考核			●	●	●	●
学科竞赛	●	●	●	●	●	●

十、辅修专业与辅修专业学士学位的课程设置及教学进程

辅修学分要求：辅修专业修读总学分不低于20学分，辅修专业学士学位修读总学分不低于50学分。

附表1　辅修专业

课程类别		课程编号	课程名称	课程属性	学分	总学时	学时分配		开课学期
							讲课（含研讨）	实践	
学科教育课程	学科基础课	090205X10	数据结构	必修	3.5	56	50	6	2
学科教育课程	学科基础课	092102Z10	数据科学与大数据技术导论	必修	2	32	32	0	3
专业教育课程	专业核心课	090217Z10	机器学习	必修	3	48	48	0	4
专业教育课程	专业选修课	092106Z10	Python数据处理编程	选修	2	32	24	8	4
专业教育课程	专业核心课	092109Z10	分布式系统与云计算（强化分布式存储与数据中心技术）	必修	3	48	40	8	5
专业教育课程	专业选修课	090228Z10	大型数据库技术	选修	2	32	22	10	5
专业教育课程	专业选修课	092115Z10	深度学习	选修	2	32	24	8	5
专业教育课程	专业选修课	090242Z10	可视化技术	选修	2	32	28	4	6
专业教育课程	专业选修课	090267Z10	信息与网络安全	选修	2	32	24	8	6
专业教育课程	专业选修课	092111Z10	智能搜索引擎技术	选修	2	32	24	8	6

附表 2　辅修学位

课程类别		课程编号	课程名称	课程属性	学分	总学时	学时分配		开课学期
							讲课（含研讨）	实践	
学科教育课程	学科基础课	090205X10	数据结构	必修	3.5	56	50	6	2
学科教育课程	学科基础课	090201X10	离散数学	必修	3	48	48	0	3
学科教育课程	学科基础课	092102Z10	数据科学与大数据技术导论	必修	2	32	32	0	3
专业教育课程	专业选修课	090207Z10	Java 语言与系统设计	选修	3	48	40	8	3
专业教育课程	集中实践环节	090215Z11	应用基础实践一（网络 + Java）	必修	2	2周	0周	2周	4
专业教育课程	专业核心课	090217Z10	机器学习	必修	3	48	48	0	4
专业教育课程	专业选修课	090210Z10	算法分析与设计	选修	3	48	42	6	4
专业教育课程	专业选修课	092106Z10	Python 数据处理编程	选修	2	32	24	8	4
专业教育课程	专业核心课	092105Z10	数据仓库与数据挖掘	必修	3	48	40	8	5
专业教育课程	专业核心课	092109Z10	分布式系统与云计算（强化分布式存储与数据中心技术）	必修	3	48	40	8	5
专业教育课程	专业选修课	090228Z10	大型数据库技术	选修	2	32	22	10	5
专业教育课程	专业选修课	092107Z10	R 语言数据分析编程	选修	2	32	24	8	5
专业教育课程	专业选修课	092115Z10	深度学习	选修	2	32	24	8	5
专业教育课程	集中实践环节	092114Z11	大数据综合应用实践（基于医疗大数据）	必修	3	3周	0周	3周	6

续表

课程类别		课程编号	课程名称	课程属性	学分	总学时	学时分配		开课学期
							讲课（含研讨）	实践	
专业教育课程	专业核心课	092113Z10	大数据编程（基于 Hadoop 和 Spark）	必修	3	48	40	8	6
专业教育课程	专业选修课	090242Z10	可视化技术	选修	2	32	28	4	6
专业教育课程	专业选修课	090267Z10	信息与网络安全	选修	2	32	24	8	6
专业教育课程	专业选修课	092111Z10	智能搜索引擎技术	选修	2	32	24	8	6
专业教育课程	集中实践环节	092117Z11	毕业实习、毕业设计	必修	16	16 周	0 周	16 周	8

参考文献

[1] 姚乐，朱启明. 赋能大数据教育：全国高校大数据教育教学经验谈[M]. 北京：电子工业出版社，2018

[2] 林子雨. 大数据技术原理与应用[M]. 北京：人民邮电出版社，2015

[3] 黄宜华，苗凯翔. 深入理解大数据：大数据处理与编程实践[M]. 北京：机械工业出版社，2016

[4] Rajaraman, Ullman. Mining of Massive Datasets（大数据：互联网大规模数据挖掘与分布式处理）[M]. 王斌，译. 北京：人民邮电出版社，2012

[5] 钟义信. 信息科学与技术导论[M]. 北京：北京邮电大学出版社，2007

[6] 施荣华，张祖平. 信息学科导论[M]. 北京：中国铁道出版社，2009

[7] Dale, Lewis. 计算机科学概论[M]. 吕云翔，艺博，译. 北京：机械工业出版社，2016

[8] 林子雨. 大数据基础编程、实验和案例教程[M]. 北京：清华大学出版社，2017

[9] Jiawei Han, Micheline Kamber, JIan Pe（著）；范明，孟小峰（译）. Data Mining：Concepts and Techniques（数据挖掘概念与技术）（第 3 版）[M]. 北京：机械工业出版社，2012

[10] 覃雄派，陈跃国，杜小勇. 数据科学概论[M]. 北京：中国人民大学出版社，2018

[11] 张祖平，孙星明. 数据库原理及应用[M]. 长沙：中南大学出版社，2005

[12] 黄东军. Hadoop 大数据实战权威指南[M]. 北京：电子工业出版社，2017

[13] 张祖平. 普通高等学校本科专业设置申请表——大数据科学与技术[R]. 长沙：中南大学，2015

[14] 医学大数据协同创新中心申报书[R]. 长沙：中南大学，2015

[15] 医疗大数据应用技术国家工程实验室申报书[R]. 长沙：中南大学，2017

[16] 于硕，李泽宇. 交通大数据及应用技术研究[J]. 中国高新技术企业，2017，(4)：90 – 91

[17] 卢春，陈思恩，俞辉. 交通大数据的体系研究[J]. 企业技术开发，2017，36(3)：16 – 19

[18] 苏贵民，蔡章辉. 基于交通大数据的快速路下匝道与地面衔接区域拥堵点识别研究[J]. 交通与运输，2017(12)：133 – 137

[19] 林珠，吴佩珊. 面向交通大数据的智能处理平台建设研究[J]. 计算技术与自动化，2017，36(3)：114 – 117，133

[20] 高子初，张宁. 用大数据智能交通技术管理复杂多车道道路的新策略[J]. 科技与创新，2018(1)：25 – 26

[21] 刘惠惠. 基于交通大数据的伴随车辆发现与应用研究[D]. 长沙：中南大学，2018

[22] 曾利程. 基于形式概念分析的多伴随车辆分析[D]. 长沙：中南大学，2018

[23] 巴卫. A Novel Integrated Method for Companion Vehicle Discovery Based on Frequent Itemset Mining[D]. 长沙：中南大学，2018

[24] 百度百科，https：//baike. baidu. com/

图书在版编目(CIP)数据

数据科学与大数据技术导论／张祖平编著. —长沙：
中南大学出版社，2018.12(2020.8 重印)
ISBN 978 - 7 - 5487 - 3374 - 4

Ⅰ.①数… Ⅱ.①张… Ⅲ.①数据处理－高等学校－
教材 Ⅳ.①TP274

中国版本图书馆 CIP 数据核字(2018)第 202688 号

数据科学与大数据技术导论
SHUJU KEXUE YU DASHUJU JISHU DAOLUN

张祖平　编著

□责任编辑	韩　雪	
□责任印制	易红卫	
□出版发行	中南大学出版社	
	社址：长沙市麓山南路	邮编：410083
	发行科电话：0731 - 88876770	传真：0731 - 88710482
□印　　装	长沙印通印刷有限公司	

□开　　本	787×1092　1/16	□印张 14.5　□字数 366 千字
□版　　次	2018 年 12 月第 1 版　□2020 年 8 月第 2 次印刷	
□书　　号	ISBN 978 - 7 - 5487 - 3374 - 4	
□定　　价	40.00 元	